普通高等学校机械类系列教材

画法几何及机械制图习题集

第 2 版

主编　邱　益　程　方　刘万强

参编　吴伟中　方东阳　牛红宾　闫耀辰

　　　崔　岩　马伟伟　田　辉　赵建国

主审　丁　一

机械工业出版社

本习题集与赵建国等主编的《画法几何及机械制图》(第 2 版)配套使用。

本习题集的编排顺序与主教材基本一致,主要内容包括:制图基本知识和技能,投影基础,立体的视图,组合体的视图和尺寸,轴测图,表示机件的图样画法,机械图概述,常用标准件、齿轮、弹簧,零件图,装配图,冲压件和焊接件,计算机绘图等。

本习题集可作为高等院校机械类、近机械类专业的教材,也可作为成人教育、高等职业院校相关专业及网络远程教育制图课程的教材,还可供工程技术人员和自学者参考。

图书在版编目(CIP)数据

画法几何及机械制图习题集/邱益,程方,刘万强主编. —2 版. —北京:机械工业出版社,2022.7(2025.9 重印)

普通高等学校机械类系列教材

ISBN 978-7-111-70683-0

Ⅰ.①画… Ⅱ.①邱… ②程… ③刘… Ⅲ.①画法几何-高等学校-习题集②机械制图-高等学校-习题集 Ⅳ.①TH126-44

中国版本图书馆 CIP 数据核字(2022)第 076237 号

机械工业出版社(北京市百万庄大街 22 号 邮政编码 100037)

策划编辑:段晓雅 责任编辑:段晓雅

责任校对:李 婷 刘雅娜 封面设计:王 旭

责任印制:单爱军

保定市中画美凯印刷有限公司印刷

2025 年 9 月第 2 版第 9 次印刷

370mm×260mm·12.5 印张·300 千字

标准书号:ISBN 978-7-111-70683-0

定价:38.00 元

电话服务 网络服务

客服电话:010-88361066 机 工 官 网:www.cmpbook.com

010-88379833 机 工 官 博:weibo.com/cmp1952

010-68326294 金 书 网:www.golden-book.com

封底无防伪标均为盗版 机工教育服务网:www.cmpedu.com

前　言

本习题集与赵建国等主编的《画法几何及机械制图》（第2版）配套使用。

本习题集是在习近平新时代中国特色社会主义思想指引下，将培养德智体美劳全面发展的社会主义建设者和接班人的目标与全面贯彻党的教育方针、落实立德树人根本任务相融合，紧密结合学科自身特点，根据制造业高端化、智能化、绿色化发展理念，按照现行的技术制图和机械制图国家标准编写的。在培养工科类学生工程意识的同时，也应培养学生执着专注、精益求精、一丝不苟、追求卓越的工匠精神，激发学生科技报国的家国情怀和使命担当。

本习题集的主要内容包括：制图基本知识和技能，投影基础，立体的视图，组合体的视图和尺寸，轴测图，表示机件的图样画法，机械图概述，常用标准件、齿轮、弹簧，零件图，装配图，冲压件和焊接件，计算机绘图等。为了使用方便，本习题集的编排顺序与主教材基本一致；组合体的视图和尺寸、零件图和装配图等章节题量较大，题目难度呈梯度增加，以便读者灵活选择。

本习题集由河南省工程图学学会组织郑州大学、河南科技大学、河南工业大学、河南农业大学、华北水利水电大学、中原科技学院等院校编写，由邱益、程方、刘万强主编，由邱益统稿，并负责定稿。本习题集编写分工为：郑州大学邱益编写第4章、第7章、第8章8-1、第10章10-1，赵建国编写第1章，方东阳编写第9章，闫耀辰编写第11章；河南科技大学刘万强编写第3章；河南农业大学田辉编写第2章，崔岩编写第5章；河南工业大学牛红宾编写第6章，吴伟中编写第10章10-2、10-3；华北水利水电大学程方编写第8章8-2、8-3；中原科技学院马伟伟编写第12章。

本习题集可作为高等院校机械类、近机械类专业的教材，也可作为成人教育、高等职业院校相关专业及网络远程教育制图课程的教材，还可供工程技术人员和自学者参考。

本习题集由曾担任教育部高等学校工程图学课程教学指导委员会副主任的重庆大学丁一教授审阅，丁教授提出了许多宝贵意见，在此表示衷心感谢。

在此，也向对本习题集前期编写提供过支持和帮助的河南农业大学梁爱琴、华北水利水电大学袁丽娟表示衷心的感谢。

本习题集在编写过程中得到了机械工业出版社、各参编院校特别是郑州大学，以及河南省工程图学学会的帮助和支持，在此一并表示感谢。

由于编者水平有限，时间仓促，本习题集中难免存在一些疏漏和不足之处，敬请广大读者批评指正。

编　者

目　录

第1章 制图基本知识和技能

1-1　字体练习	班级　　　　学号　　　　姓名

1234567890φ　*1234567890*　　*1234567890φ*　*1234567890*　　*abcdefghijklmnopqrstuvwxyzφ±αβγδ*

abcdefghijklmnopqrstuvwxyz　　*ABCDEFGHIJKLMNOPQRSTUVWXYZ*　　*ABCDEFGHIJKLMNOPQRSTUVWXYZ*

机械制图比例件数学院专业班级　　尺寸标注直半径圆弧连接锥斜度　　视图全半局部旋转阶梯剖主俯仰

机械材料科学电子信息化工设备　　技术要求未注圆角倒角时效处理　　组合体相交切平齐互贯柱锥球截

零件轴套轮盘盖叉架变速箱导轨　　铸造锻造焊接注塑调质加工结构　　青黄铜铁棒氧化铝钢板锌铅铬镍

紧固螺纹齿轮轴承弹簧键销花键　　装配明细表序号工作原理标题栏　　计算机软件命令块工具条菜单条

班级	学号	姓名

在指定位置按 1：1 的比例抄画各种图线、图形、箭头和尺寸标注。

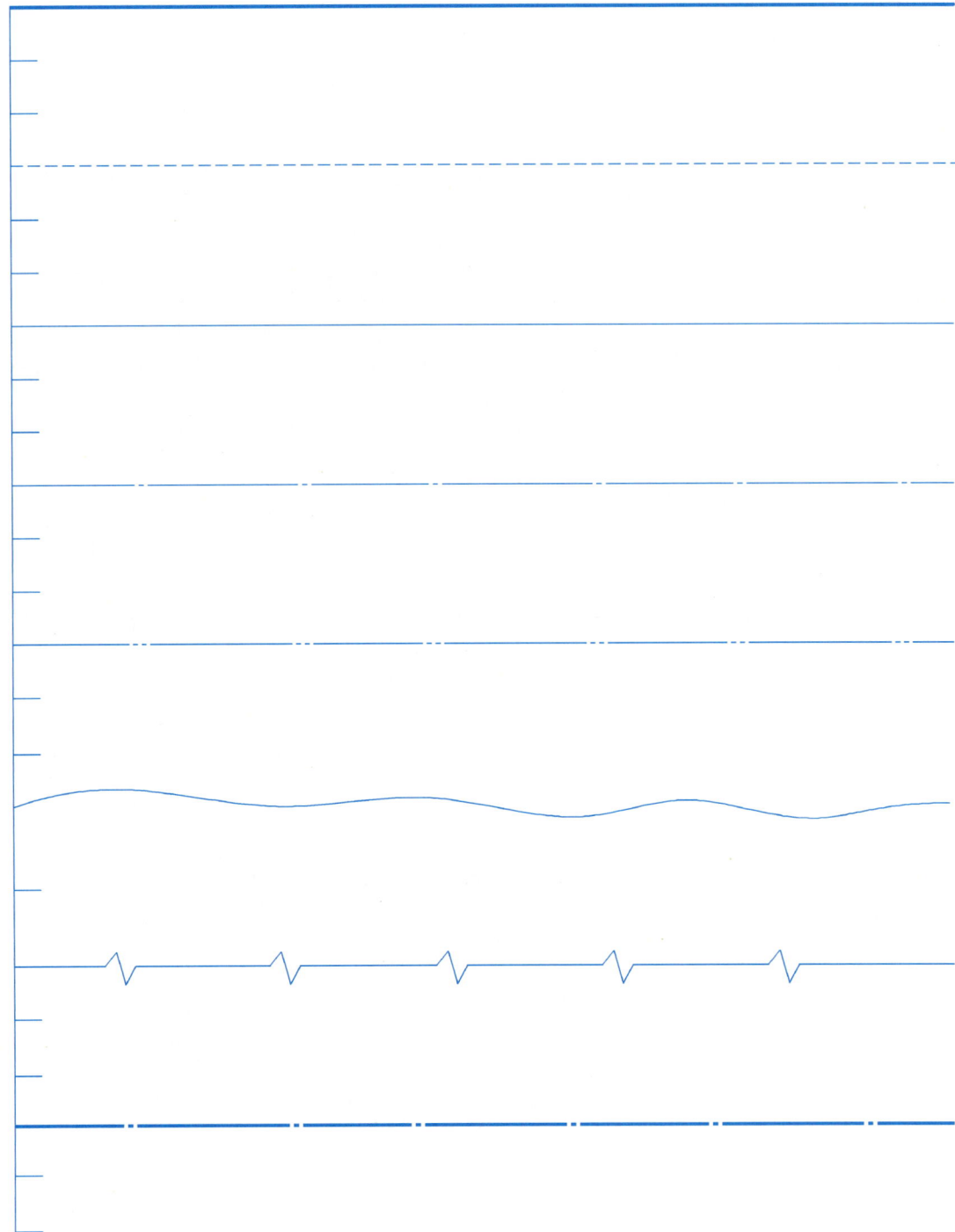

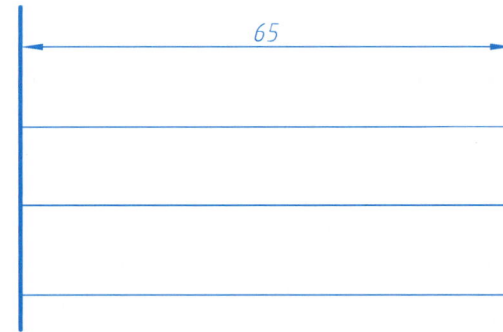

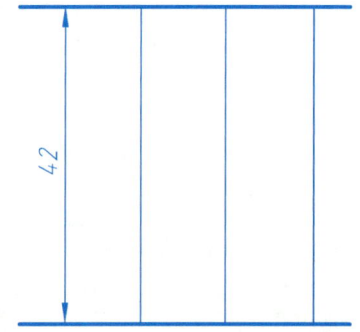

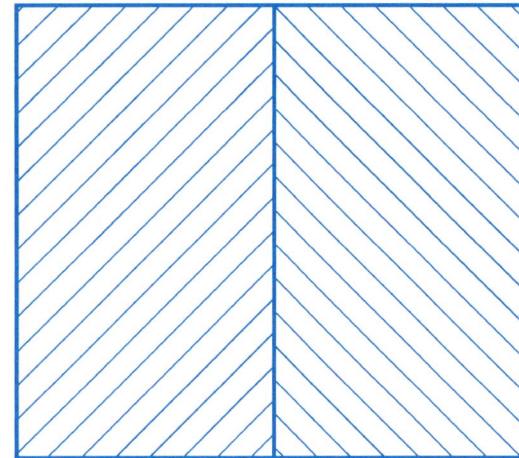

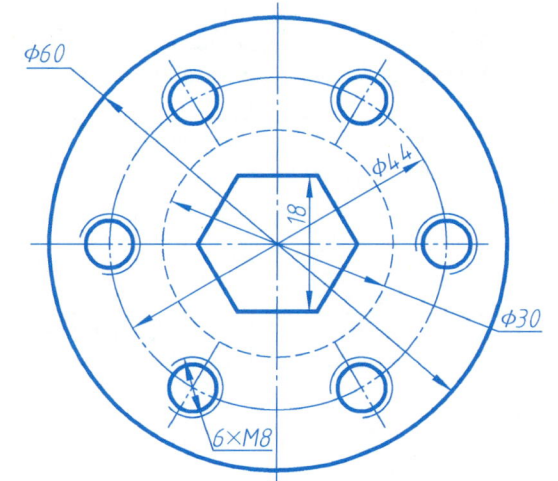

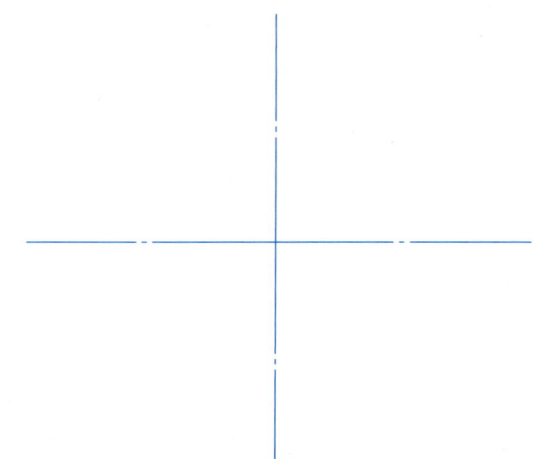

65

42

φ60

φ44

18

φ30

6×M8

1. 指出下图中尺寸标注不符合国家标准的地方，在右图上按国家标准正确标注。

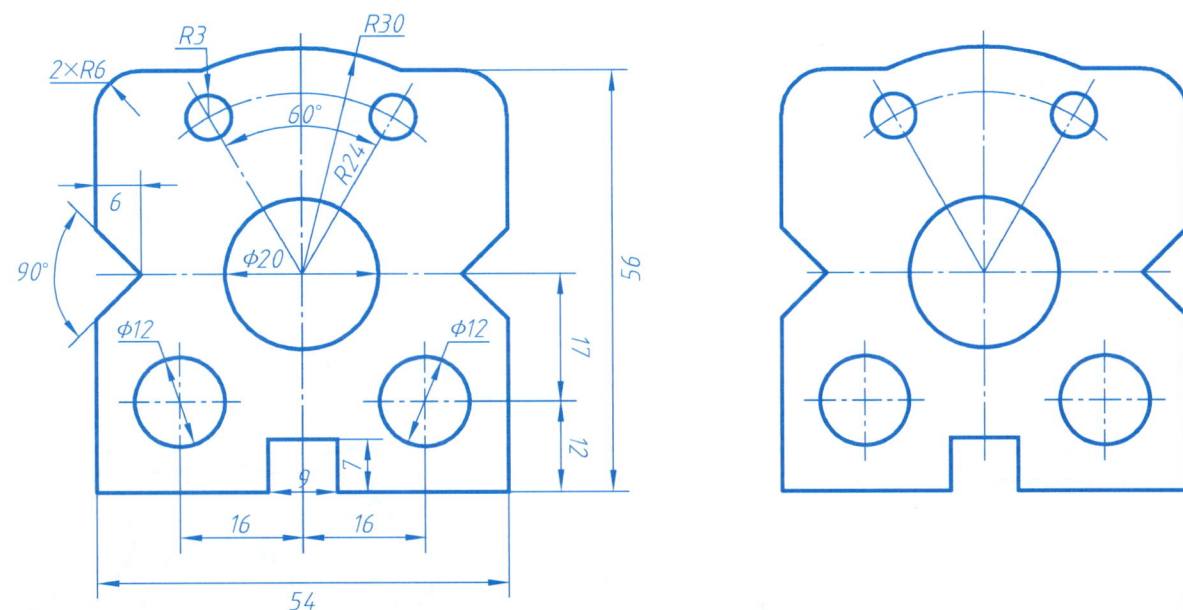

2. 用 1：1 的比例在指定位置画出所示图形，并标注尺寸。

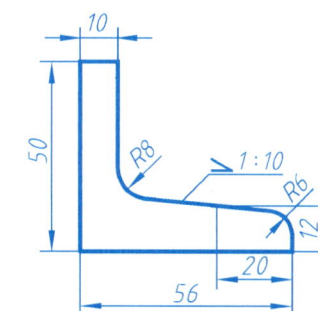

3. 参照所示图形，用 1：1 的比例在指定位置处画出该图形，并标注尺寸。

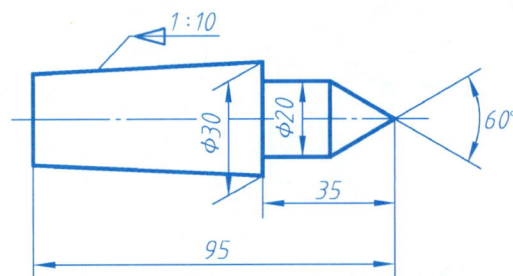

4. 参照右下角所给图形，完成左上图形的线段连接（1：1），并标出连接弧圆心和连接点。

班级	学号	姓名

1. 参照右上方所示图形的尺寸，用 1：1 的比例在指定位置处画出该图形。

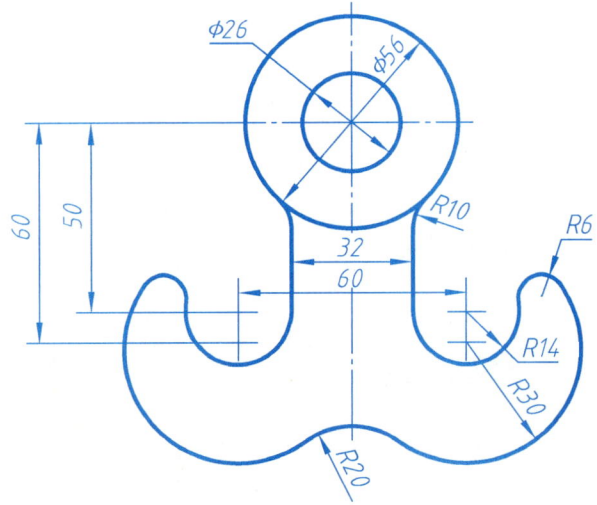

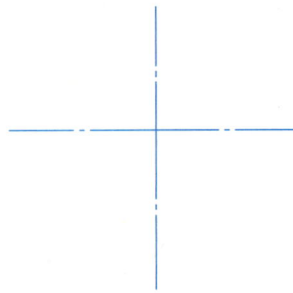

2. 先画对称中心线，再标注下列各平面图形的尺寸（尺寸数值从图中量取，取整数）。

（1）下图比例为 1：1。

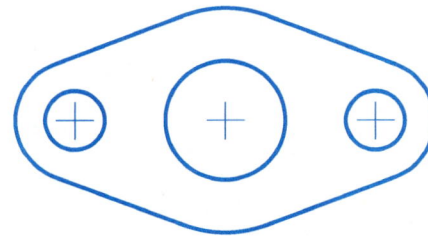

（2）下图比例为 1：2。

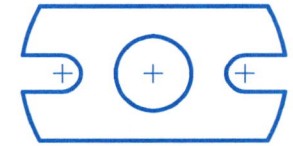

（3）下图比例为 1：1。

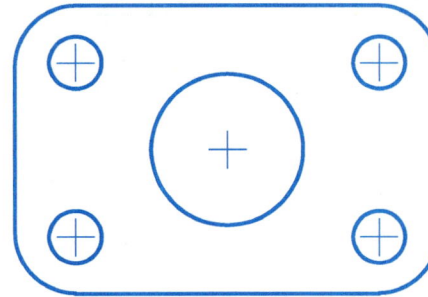

（4）下图比例为 2：1。

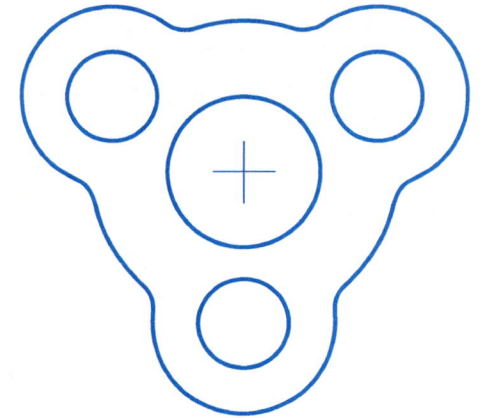

（5）下图比例为 1：1。

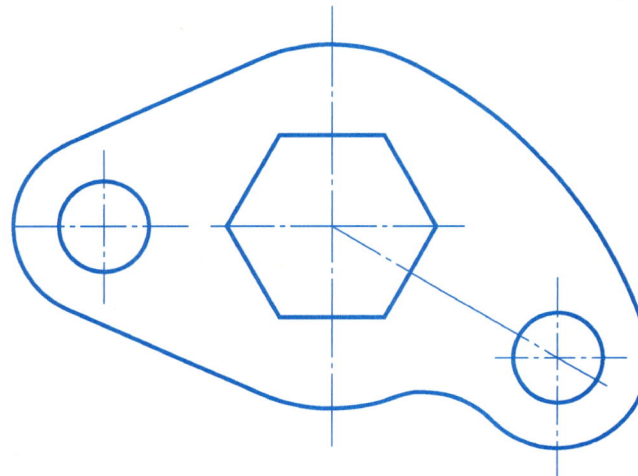

（6）下图比例为 1：2。

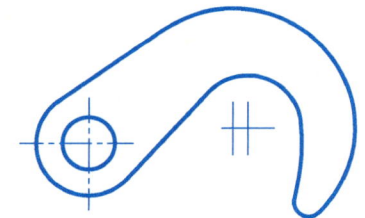

在 A3 图纸上用 1：1 的比例抄画下列图形。

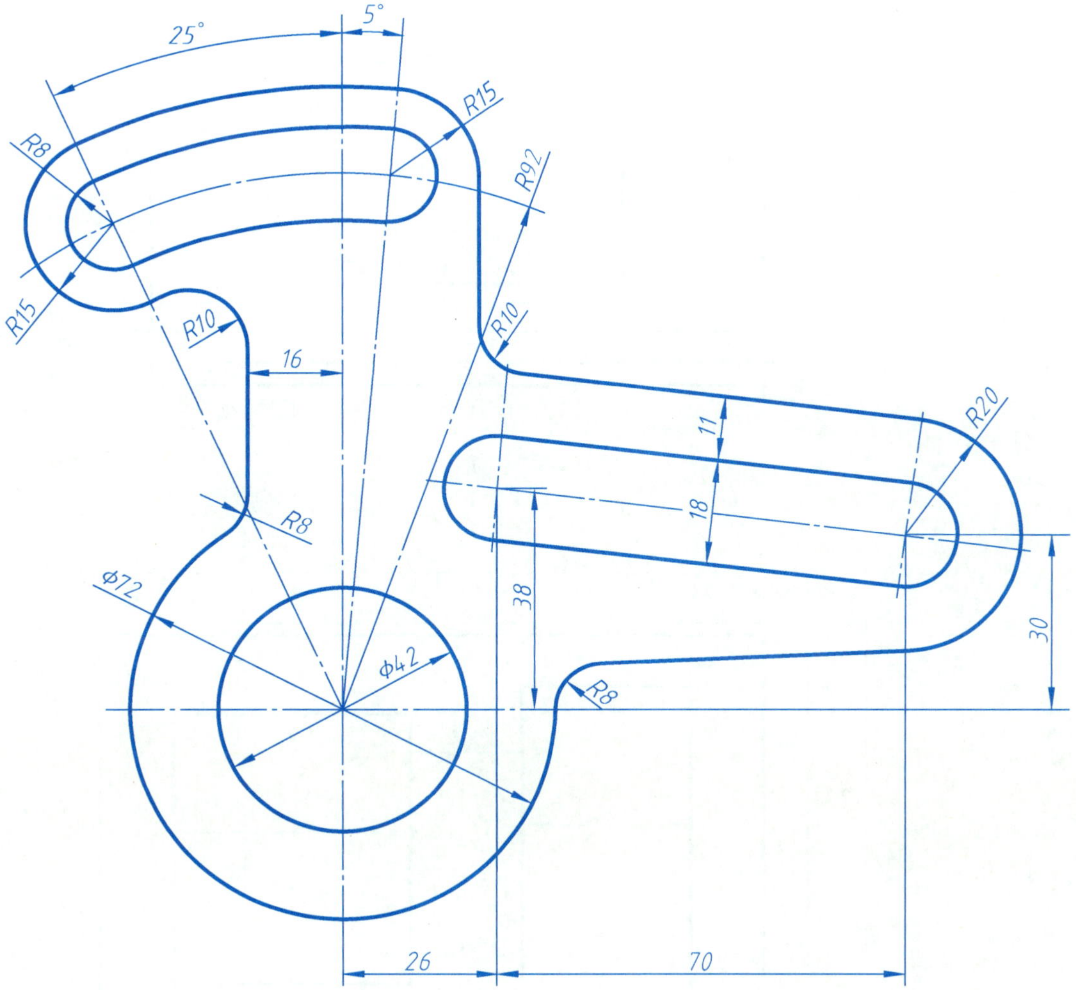

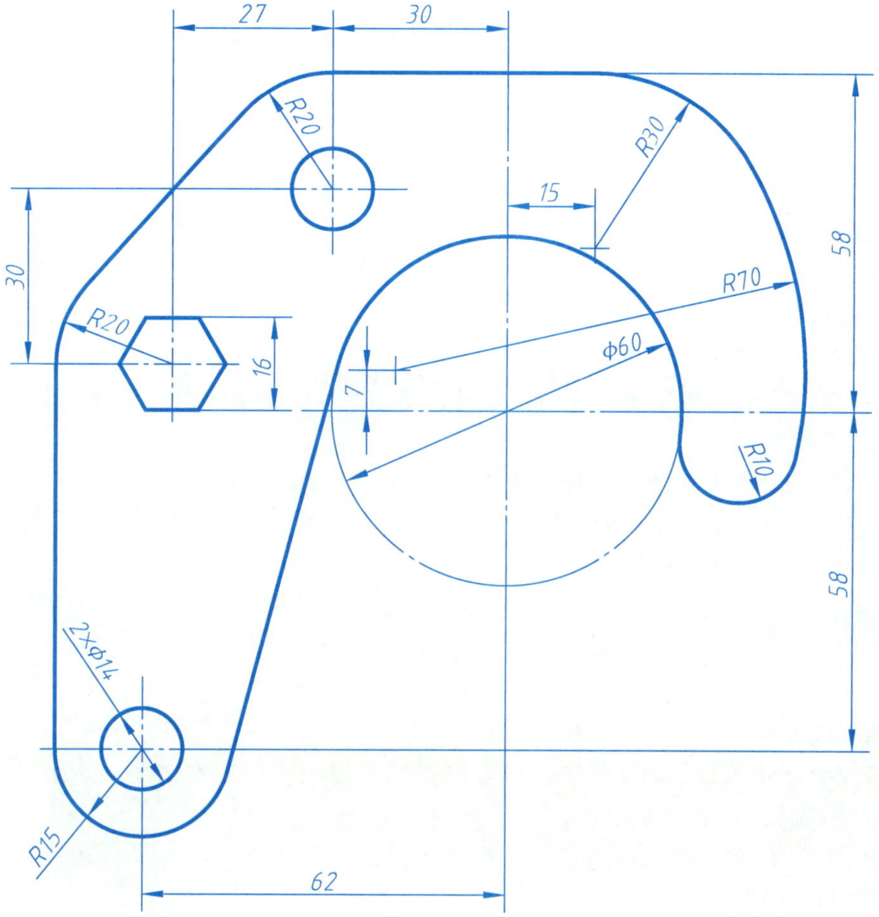

	平面图形绘制			比例	*1:1*	
				材料		
制图	（签名）		（日期）		学号	
审核	（签名）		（日期）	（XXX） 学院 （XXX） 班		

第一次制图大作业指导书

一、内容

将本习题集中前一页的图形按规定比例画在一张 A3 幅面的图纸上，并根据图上给出的尺寸画图，图上给出的尺寸照注。

二、目的及要求

目的：熟悉机械制图国家标准中的图纸幅面和格式、比例、字体、图线及尺寸注法；掌握常用几何图形及圆弧连接的画法；练习带箭头尺寸线的画法和尺寸数字的注写；掌握绘图仪器及工具的正确使用方法，培养绘图技能。

要求：作图正确、线型粗细分明，虚线、点画线长短基本一致，连接光滑，字体端正，图面整洁。

三、作图步骤

1. 将图纸用透明胶带固定在图板上。为了便于丁字尺的使用，图纸的位置如图 1 所示：$B>A$（图纸下边所留距离应大于丁字尺的宽度），$D>C$（图纸距图板右边的距离大于距左边的距离）。在图纸上画出标准图幅、图框线、标题栏。

2. 布置图纸。图面布置可参考图 2。如图幅长为 L，在长度方向有两个图形，它们的长各为 E、F，左右两边所留间距均为 $X1$，中间间距要考虑标注尺寸的位置。建议将习题中的右边图形布置在图纸的左边，这样在高度方向会使图面布置更为美观。

3. 用细线完成底稿。

4. 仔细检查并加深。加深粗实线用 B 型铅笔，加深虚线、细实线、点画线用 H 或 HB 型铅笔，加深粗实线圆及圆弧用 2B 型铅笔。

5. 标注尺寸数字，填写标题栏。注意字体及其高度都要符合标准，建议尺寸数字为 3.5 号字，标题栏中图名为 10 号字，其余为 5 号字。

四、注意事项

1. 做好画图前的准备工作。

2. 保持图面整洁，绘图工具、仪器均应擦干净。

3. 全图用铅笔完成。

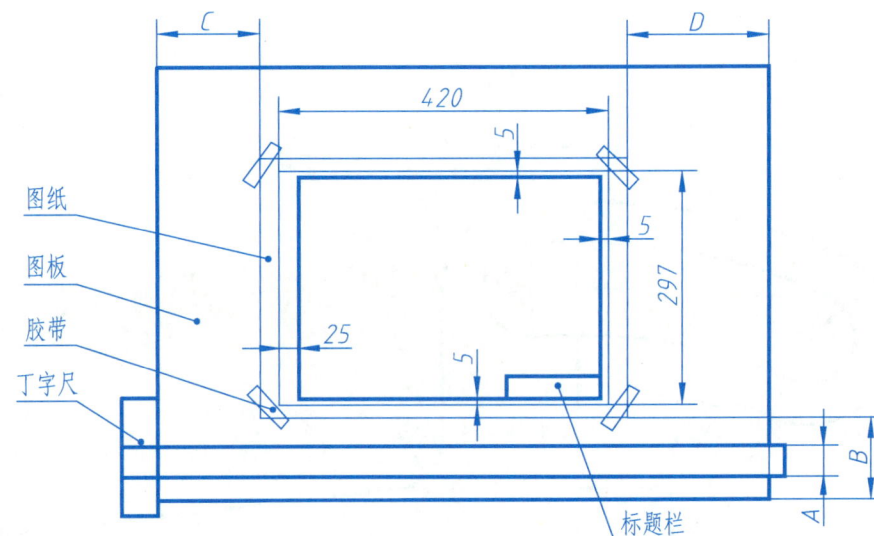

图 1

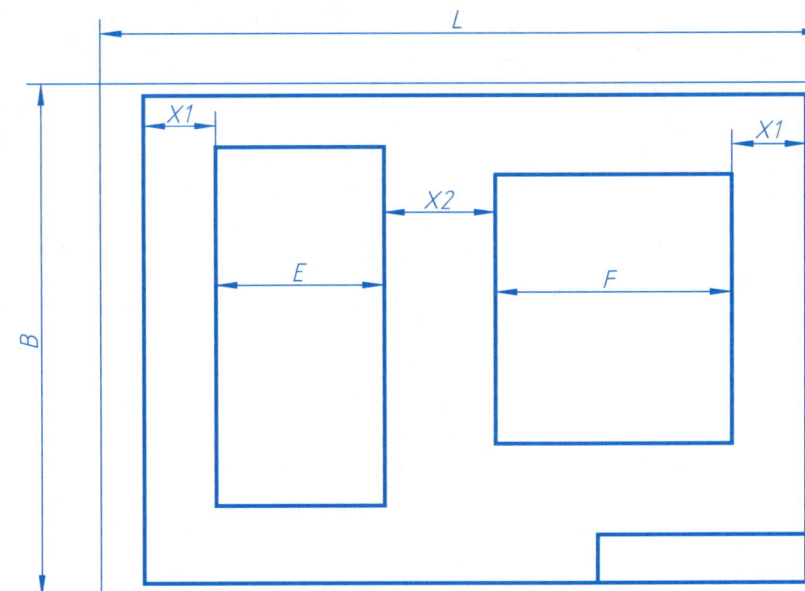

图 2

班级	学号	姓名

将下面左边的图，用1：1的比例徒手抄画在右边方格上，并标注尺寸。

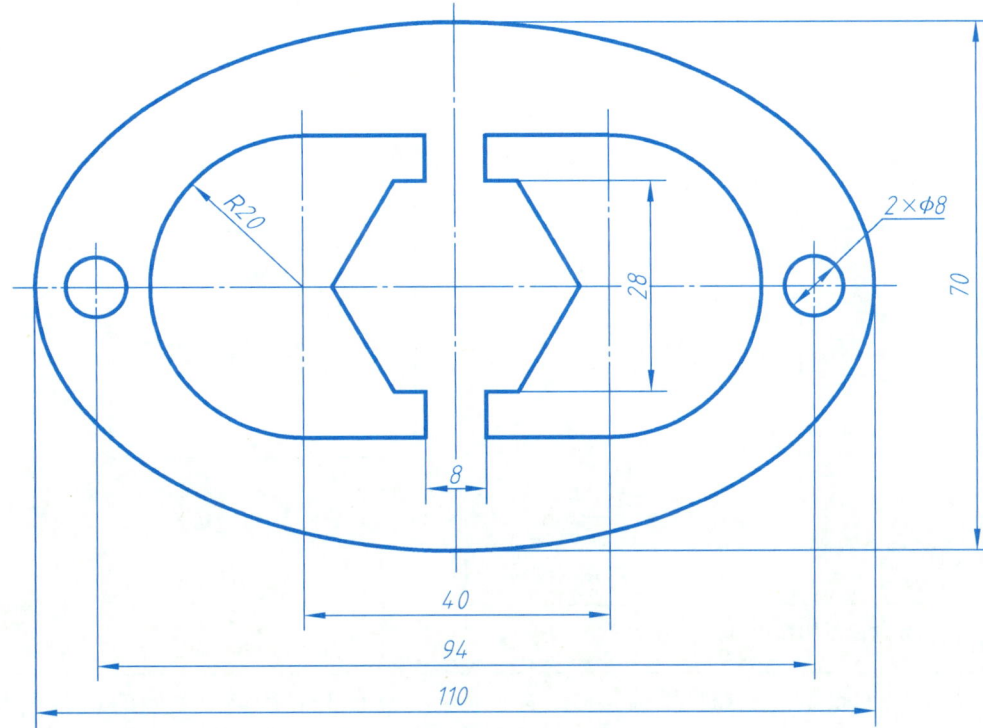

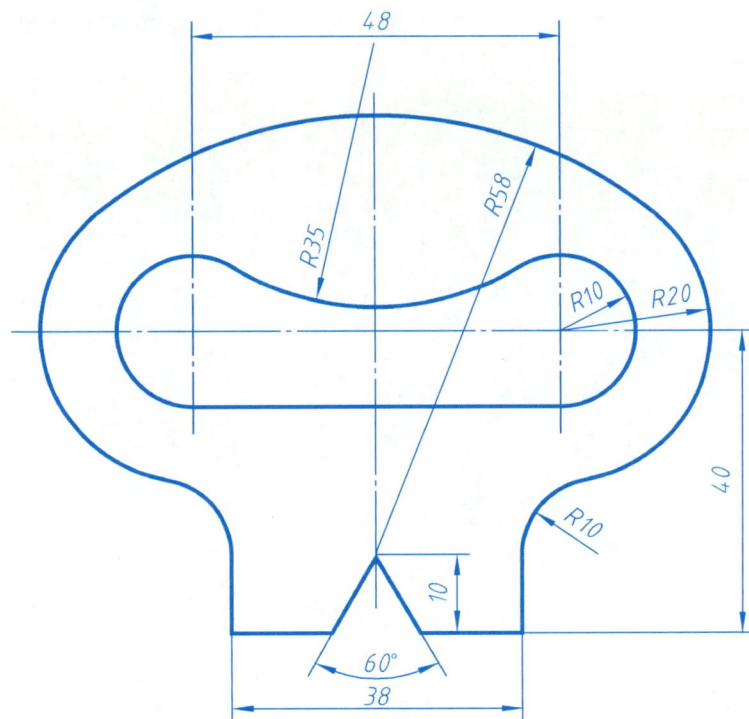

第 2 章　投影基础

2-1　点的投影

班级　　　　学号　　　　姓名

1. 已知点 A（10，15，10）、B（15，10，15）、C（15，10，0），求作其投影图和立体图。

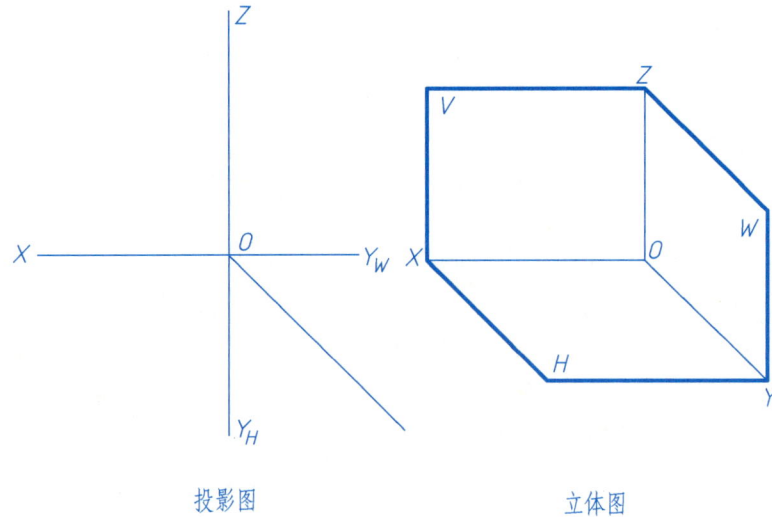

投影图　　　　　　立体图

2. 已知点 B 在点 A 前方 10mm、左方 5mm、下方 10mm，点 C 与点 B 等高，且点 C 的坐标 X、Y、Z 均相等，求点 B、C 的三面投影。

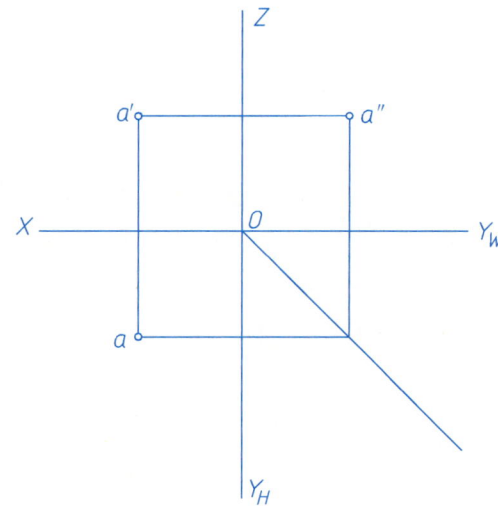

3. 已知点 A、B、C 和 D 的投影图，画出它们的立体图，并说明其空间位置。

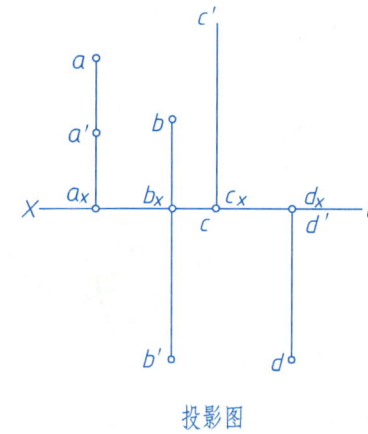

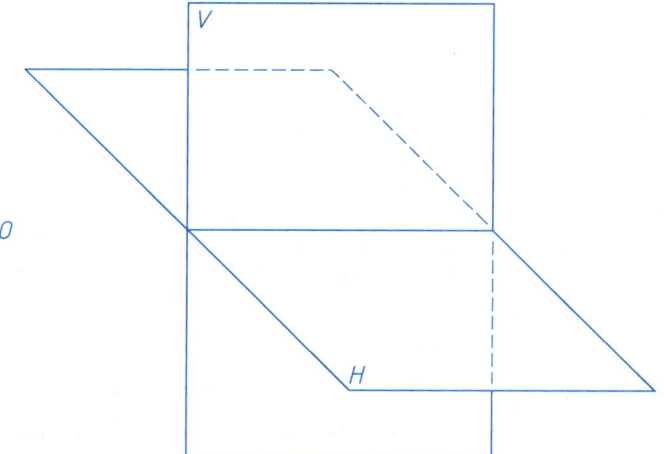

投影图

立体图

点	A	B	C	D
分角或投影面内				

4. 点 A 在第 I 分角，与 H 面、V 面等距，点 B 在 V 面上，点 C 在 W 面上，求其余两面投影。

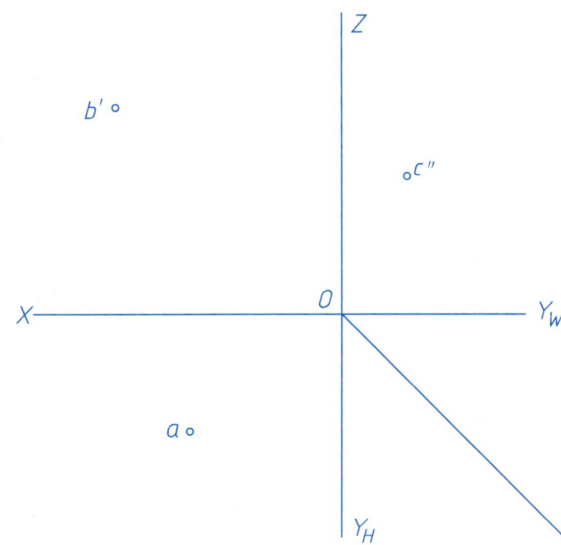

5. 已知点 A（40，20，10），点 B 在点 A 的正右方 20mm 处，点 C 在点 A 的正上方 10mm 处，画出其三面投影图，并填空。

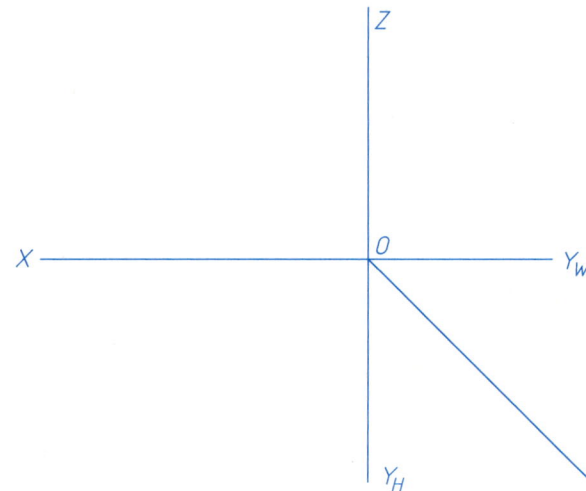

点 A、B 在_____面重影；
点 A、C 在_____面重影；
点 B 在点 C 的_____。

6. 作点 B、C 的 H 面投影（不加投影轴）。

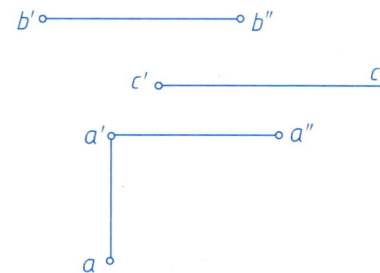

※7. 点在 V/H 投影面系中的正面和水平投影有无重合的可能？若有，它们处于什么位置？请画出具有代表性的点的投影。

点必须位于_____、_____分角，
且_____。

2-2 直线的投影

1. 画出各直线的第三面投影，并写出各直线名称。

(1)　　　　　　(2)　　　　　　(3)

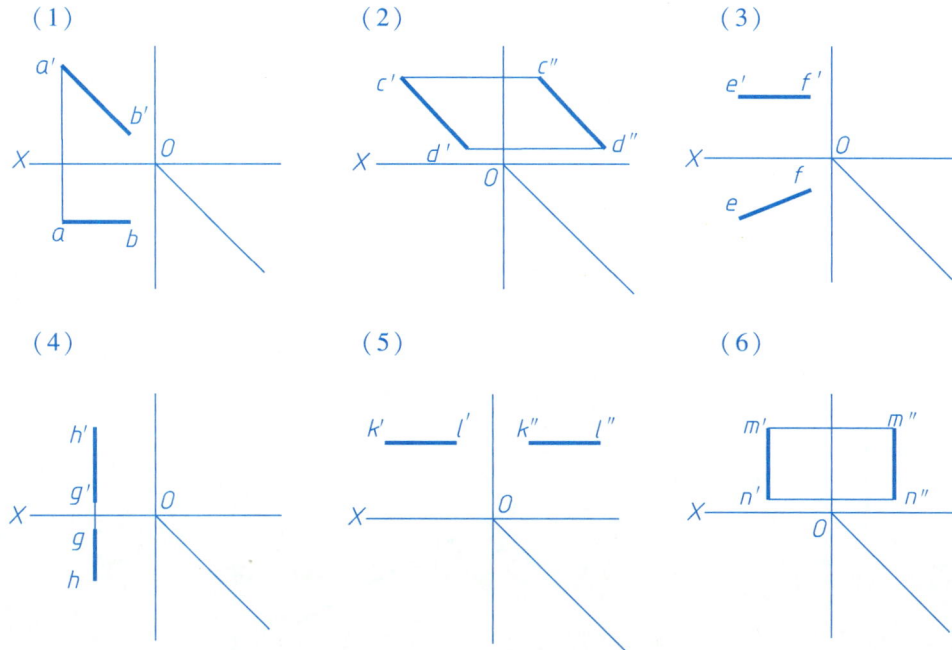

AB _____线。

CD _____线。

EF _____线。

GH _____线。

KL _____线。

MN _____线。

(4)　　　　　　(5)　　　　　　(6)

2. 画出三棱锥的侧面投影，并判断各棱线的位置。

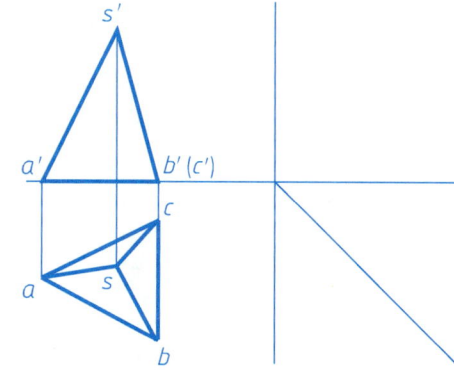

SA 为_____线，AB 为_____线。

SB 为_____线，AC 为_____线。

SC 为_____线，BC 为_____线。

3. 已知距 H 面 20mm 的水平线 AB 的水平投影，求其另外两面投影。

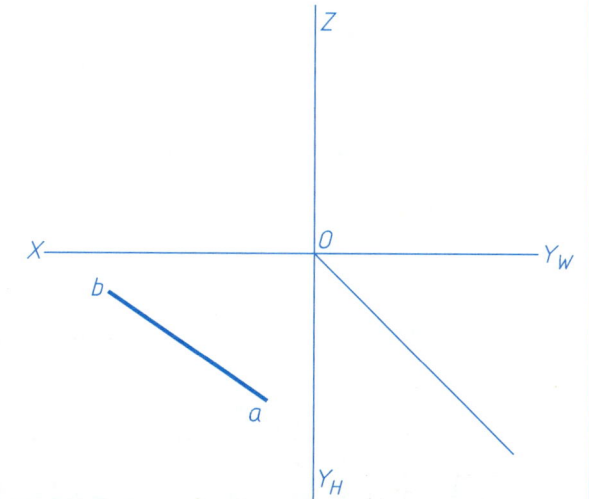

4. 按给定条件完成直线 AB 的两面投影（说明有几解，只需画出一解）。

(1) AB//V 面，AB = 20mm，α = 30°。

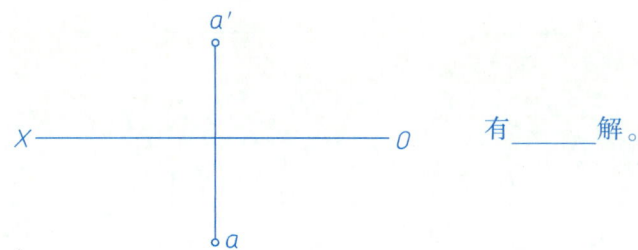

有_____解。

(2) 已知 AB 对 H 面的倾角 α = 30°，求其正面投影。

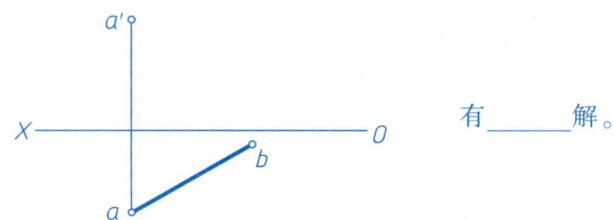

有_____解。

5. 在直线段 AB 上取一点 C，使 AC：CB = 3：2，求点 C 的两面投影。

(1)

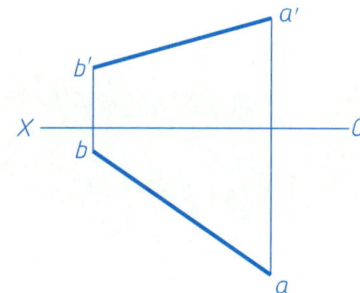

(2)

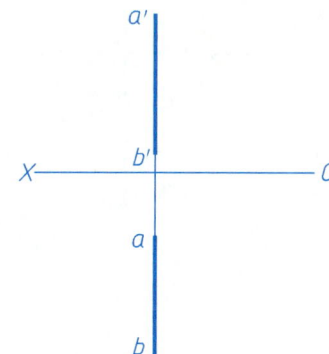

6. 对照立体图，在三视图中标出线段 AB、CD、EF 的三面投影，并填写它们是何种特殊位置线和对各投影面的相对位置（平行、倾斜、垂直）。

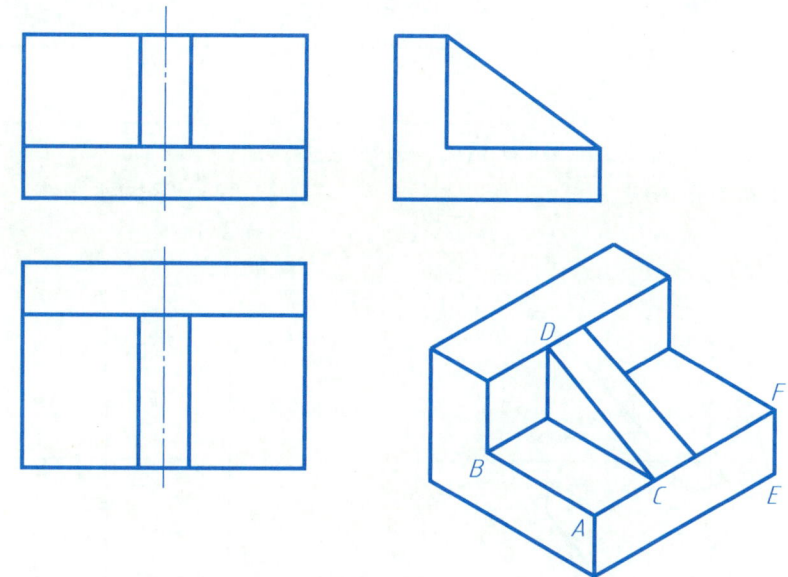

AB 是_____线，CD 是_____线，EF 是_____线。

AB：____V、____H、____W，CD：____V、____H、____W，

EF：____V、____H、____W。

班级　　　　学号　　　　姓名

7. 判断两直线的相对位置（平行、相交、交叉）。

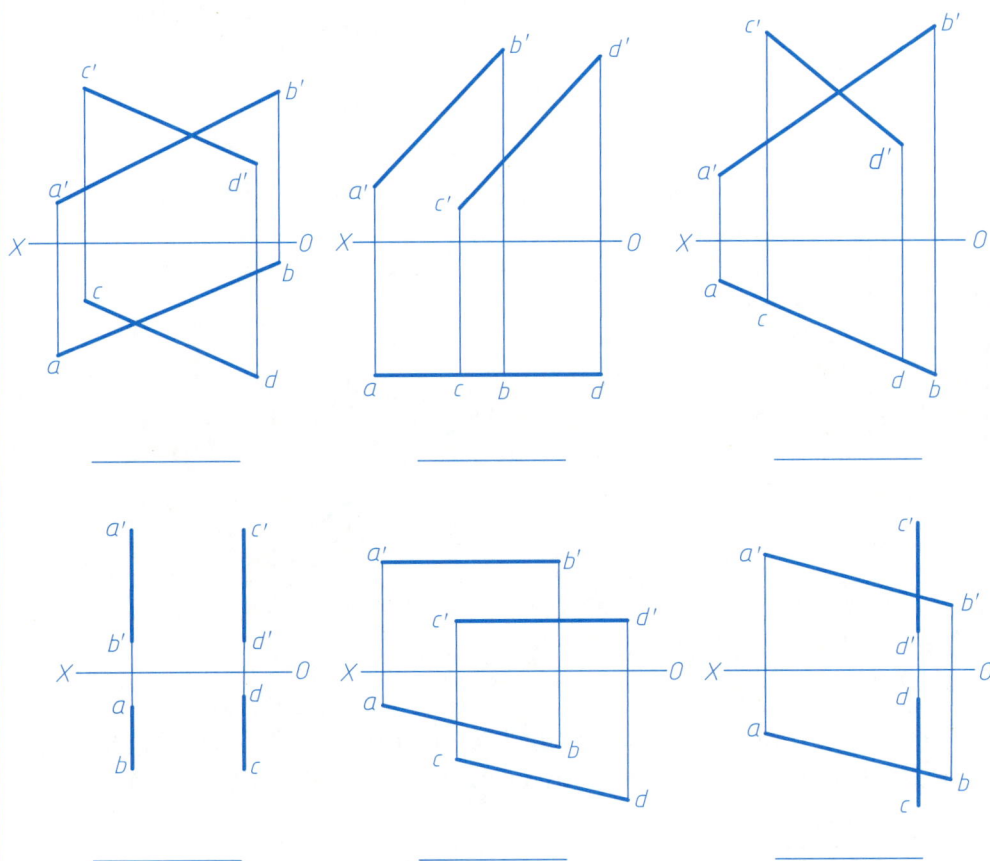

8. 作点 C 到直线 AB 的距离 CD 的投影，并求其实长（直角三角形法）。

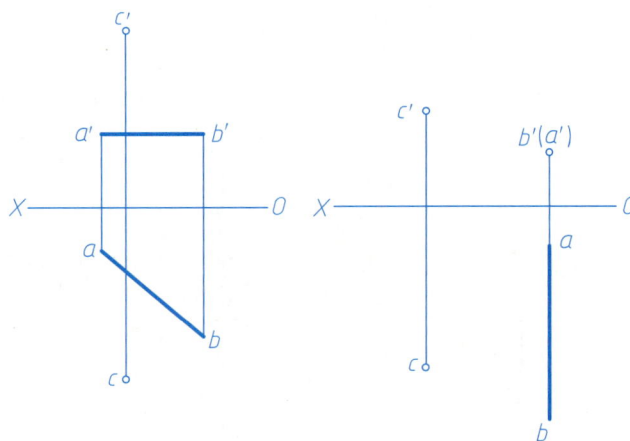

9. 求交叉直线 AB、CD 的公垂线 MN 的两面投影。

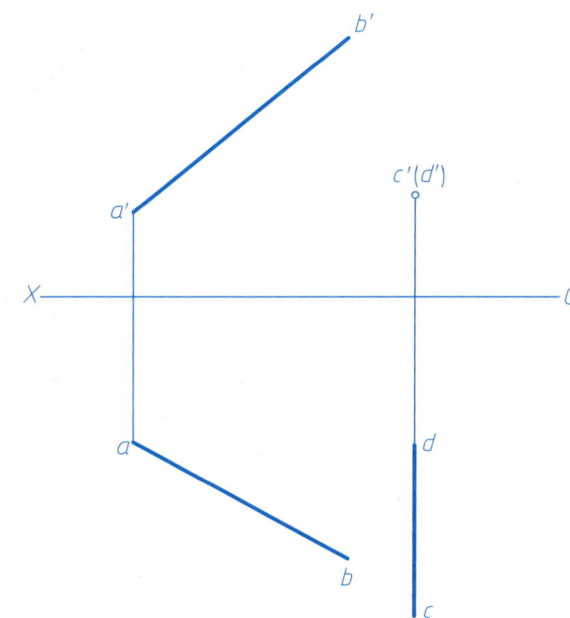

10. 过点 A 作直线 AB 和 CD 相交，并满足条件：

（1）AB 为正平线。　　　　　　　　（2）AB 为水平线。

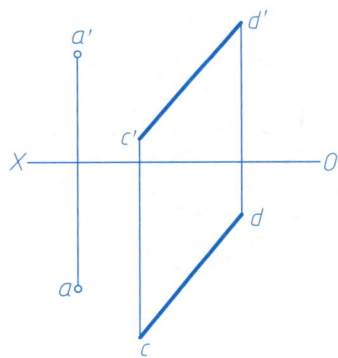

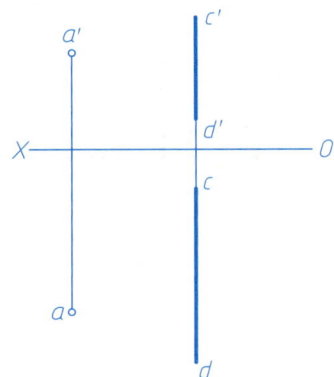

11. 已知线段 AB 的两面投影，求 AB 的正面迹点和水平迹点。

（1）　　　　　　　　　　　　　　　※（2）

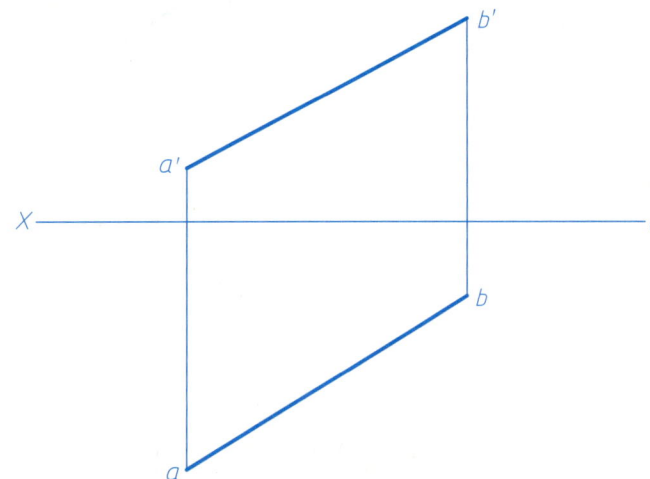

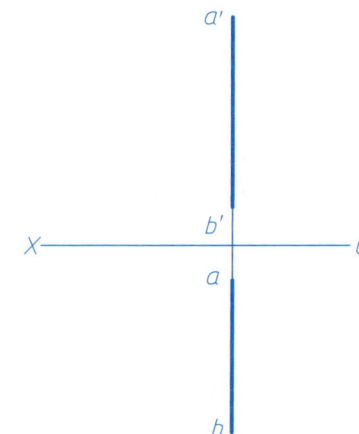

提示：按等比性作图求解。

12. 过点 C 作一线段与线段 AB 和 OX 轴都相交。

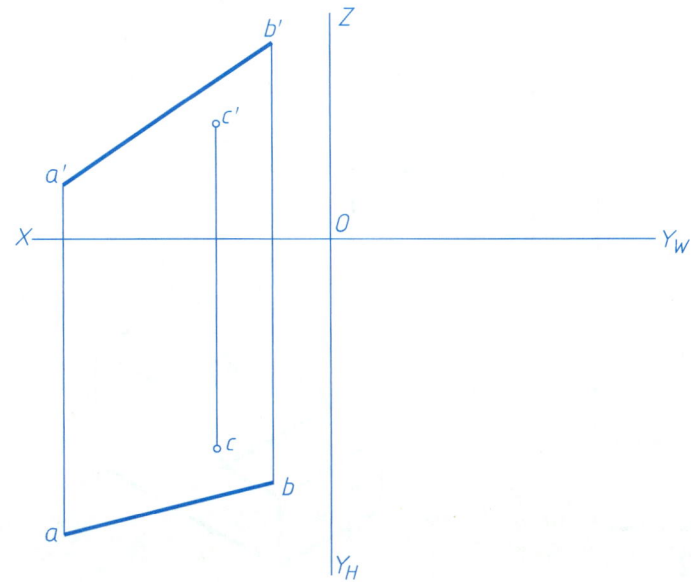

13. 过点 M 作一直线 MN 与 AB 垂直，且与 CD 相交于 N 点。

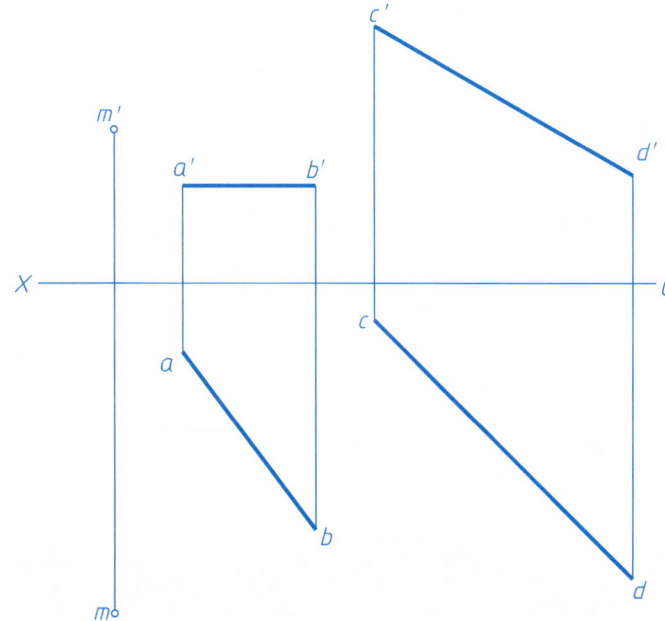

14. 已知正方形 ABCD 的一边 BC 在 MN 上，求作该正方形的两面投影。

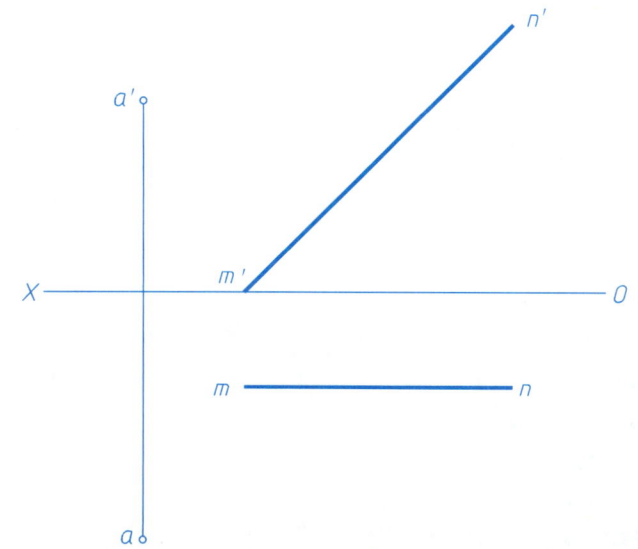

15. 作一直线 MN 与已知直线 CD、EF 相交，同时与 AB 平行。

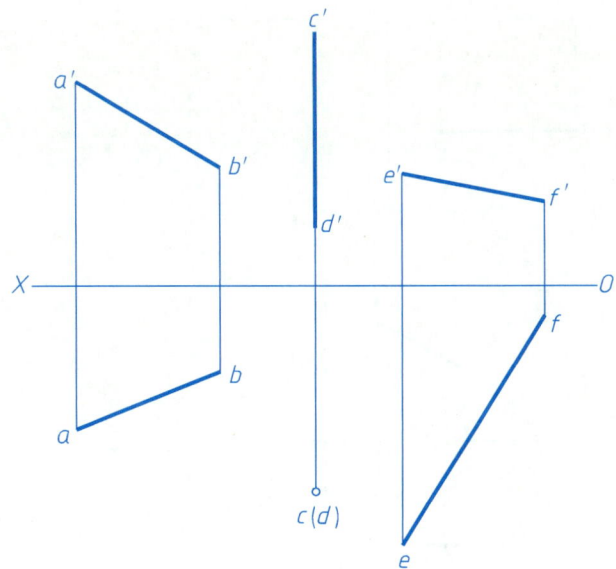

16. 已知直线 AB、CD 垂直相交，且 CD = 30mm，完成 CD 的两面投影。

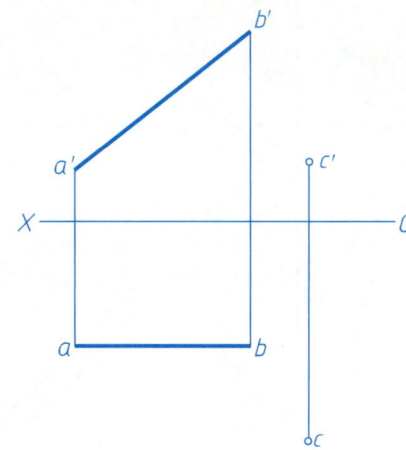

17. 水平线 AK 是等腰 △ABC 底边 BC 的高，点 B 在 V 面前方 10mm，点 C 在 H 面内，求作 △ABC 的两面投影。

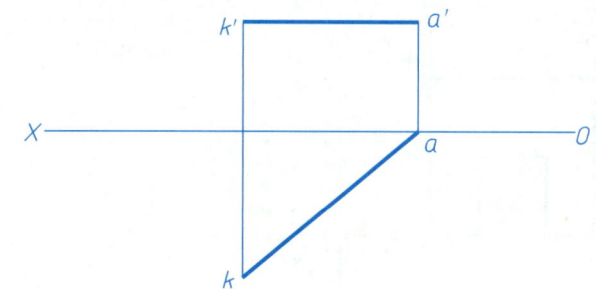

班级　　　学号　　　姓名

1. 判别下列各平面处于什么空间位置。

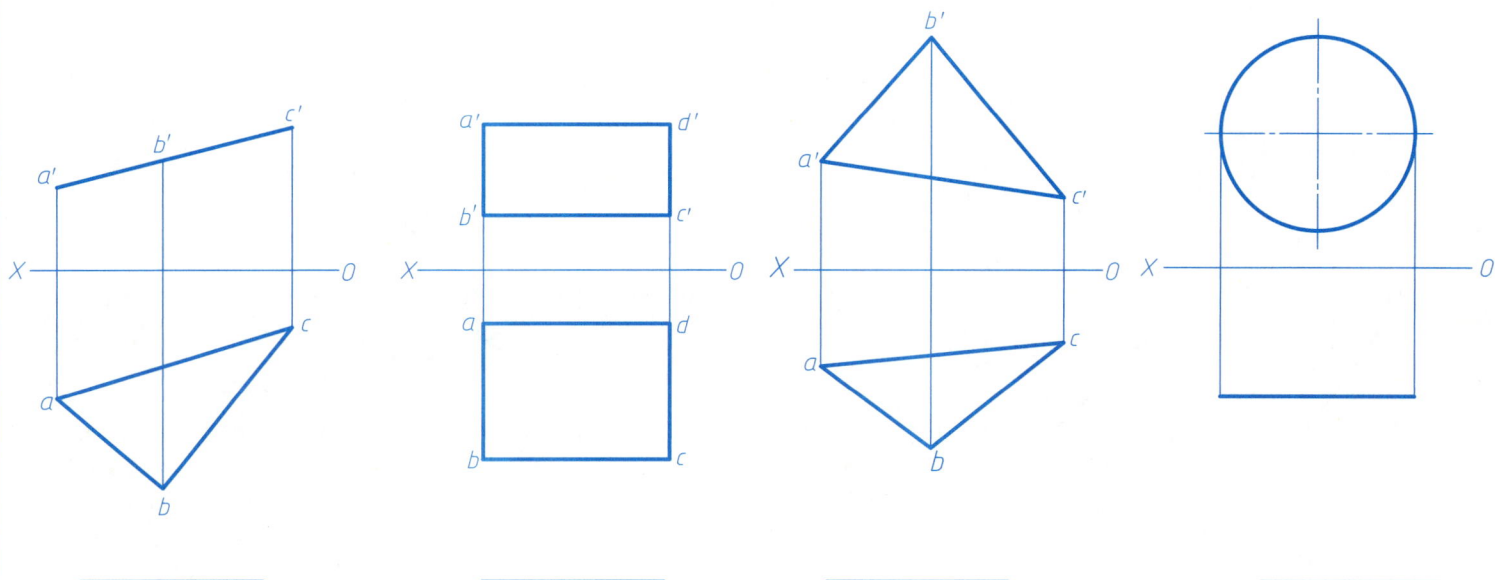

_____　　_____　　_____　　_____

2. 在三视图中标出 *P*、*Q* 两平面的第三投影，在立体图上标出它们的位置（用相应的大写字母），并填写它们是何种特殊位置平面和对投影面的相对位置（平行、倾斜、垂直）。

P 是_____面，*Q* 是_____面。

P：_____ *V*、_____ *H*、_____ *W*。

Q：_____ *V*、_____ *H*、_____ *W*。

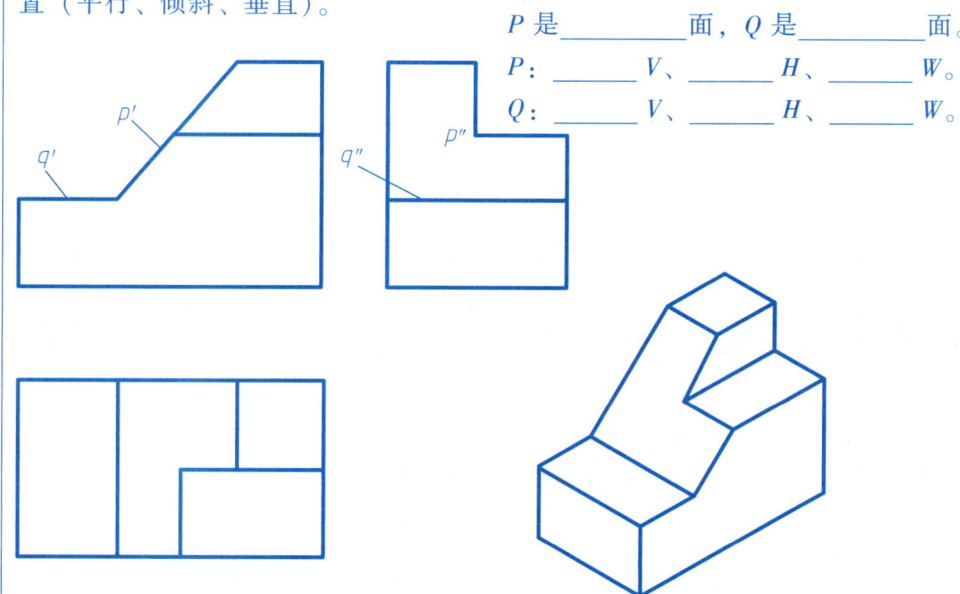

3. 求作平面图形的 *W* 面投影。

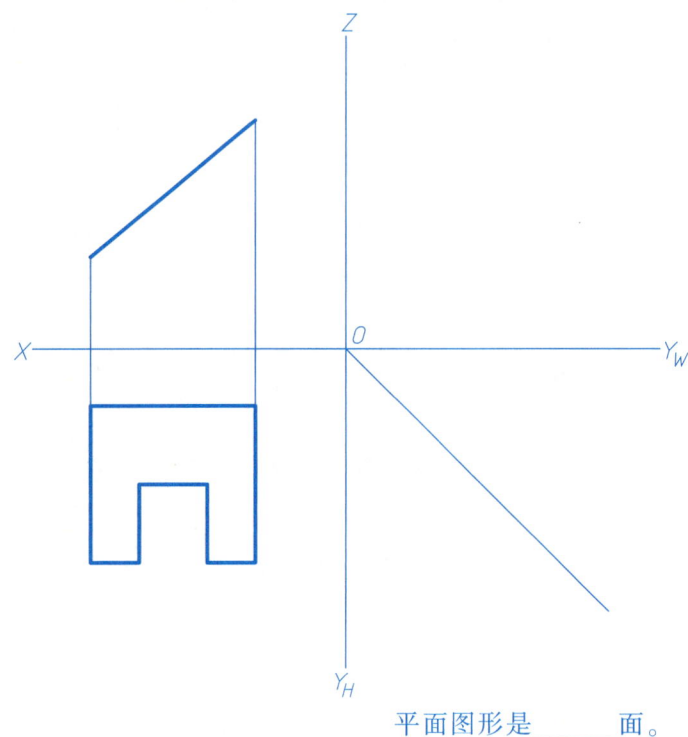

平面图形是_____面。

4. 作位于正平面上的等边 △*ABC* 的三面投影。

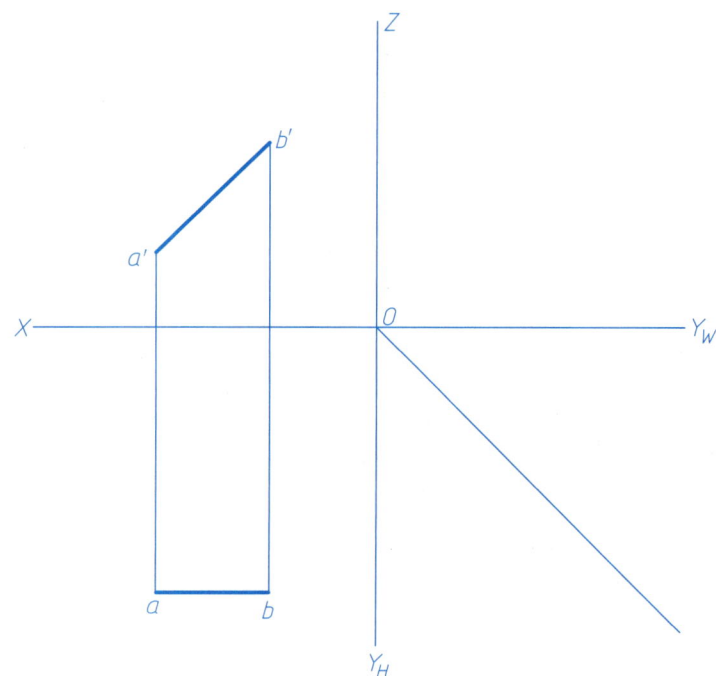

5. 过已知直线 *AB* 作迹线表示的平面 *P*，并标注出迹线 P_H、P_V、P_W。

（1）作正平面。

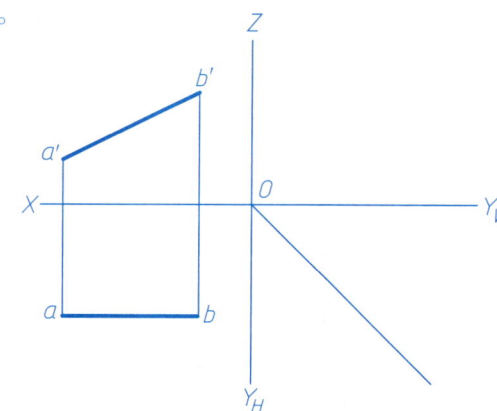

（2）作正垂面。

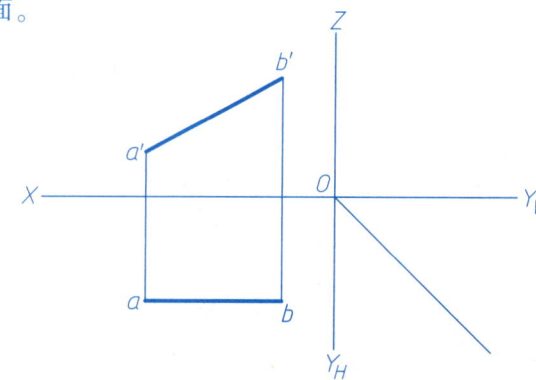

6. 判断点 K 和直线 MN 是否在 △ABC 平面上，并在指定的位置填写"在"或者"不在"。

（1）

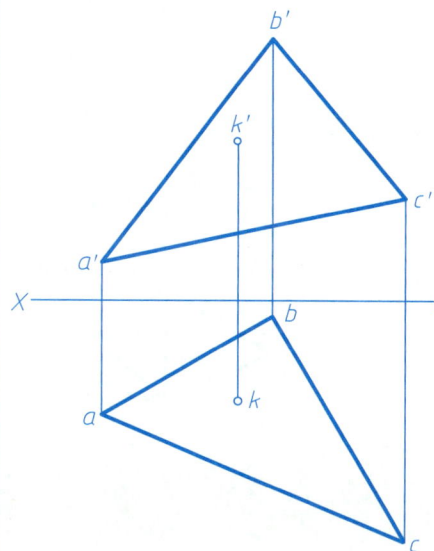

（2）

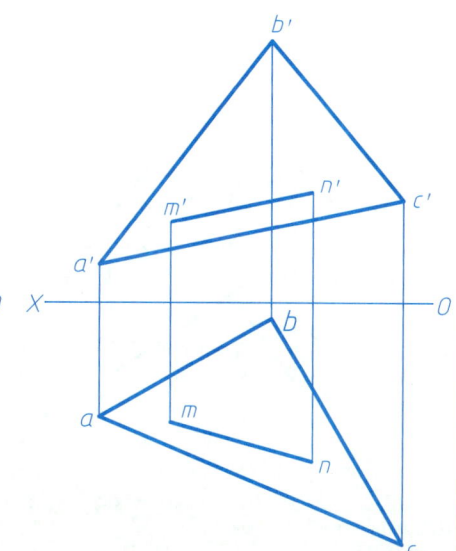

点 K _____ △ABC 平面上。

直线 MN _____ △ABC 平面上。

7. 完成平面五边形 ABCDE 的正面投影。

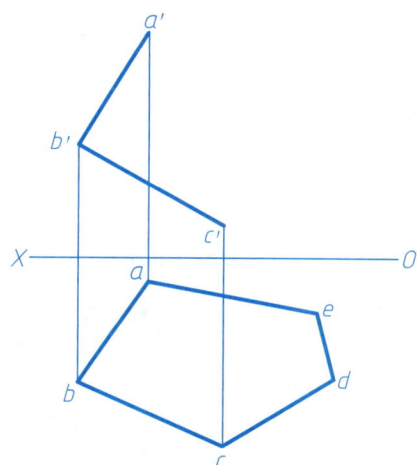

8. 平面五边形 ABCDE 的边 CD 为正平线，完成其 H 面投影。

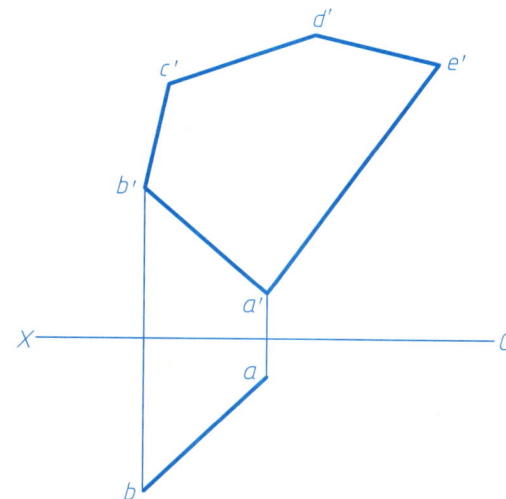

9. 在 △ABC 内取一点 K，使其距 H 面 25mm，距离 V 面 28mm。

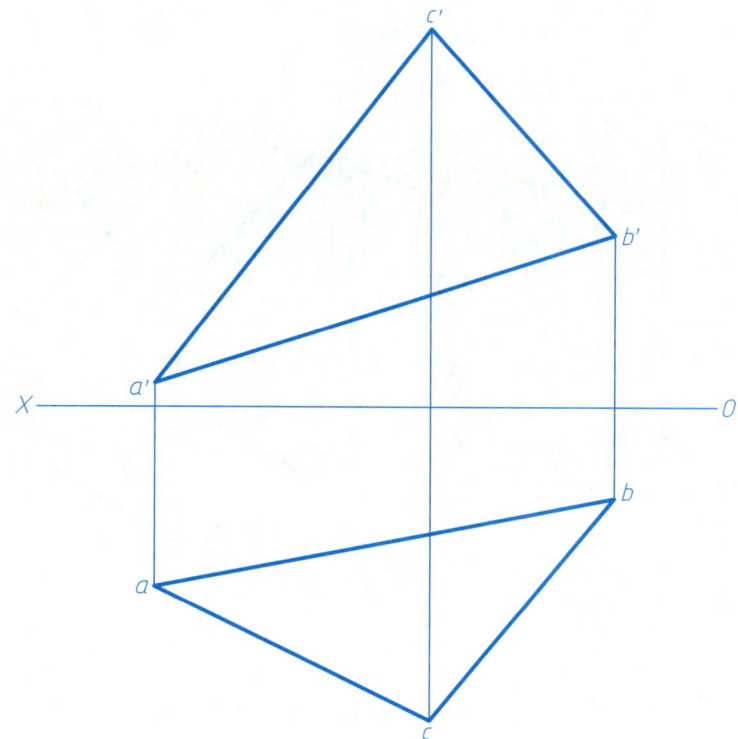

10. 求 △ABC 与 H 面所成倾角的实际大小。

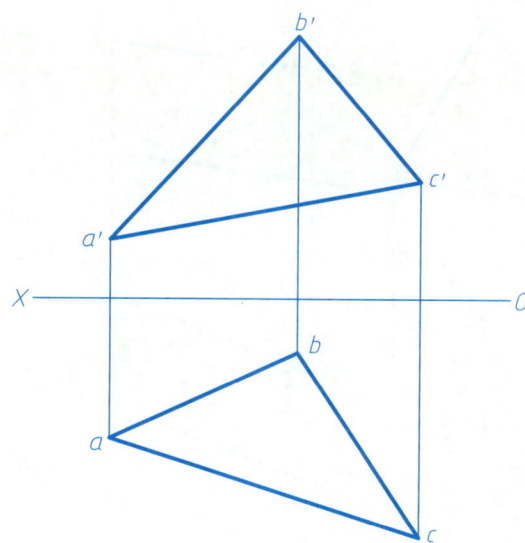

11. 求 △ABC 与 V 面所成倾角的实际大小。

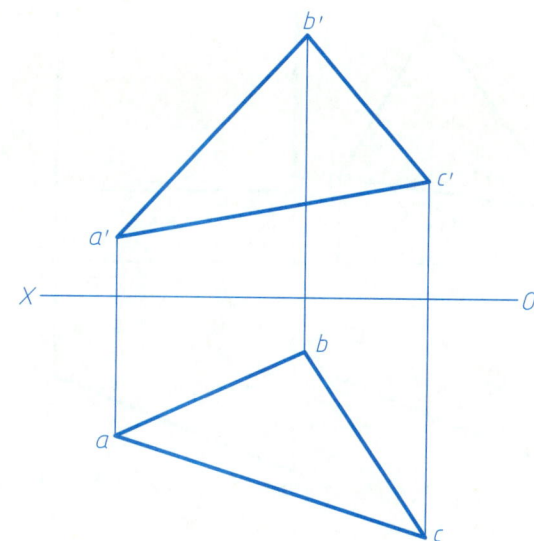

1. 判断直线与平面或者平面与平面的位置关系。

（1）$a'c'/\!/m'n'$

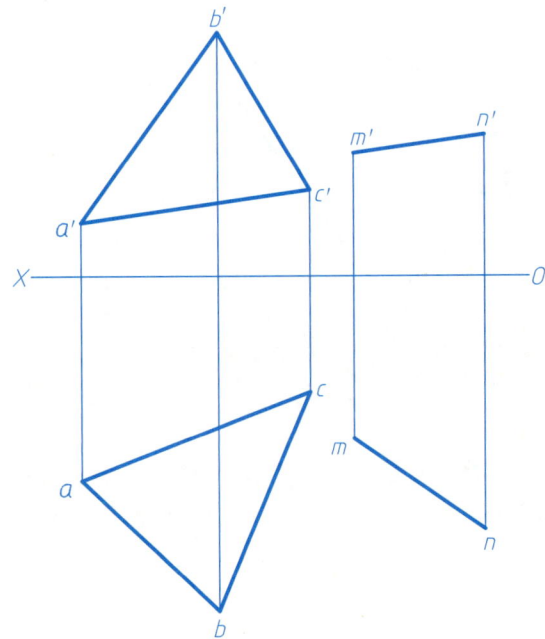

MN 与 $\triangle ABC$ _____。

（2）$abc/\!/mn$

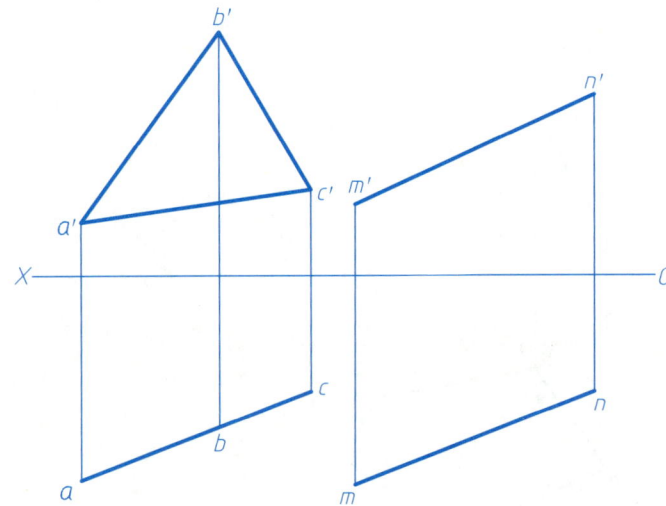

MN 与 $\triangle ABC$ _____。

（3）$ab \perp edf$

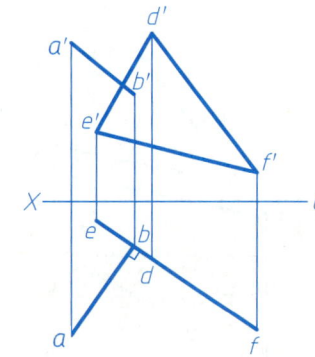

AB 与 $\triangle EDF$ _____。

（4）$a'b' \perp c'e'$

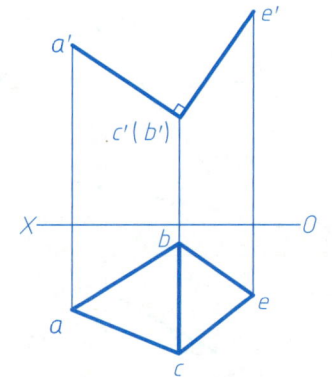

$\triangle ABC$ 与 $\triangle BCE$ _____。

（5）$abc/\!/kl$

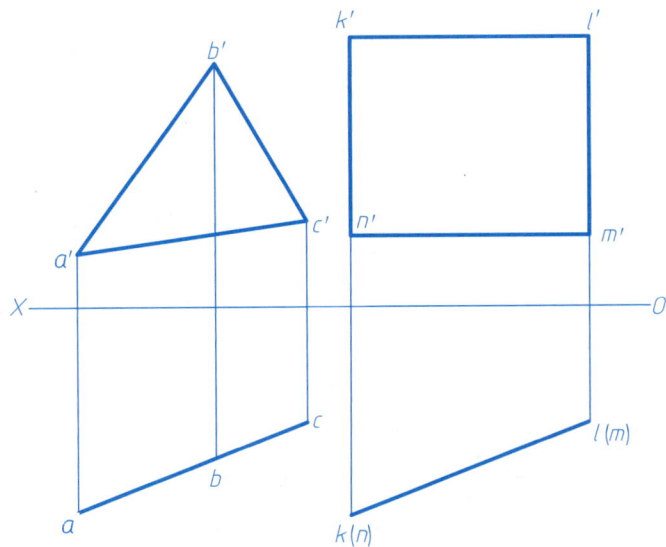

矩形 $KLMN$ 与 $\triangle ABC$ _____。

（6）$abc/\!/kl/\!/mn$，$a'c'/\!/k'l'/\!/m'n'$

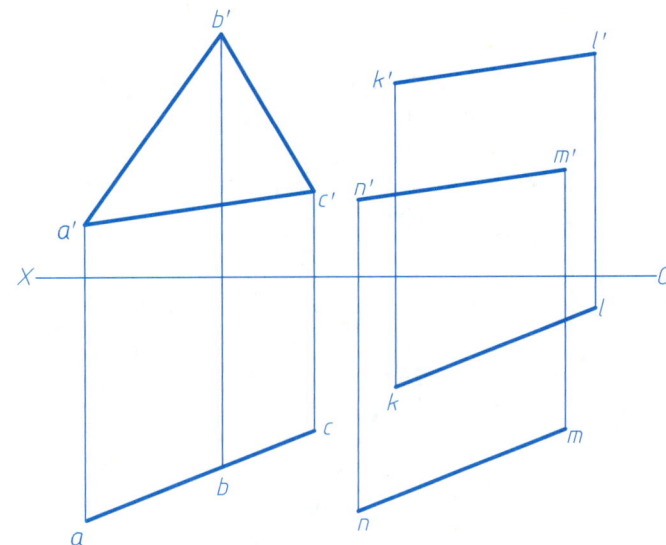

平面（$KL/\!/MN$）与 $\triangle ABC$ _____。

（7）$ab \perp cf$

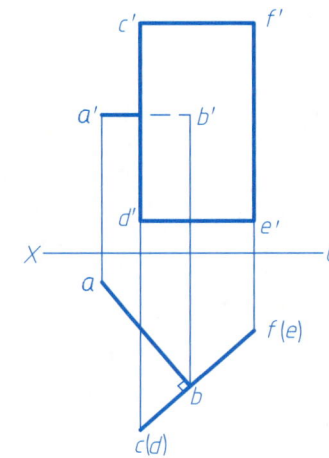

AB 与矩形 $CDEF$ _____。

（8）$cd/\!/ef$，$c'd'/\!/e'f'$

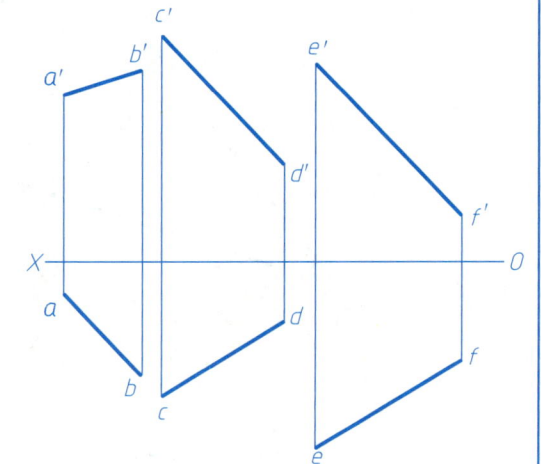

AB 与平面（$CD/\!/EF$）_____。

2. 已知线段 MN 和 △ABC 平行，完成此三角形的水平投影。

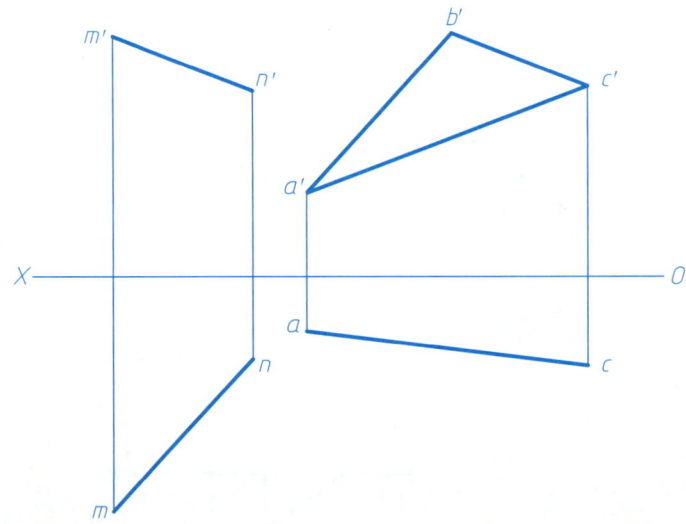

3. △ABC 和平面 DEF 相互平行，完成平面 DEF 的投影。

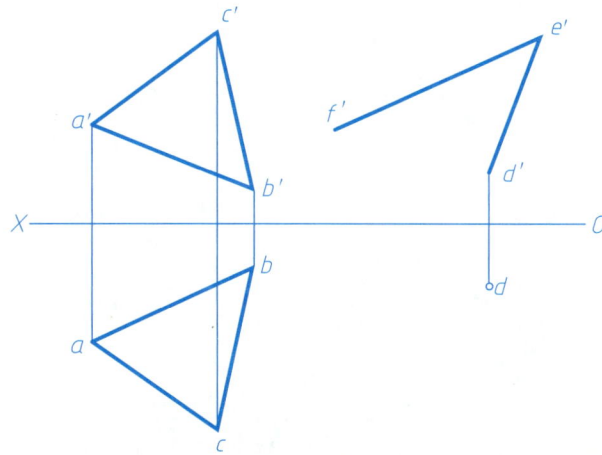

4. 已知 △ABC 与两交叉直线 DE 及 FG 平行，求作 △ABC 的 H 面投影。

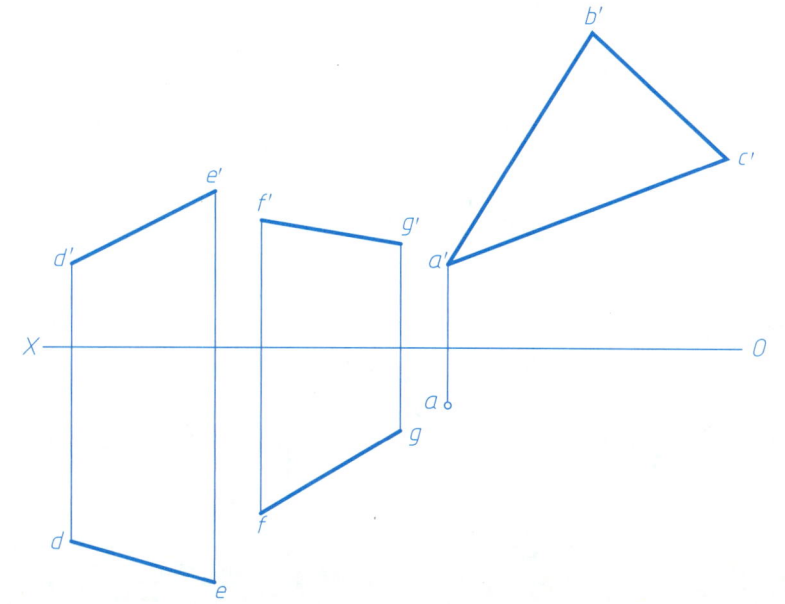

5. 求直线与平面的交点，以及平面与平面的交线，并判断可见性。

（1）

（2）

（3）

（4）

6. 正方形 ABCD 平行于 △EFG，且相距 15mm，完成正方形的投影。

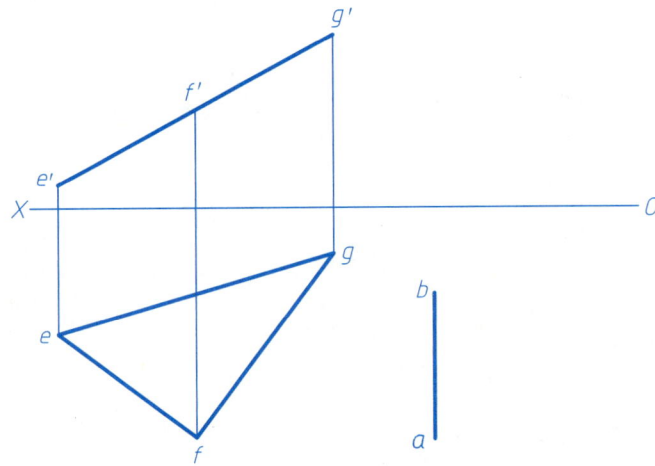

7. 求点 K 到 △ABC 的距离 KM。

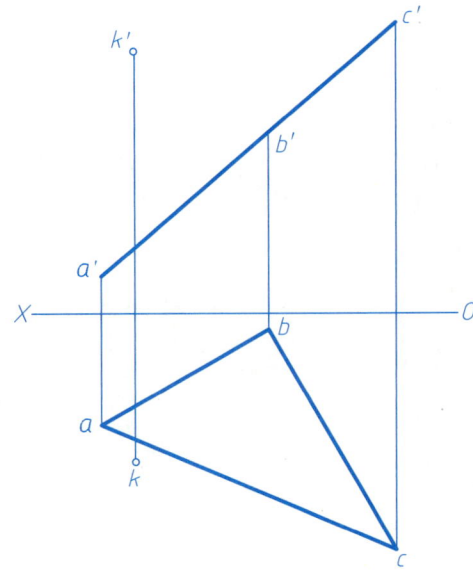

8. 求两已知平面的交线，并判别可见性。

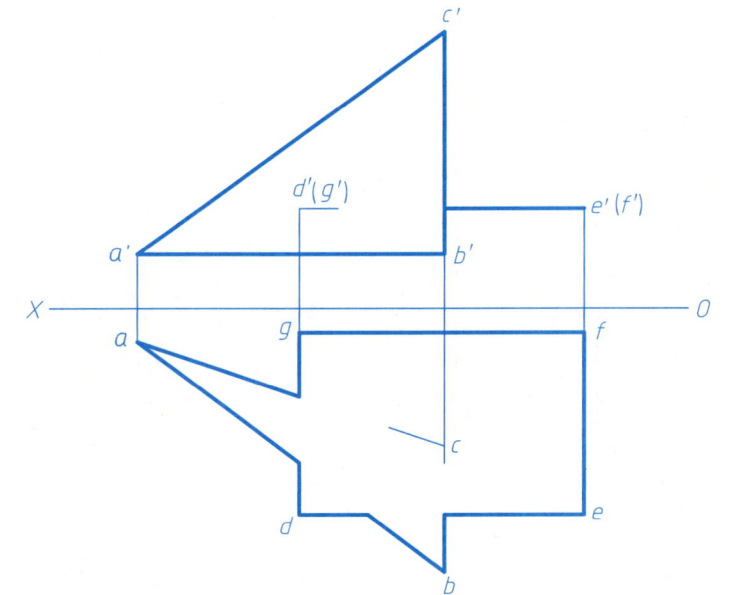

9. 过点 A 作线段与两已知线段 BC 和 EF 相交。

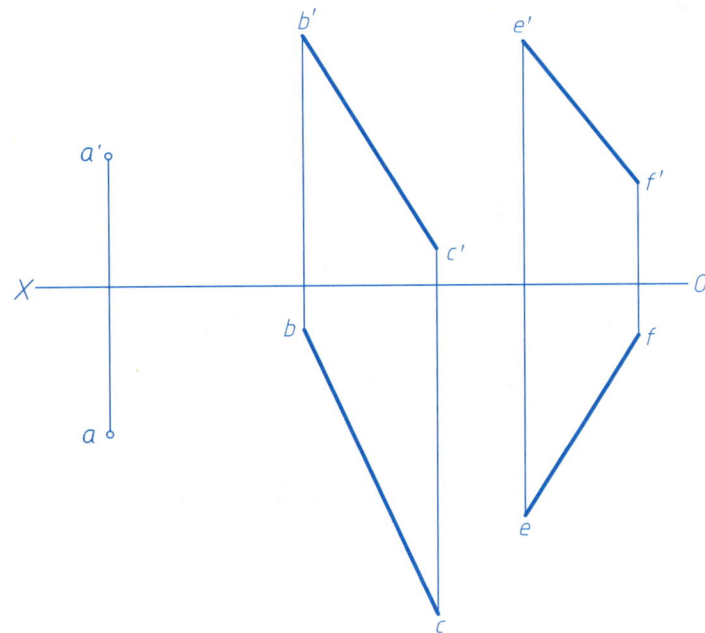

※10. 求作两侧垂面的交线，并判别可见性。

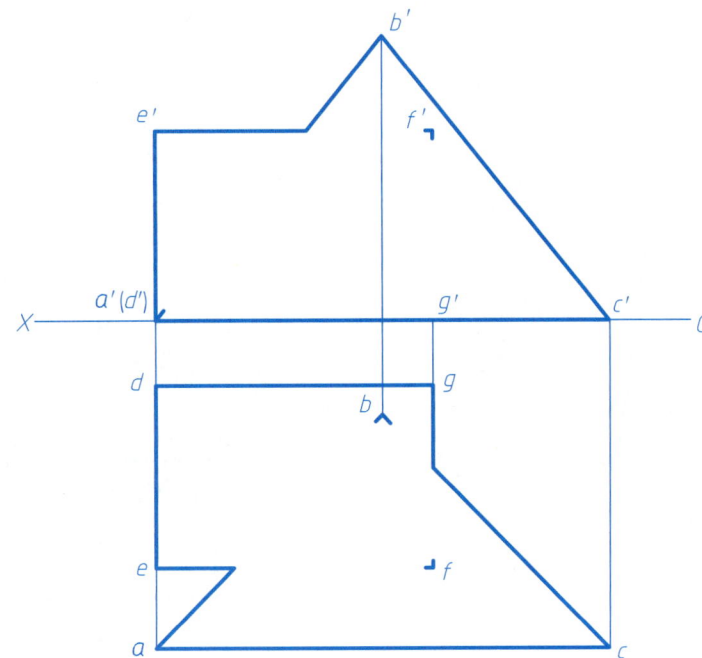

11. 求作两三角形的交线，并判别可见性。

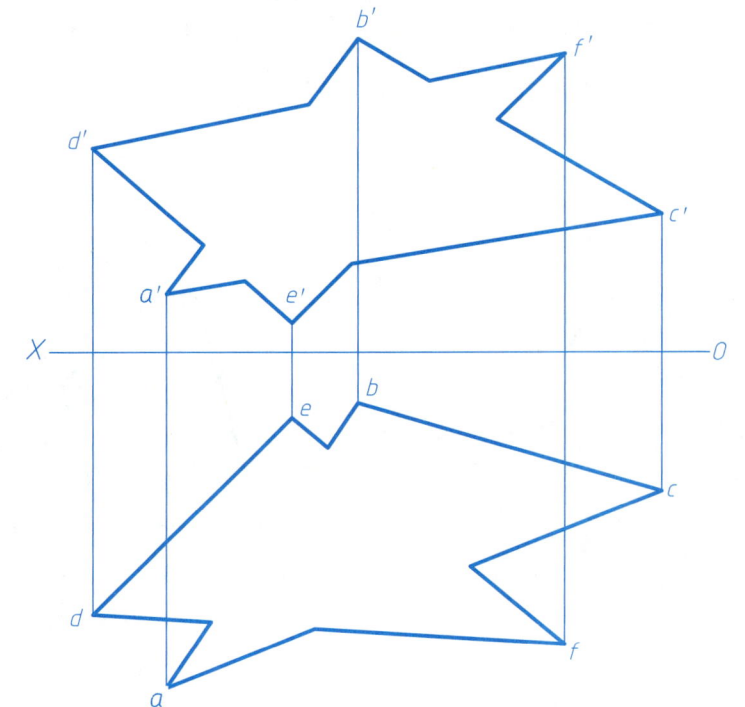

1. 用换面法求线段 *AB* 的实长及其对 *H* 面的夹角、直线 *CD* 的实长和 *β* 角。

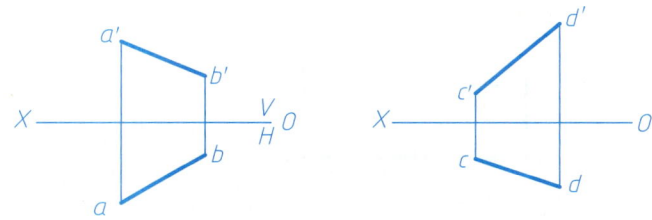

2. 用换面法求 △*ABC* 的实形。

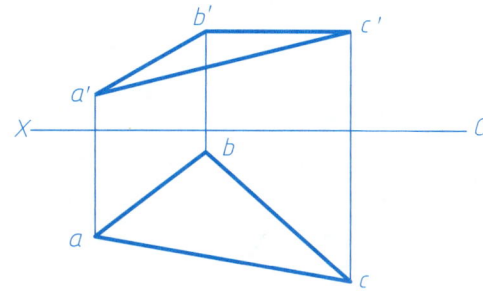

3. 正平线 *AB* 是正方形 *ABCD* 的边，点 *C* 在点 *B* 的前上方，正方形对 *V* 面的倾角 *β*=45°，补全正方形的两面投影。

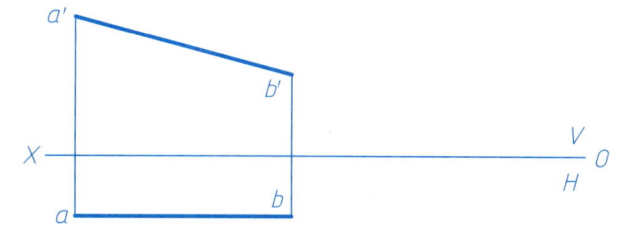

4. 求点 *D* 到 △*ABC* 的真实距离，并画出其垂足 *K* 的投影。

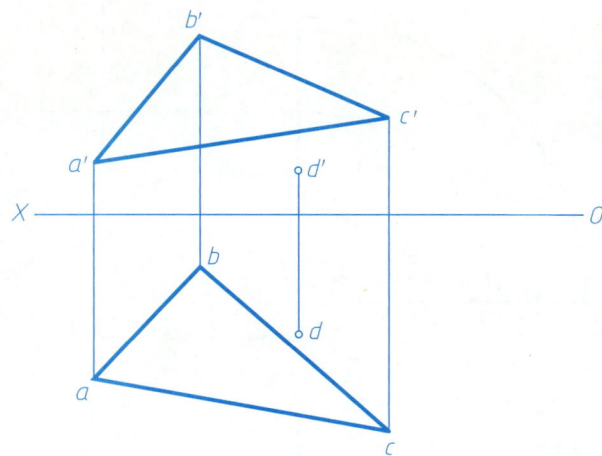

5. 以 *AB* 为底作等腰 △*ABC*，其高为 30mm，并与 *H* 面成 45°角。

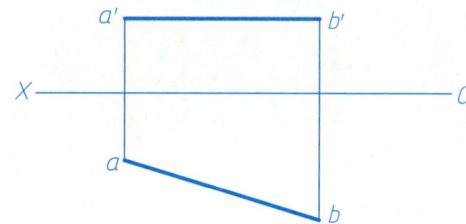

6. 用换面法求异面两直线 *AB*、*CD* 间的最短距离（投影和实长）。

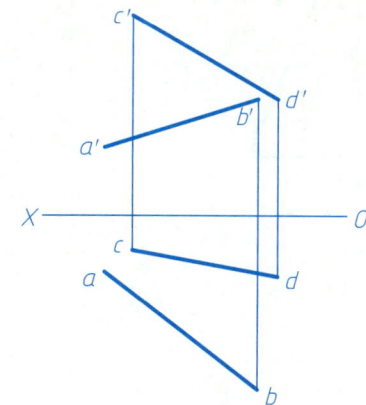

第 3 章　立体的视图

3-1　基本体的视图

班级　　　学号　　　姓名

画出立体的第三面投影，并求出立体表面上各点的其余两投影。

①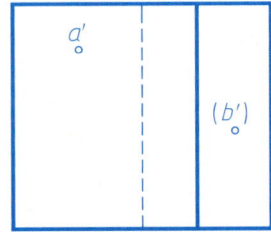

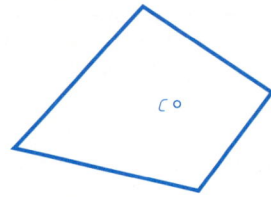

②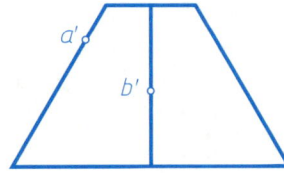

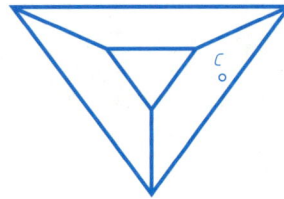

③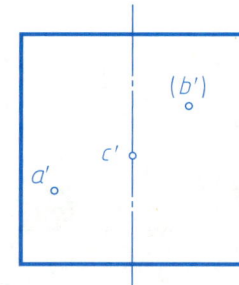

④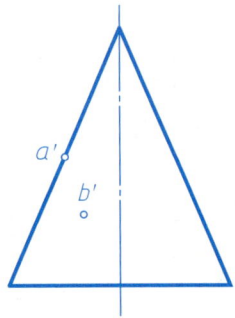

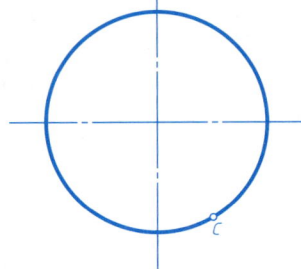

⑤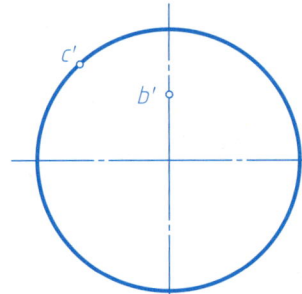

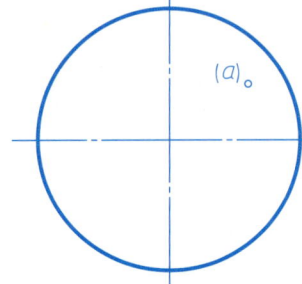

※⑥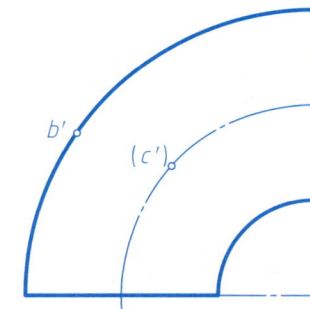

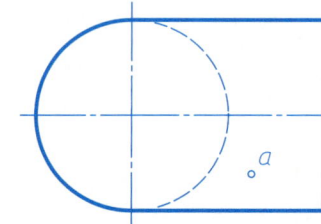

班级　　　　学号　　　　姓名

1. 求作三棱柱穿孔后的侧面投影。

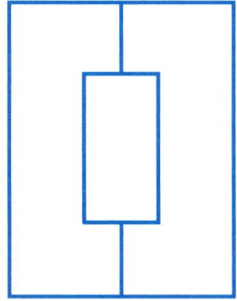

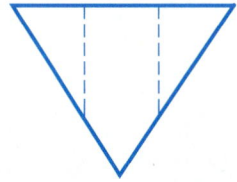

2. 补全正四棱柱开通槽后的水平投影，并完成侧面投影。

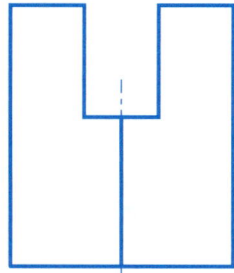

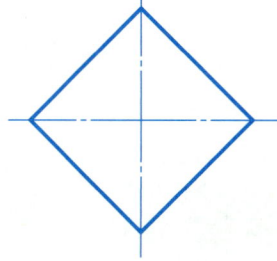

3. 完成正六棱柱截切后的侧面投影。

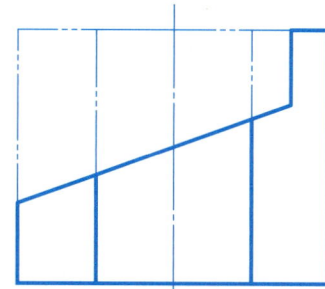

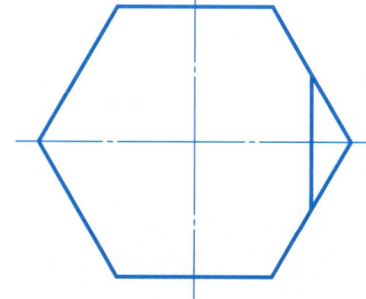

4. 补全正三棱锥截切后的水平投影，并完成侧面投影。

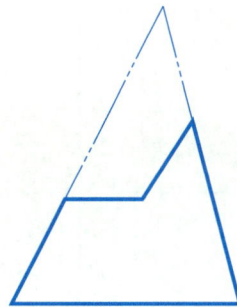

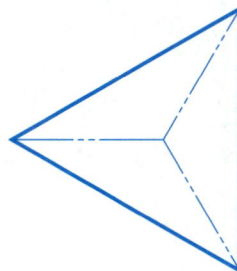

5. 补全正四棱锥截切后的水平投影，并完成侧面投影。

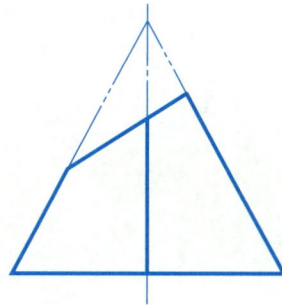

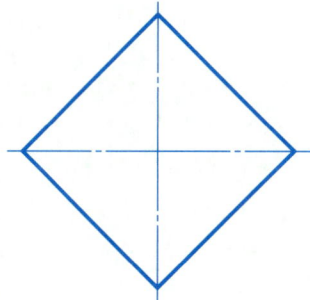

6. 补全正四棱锥截切后的水平投影，并作出其侧面投影。

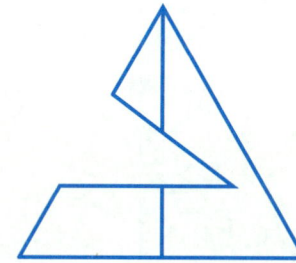

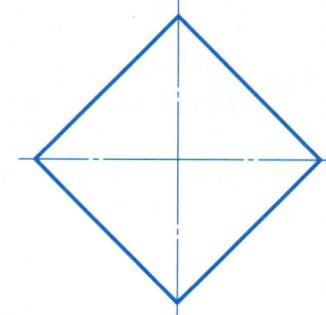

7. 补画圆柱被截切后的侧面投影。

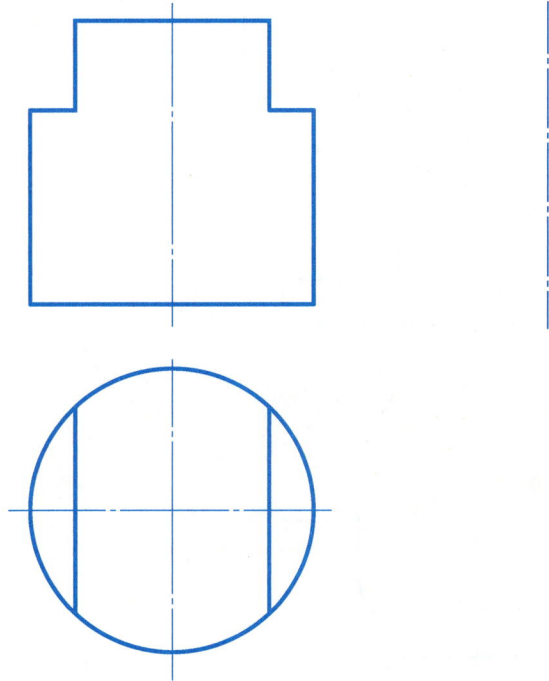

8. 补画圆柱被截切后的侧面投影。

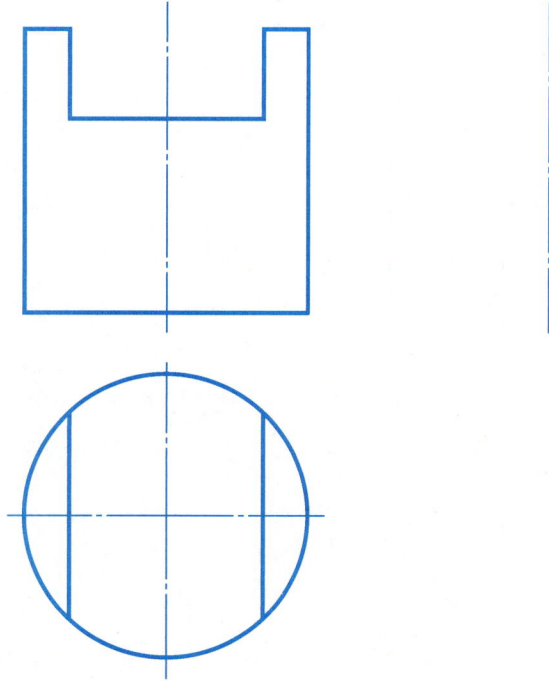

9. 补画圆柱被截切后的侧面投影，并完成水平投影。

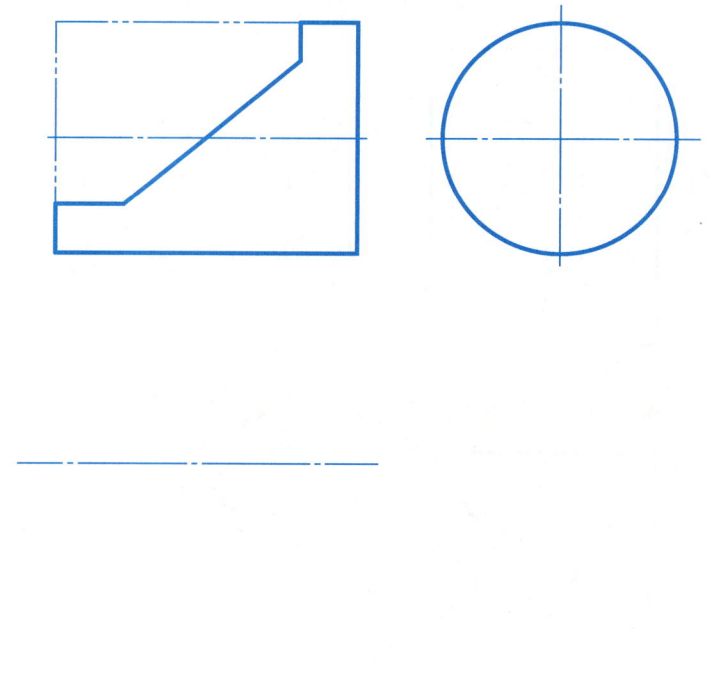

10. 补画圆柱被截切后的水平投影，并完成侧面投影。

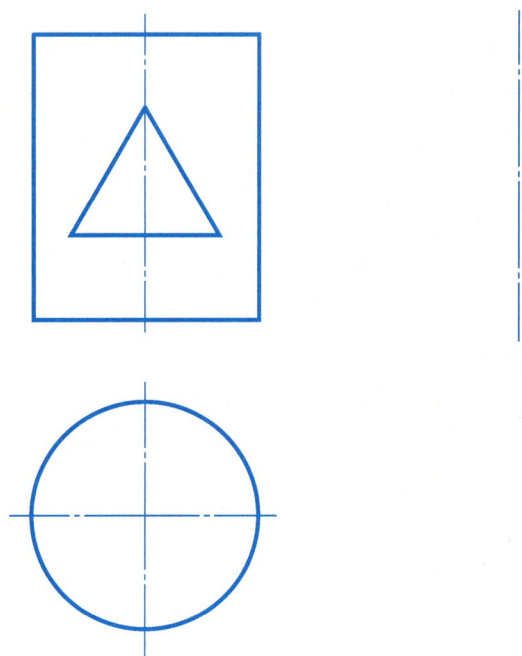

11. 补画侧面投影。

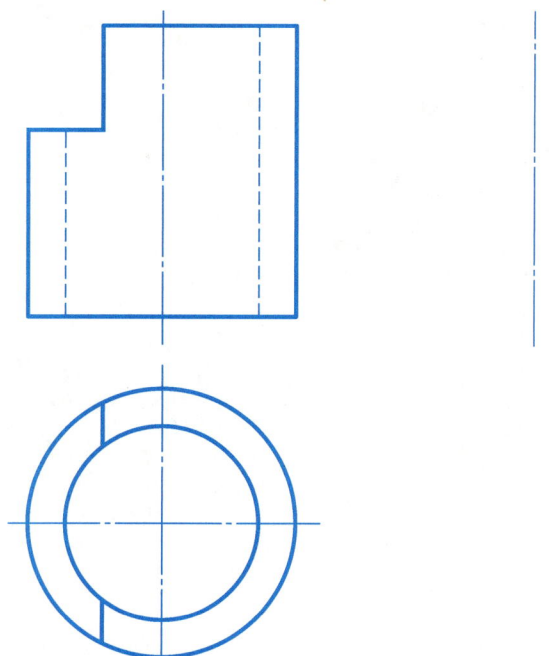

12. 补画侧面投影。

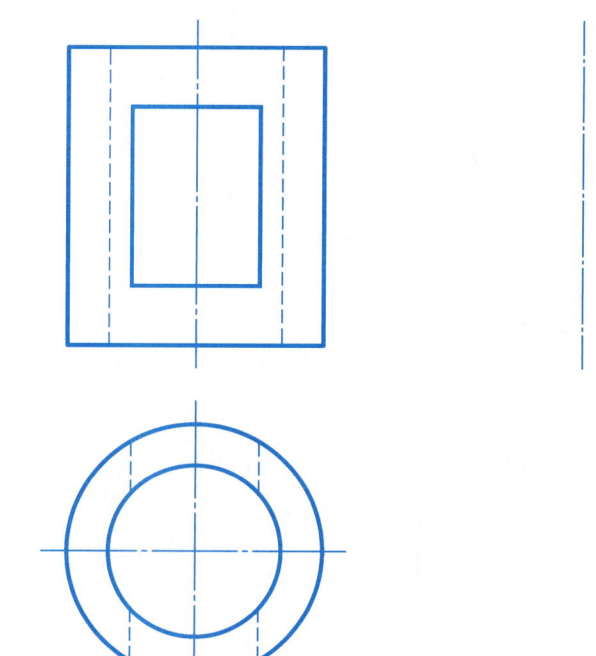

13. 补画正面投影。

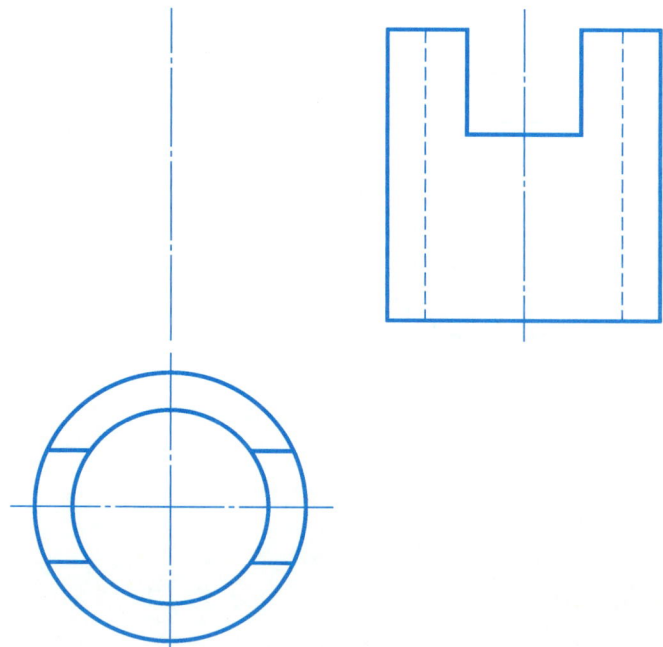

14. 补画侧面投影。

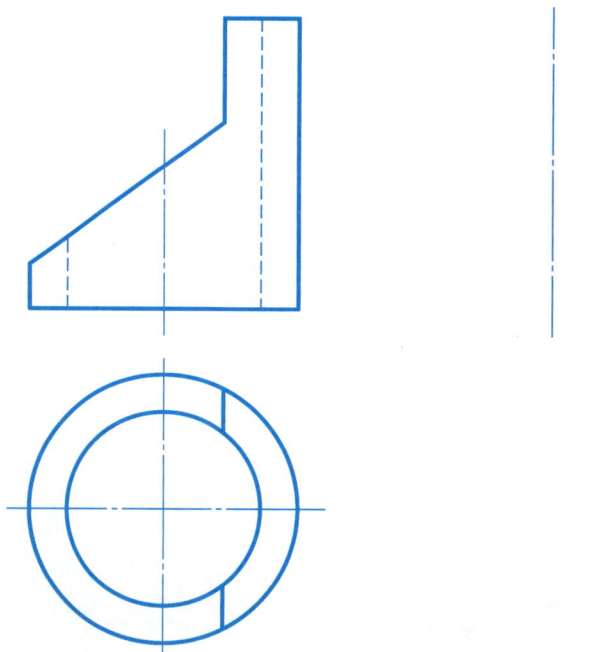

※15. 补画水平投影。

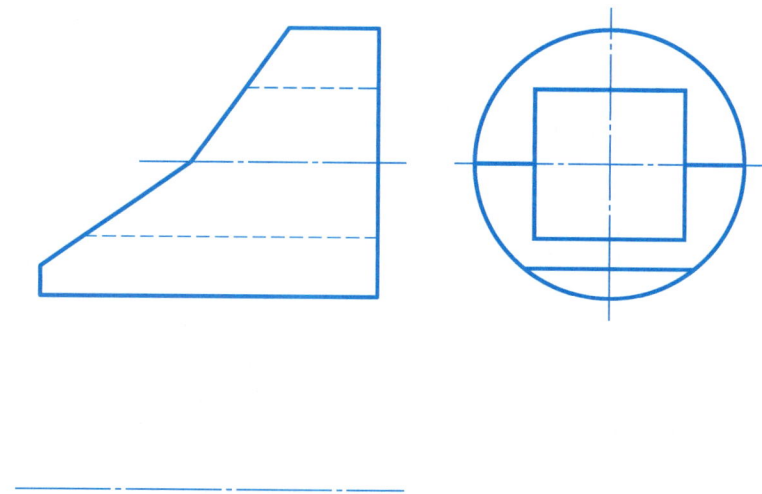

16. 补画圆锥截切后的水平投影，并完成侧面投影。

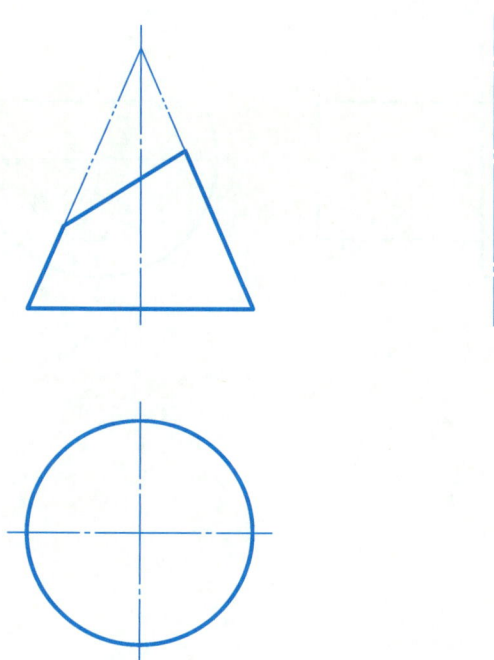

17. 完成圆锥截切后的侧面投影。

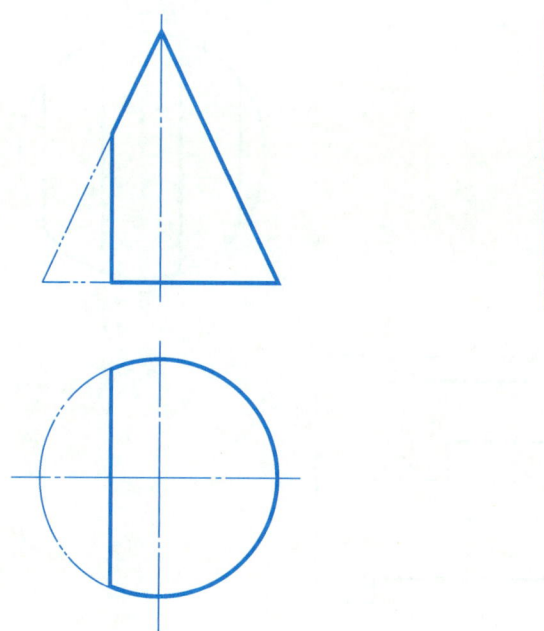

18. 求作圆锥被截切后的 H 面投影和 W 面投影。

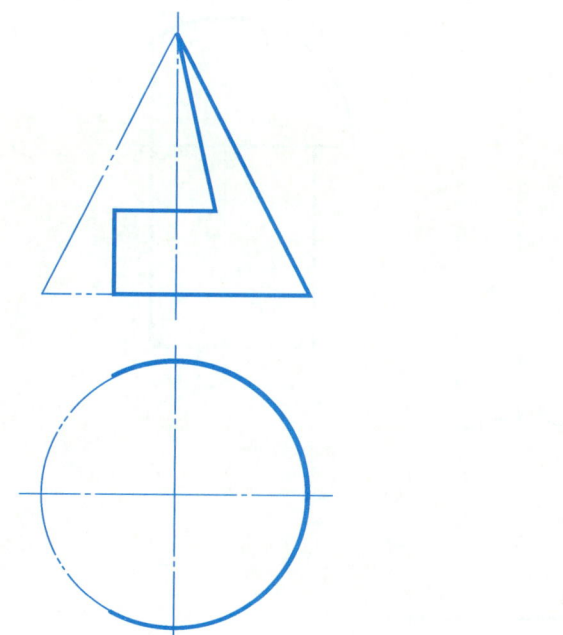

班级　　　　学号　　　　姓名

19. 求作圆球被截切后的水平投影和侧面投影。

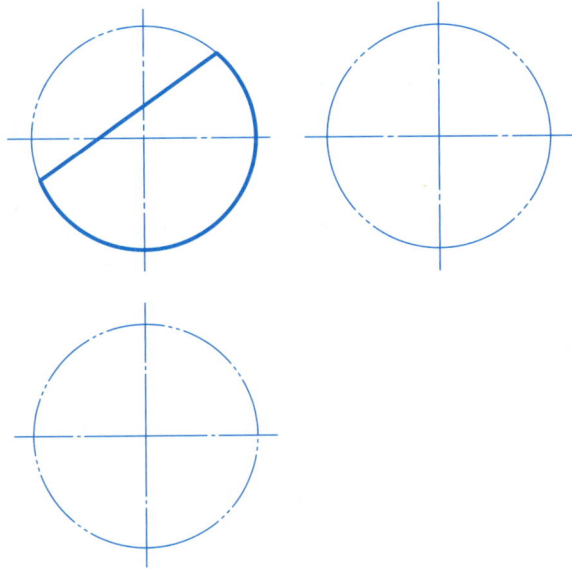

20. 求作半球被截切后的水平投影，并完成侧面投影。

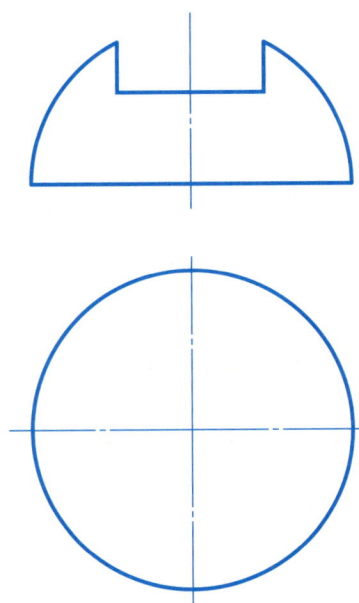

21. 求作圆球被截切后的水平投影和侧面投影。

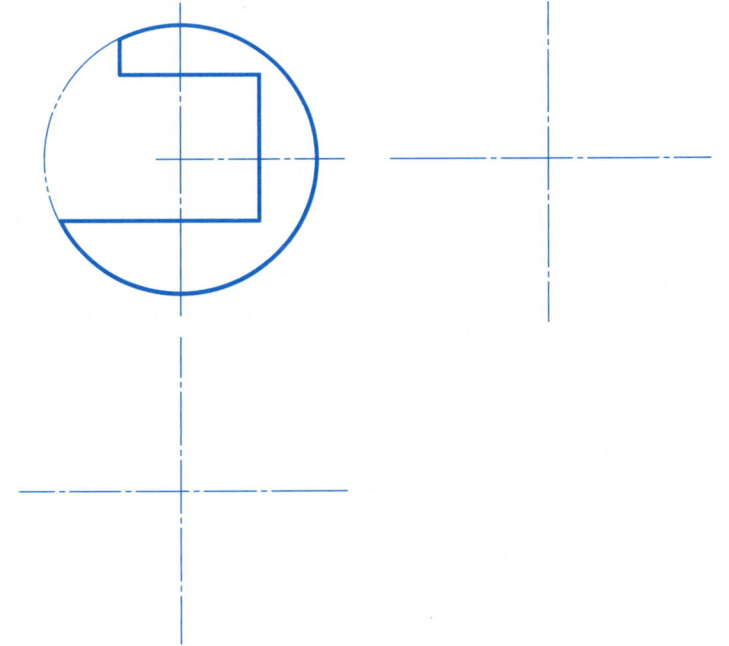

22. 求作回转体截切后的正面投影。

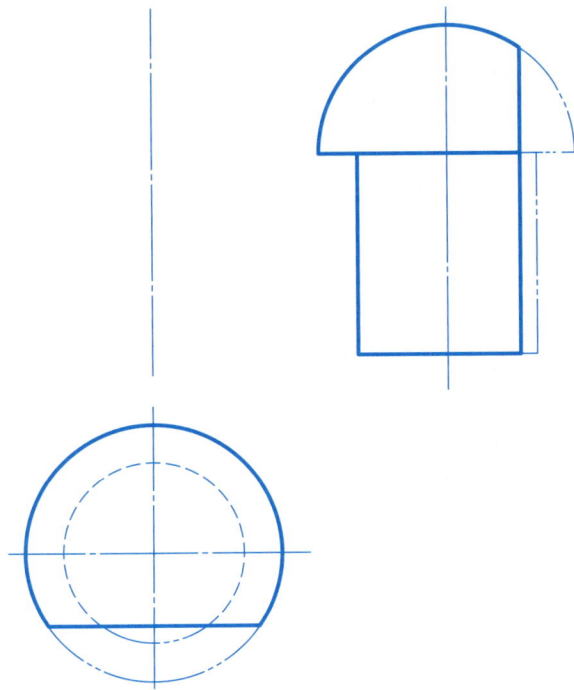

23. 求作回转体截切后的正面投影。

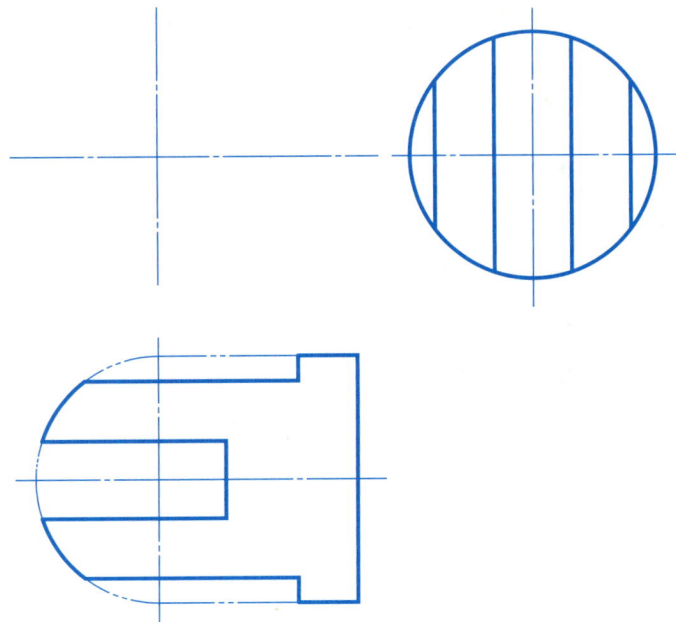

24. 求作回转体截切后的水平投影。

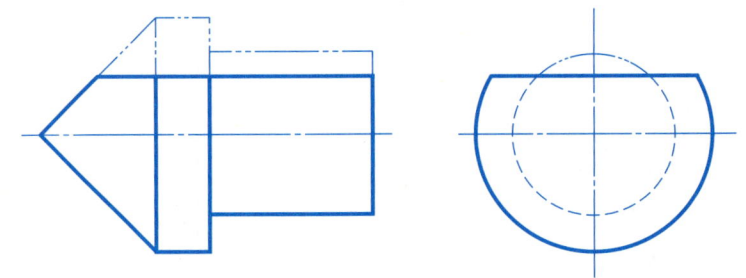

班级	学号	姓名

1. 补画第三视图。

（1）补画主视图。

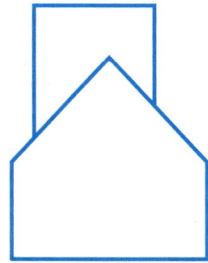

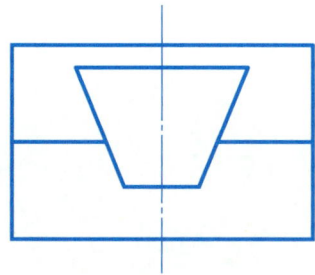

（2）补画主视图。

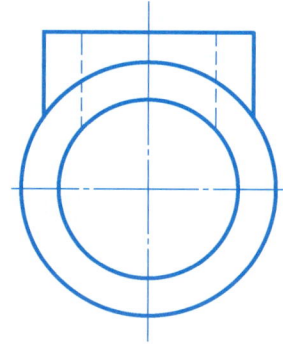

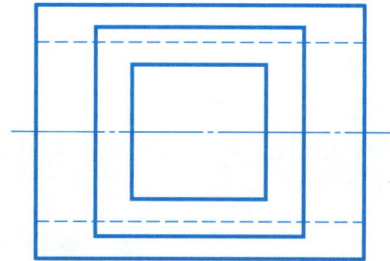

（3）补画主视图。

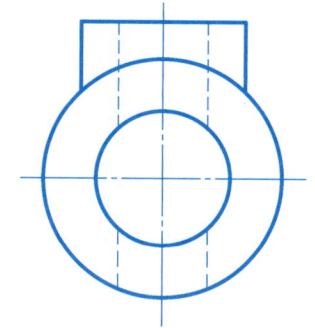

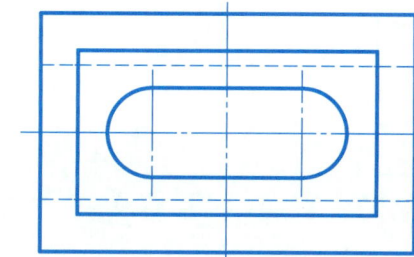

（4）补画左视图。

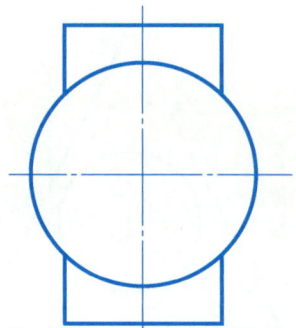

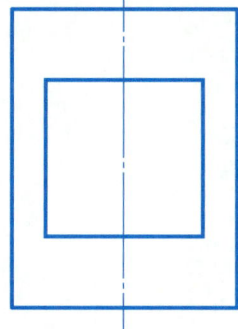

（5）补画主视图。

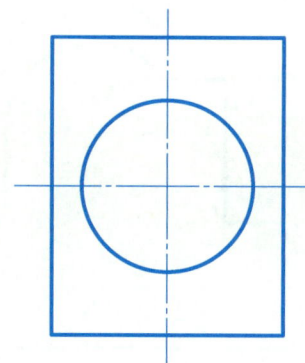

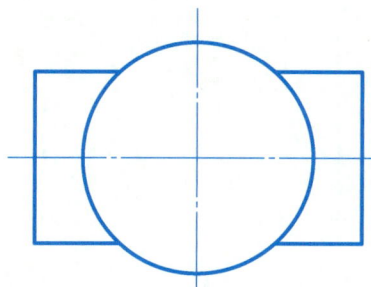

（6）补画左视图。

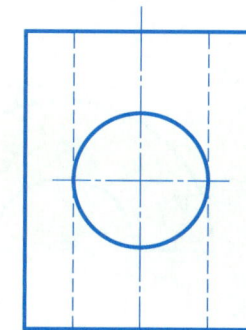

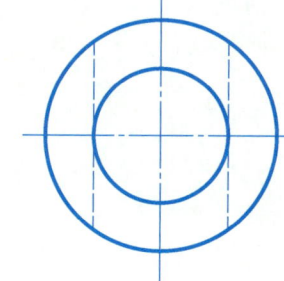

2. 补画视图中所缺的图线。

（1）
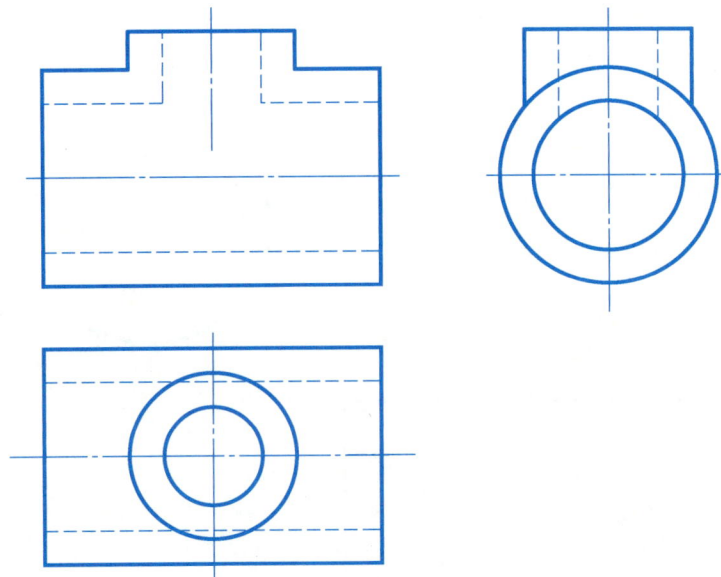

（2）
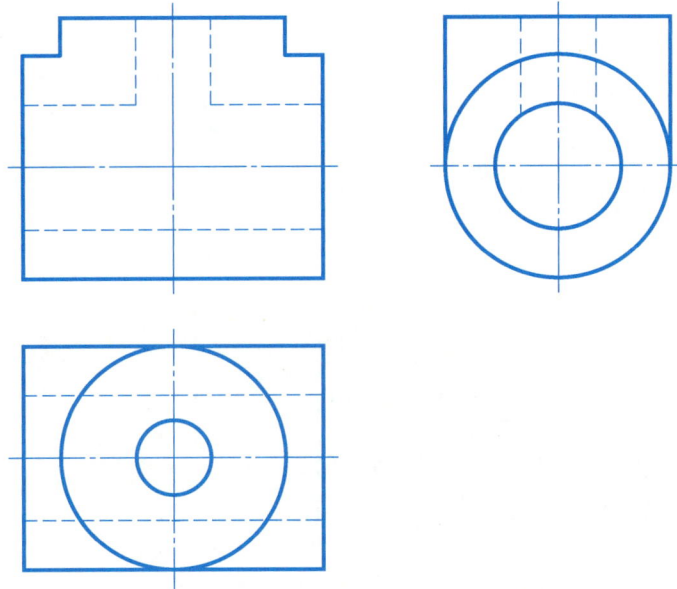

（3）
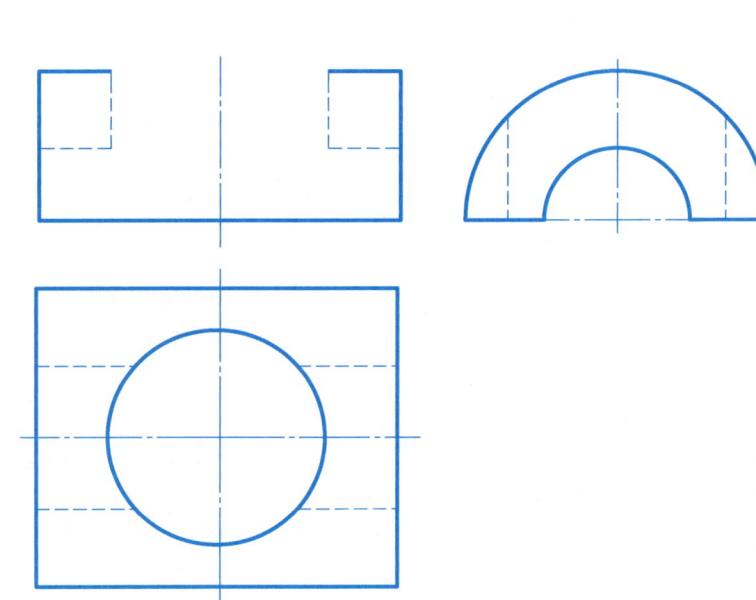

（4）
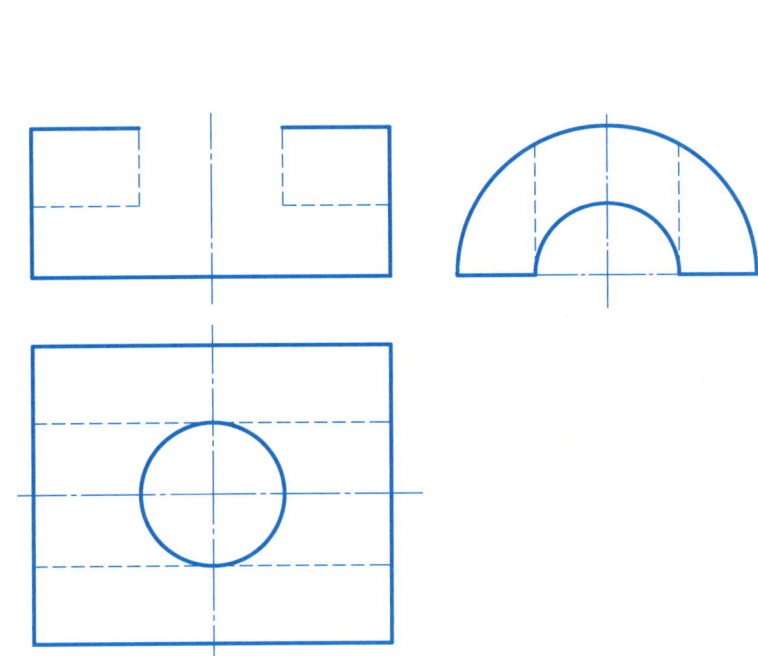

（5）
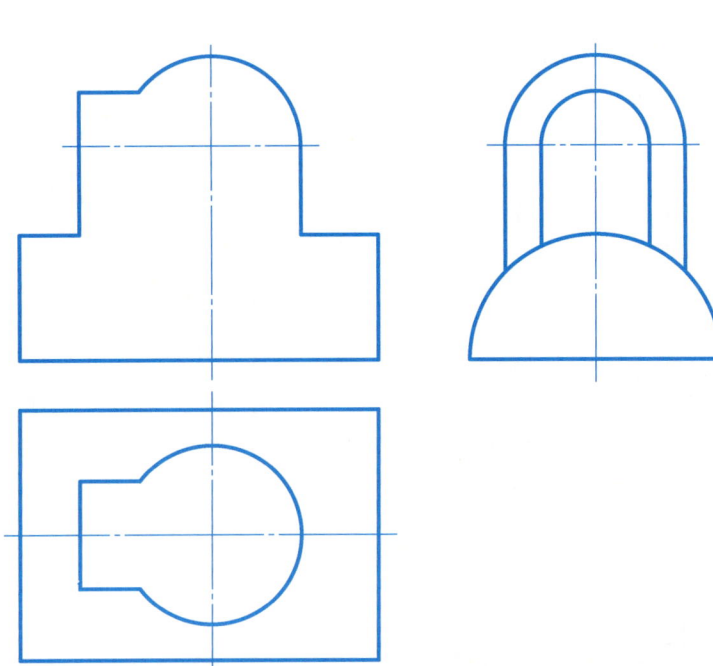

※（6）
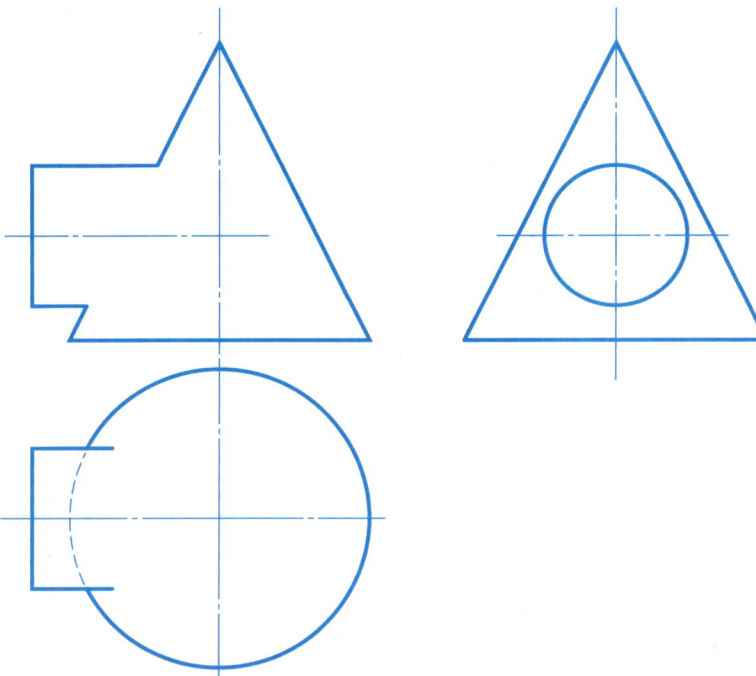

第4章 组合体的视图和尺寸

4-1　组合体视图的画法	班级　　　　学号　　　　姓名

1. 补画组合体视图中所缺的图线。

（1）
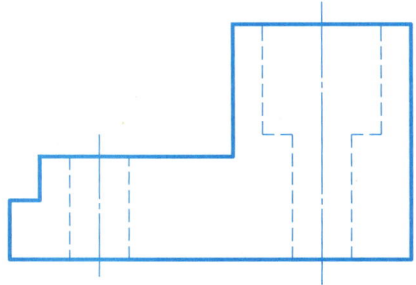
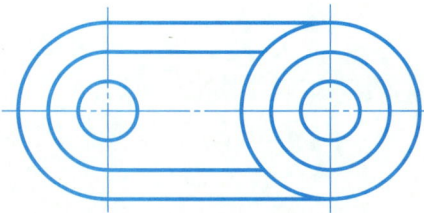

（2）
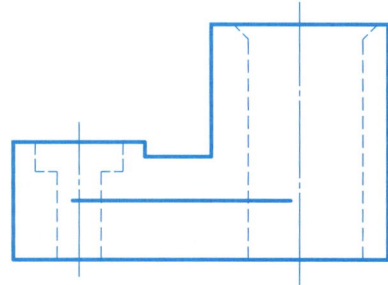
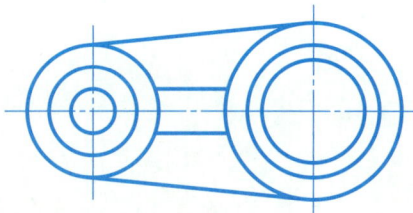

（3）
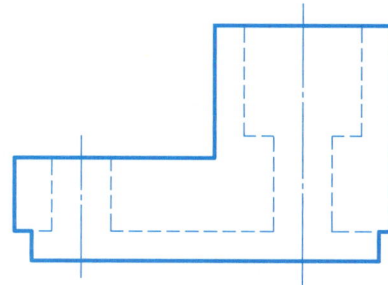
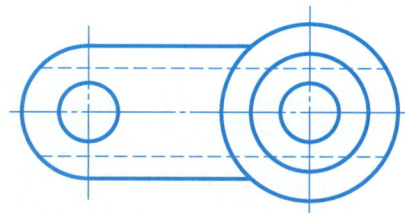

（4）
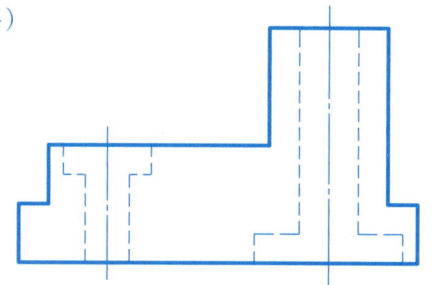
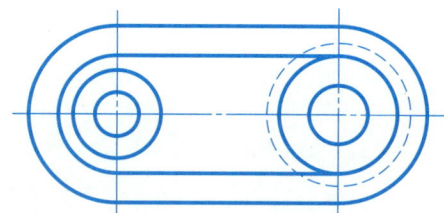

（5）
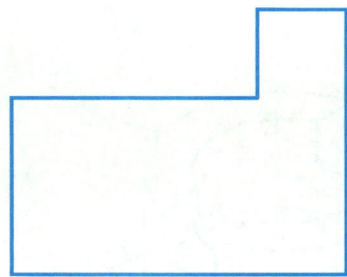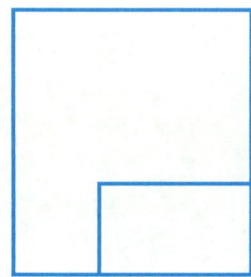
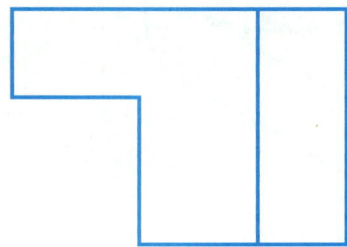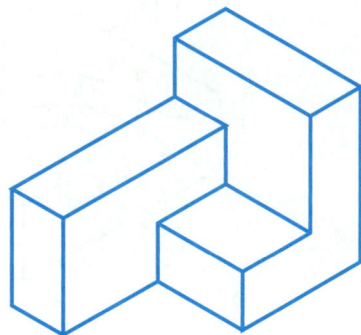

（6）
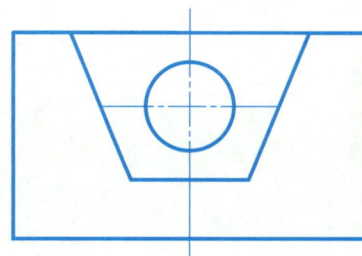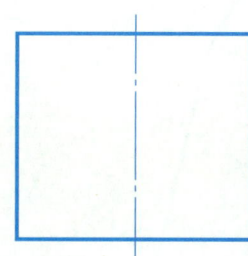
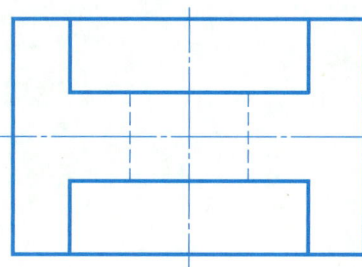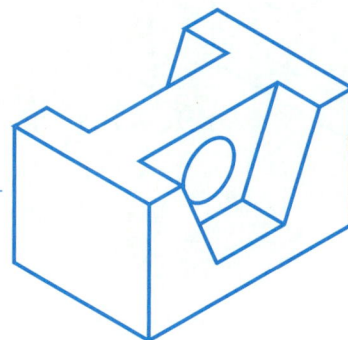

（7）
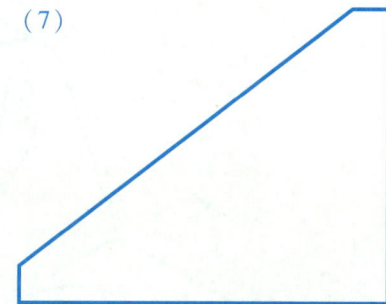
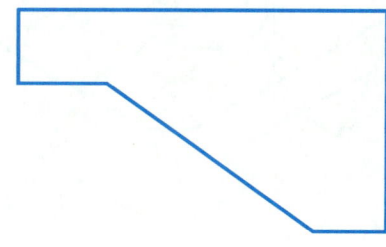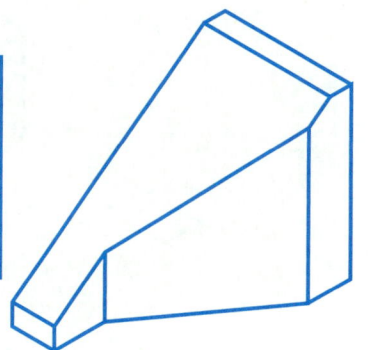

2. 根据立体图，在给定位置画组合体的三视图，并标注尺寸。

（1）

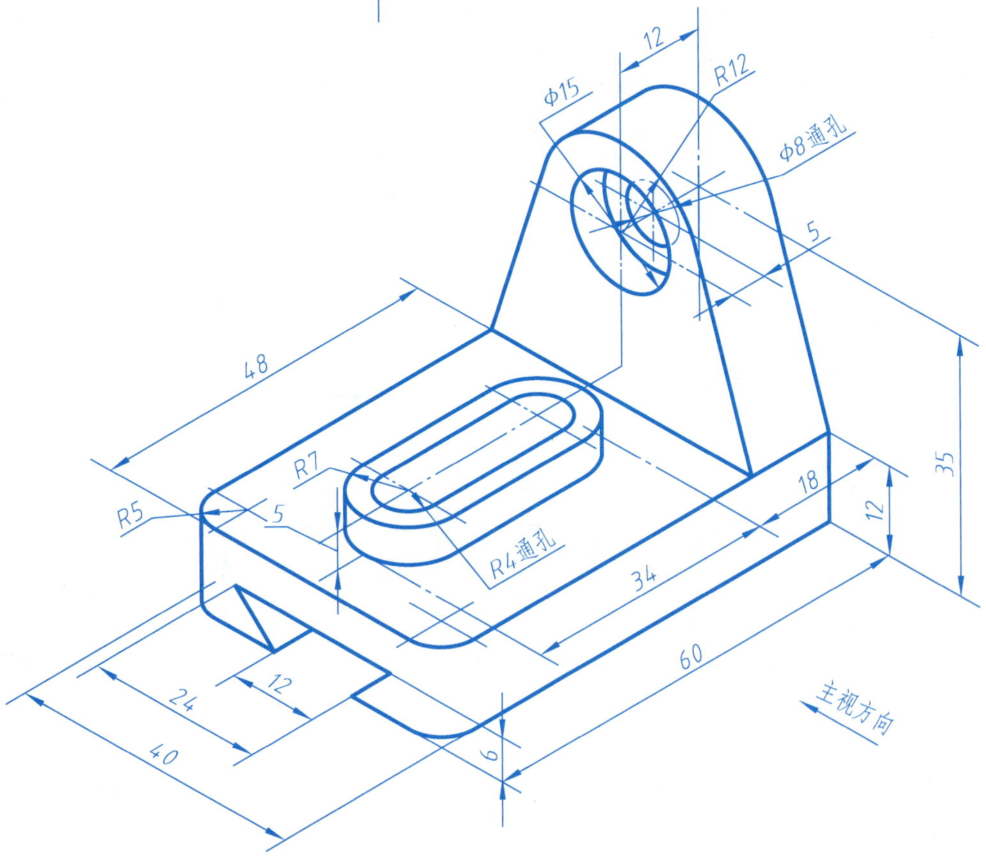

（2）

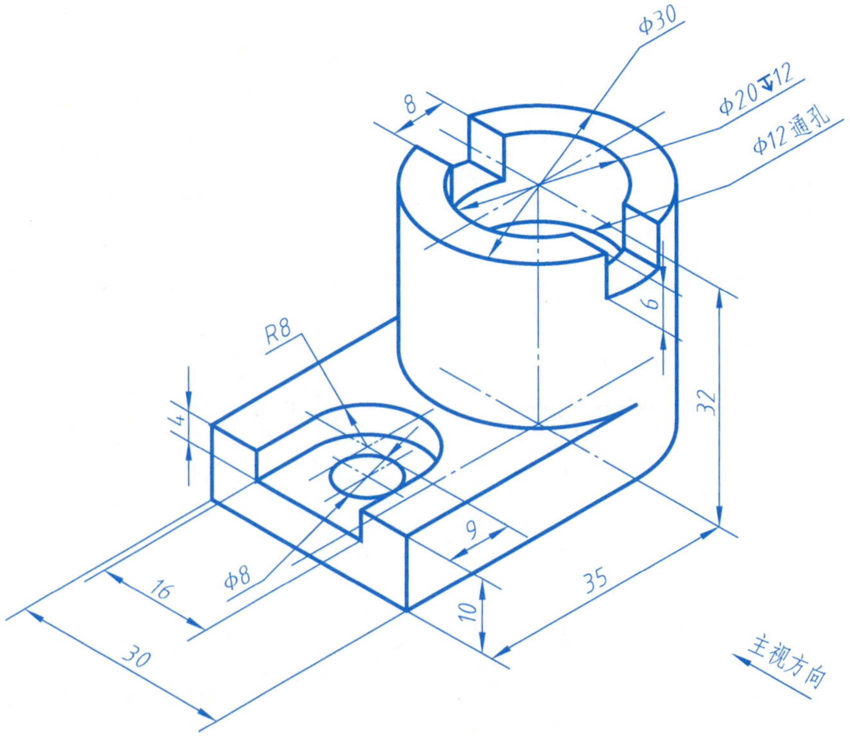

班级	学号	姓名

2. 根据立体图，在给定位置画组合体的三视图，并标注尺寸（续）。

（3）

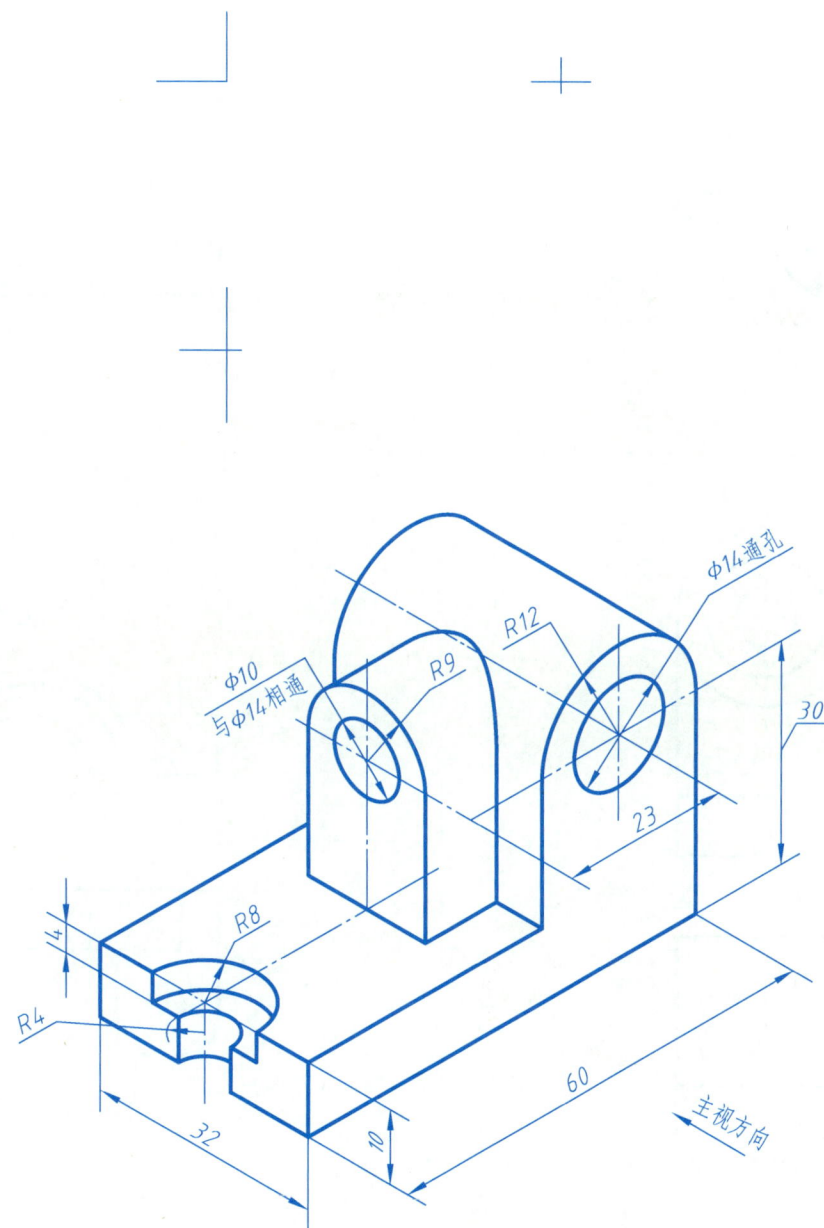

（4）

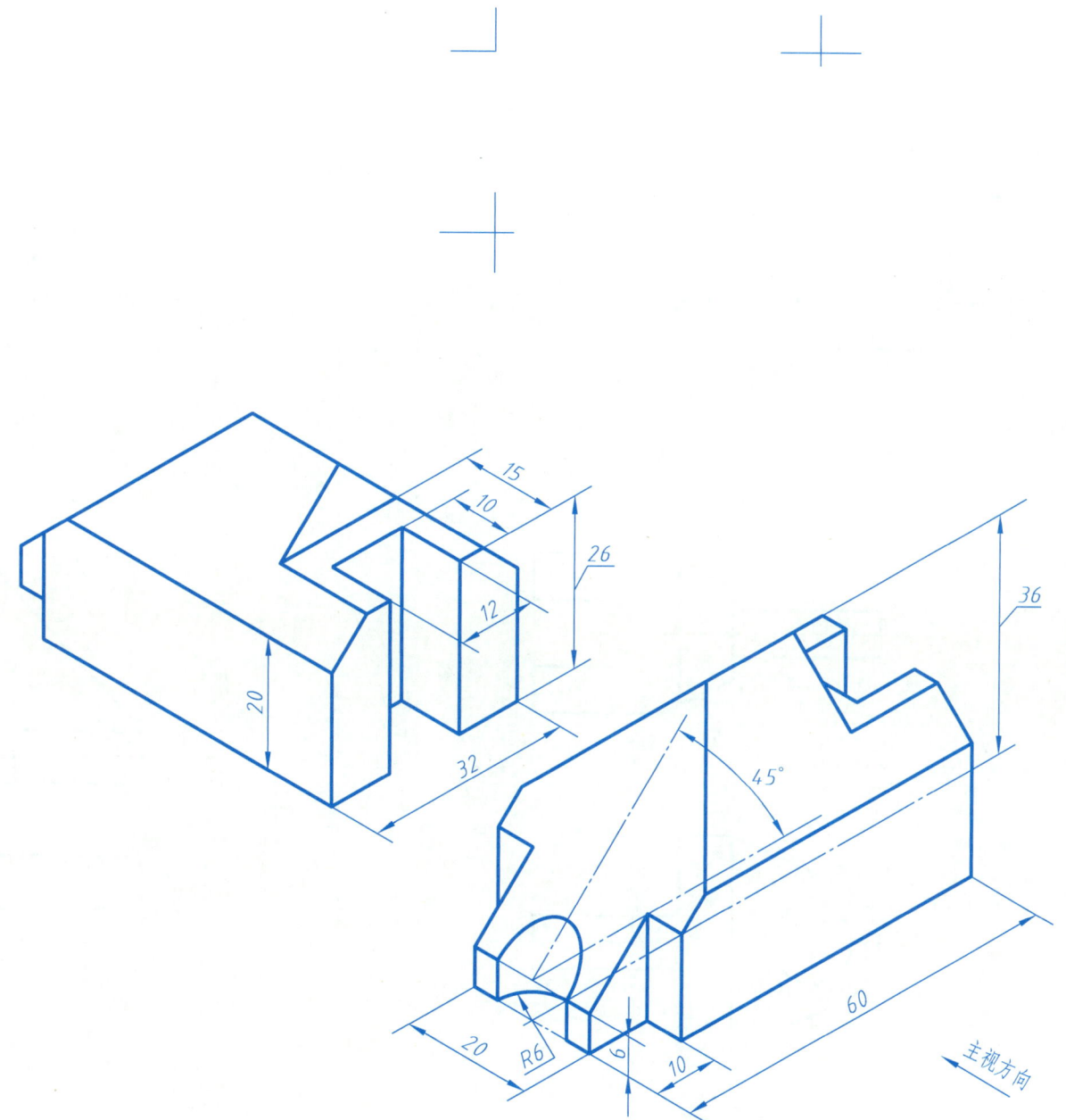

标注组合体的尺寸，尺寸数值直接在图上量取，并取整数。

（1）
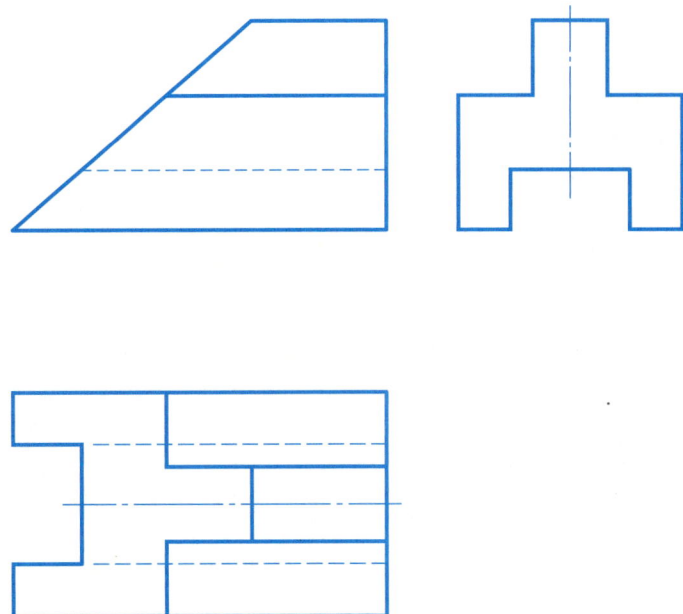

（2）
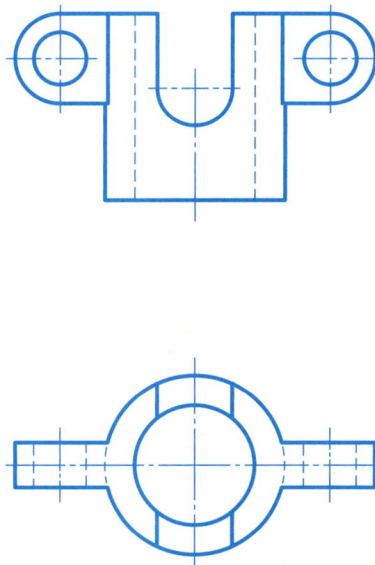

（3）
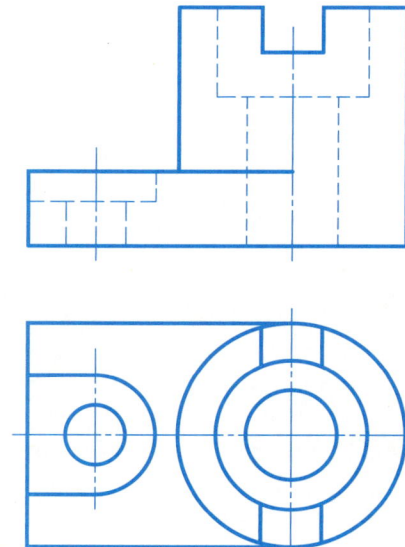

（4）
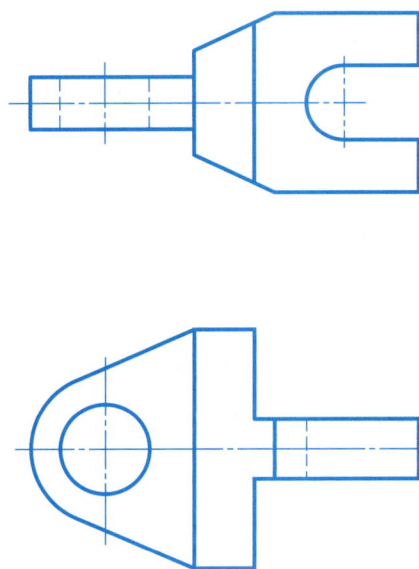

（5）
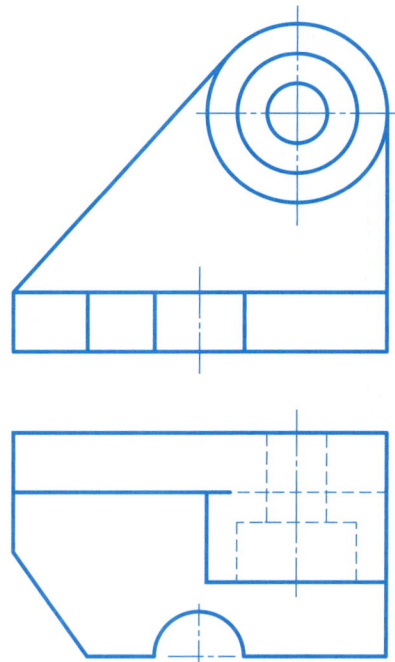

（6）
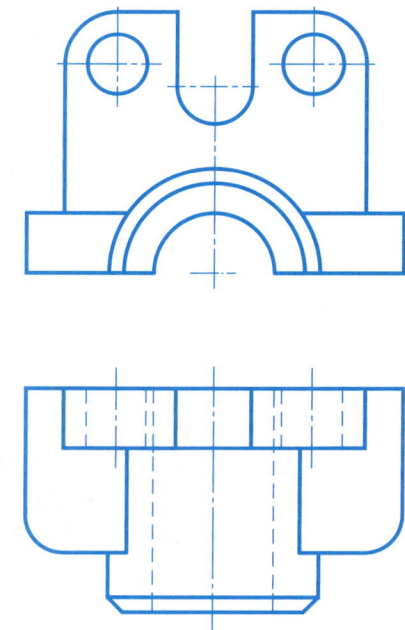

1. 选择正确的左视图。

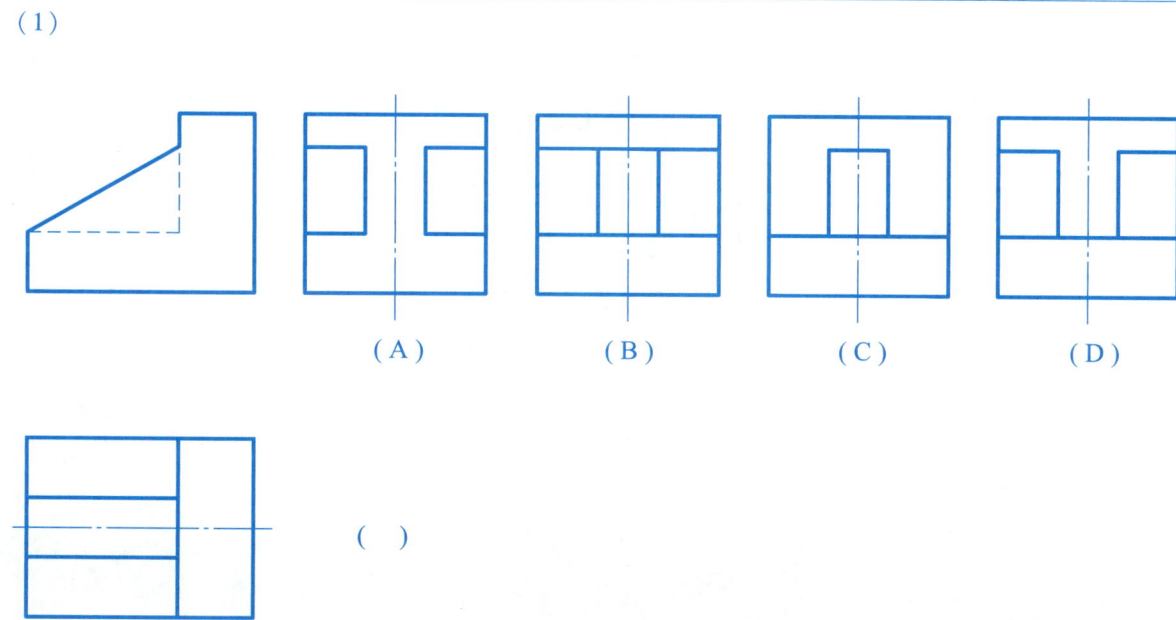

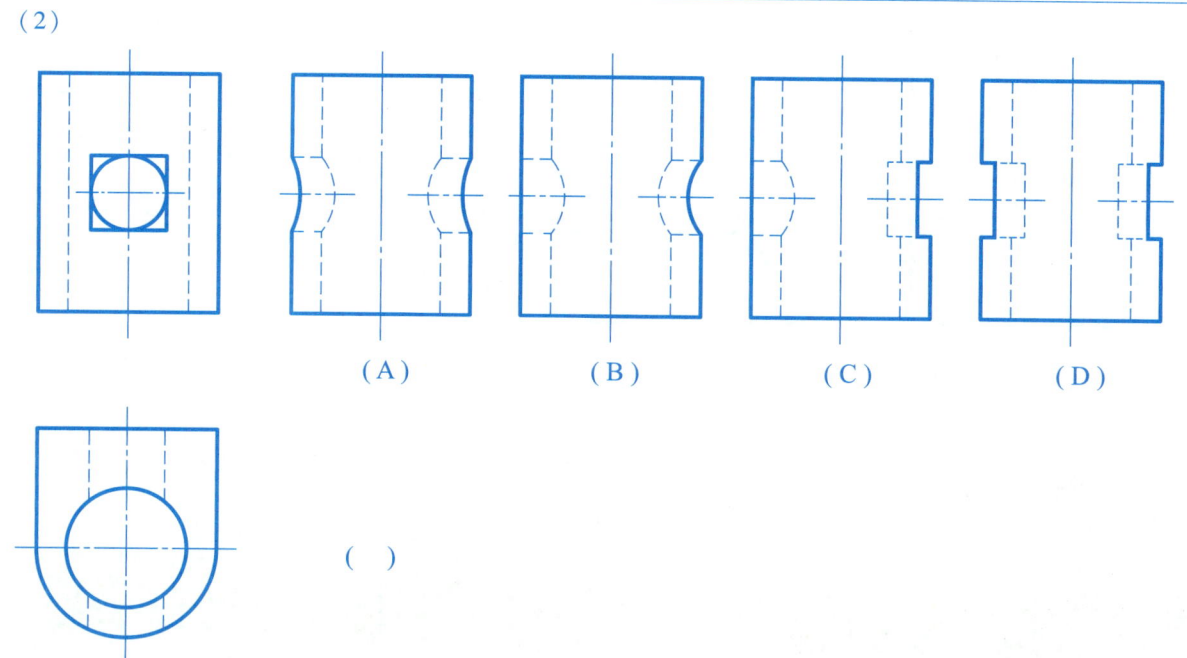

（1）

（A）　　　　（B）　　　　（C）　　　　（D）

（　）

（2）

（A）　　　　（B）　　　　（C）　　　　（D）

（　）

2. 选择立体图对应的三视图。

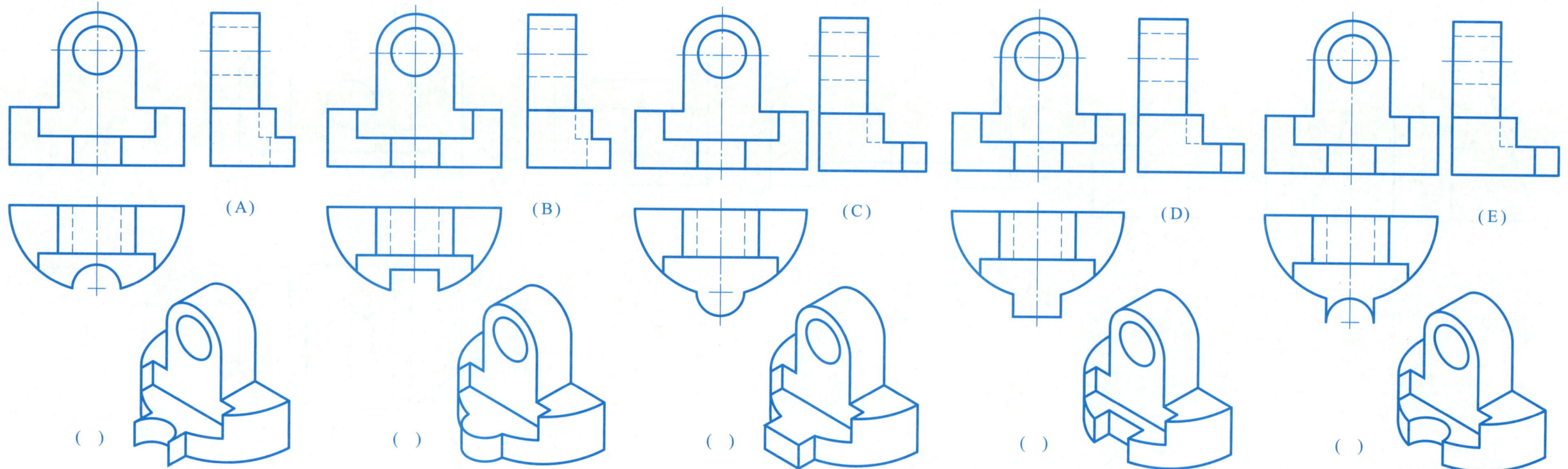

（A）　　　　　　（B）　　　　　　（C）　　　　　　（D）　　　　　　（E）

（　）　　　　（　）　　　　（　）　　　　（　）　　　　（　）

3. 根据立体的两面视图，补画第三视图。

（1）

（2）

（3）
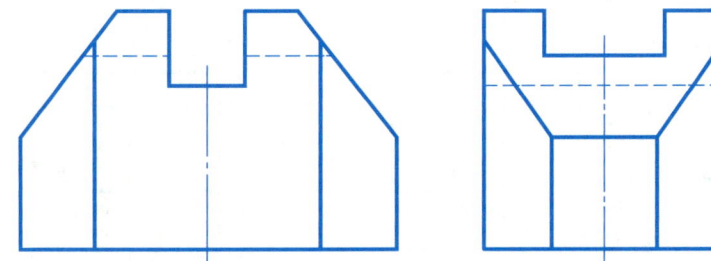

（4）
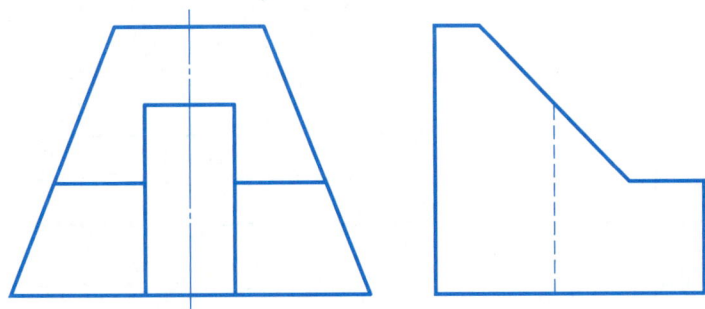

（5）
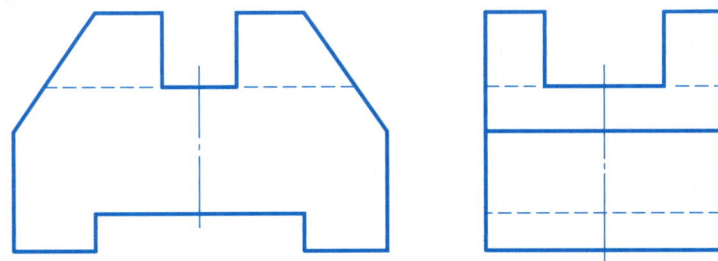

（6）
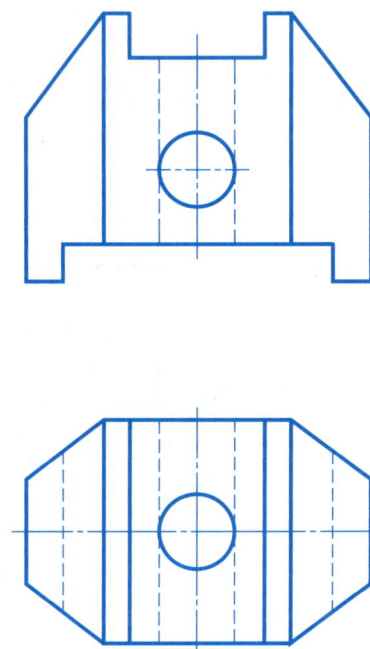

3. 根据立体的两面视图，补画第三视图（续）。

（7）

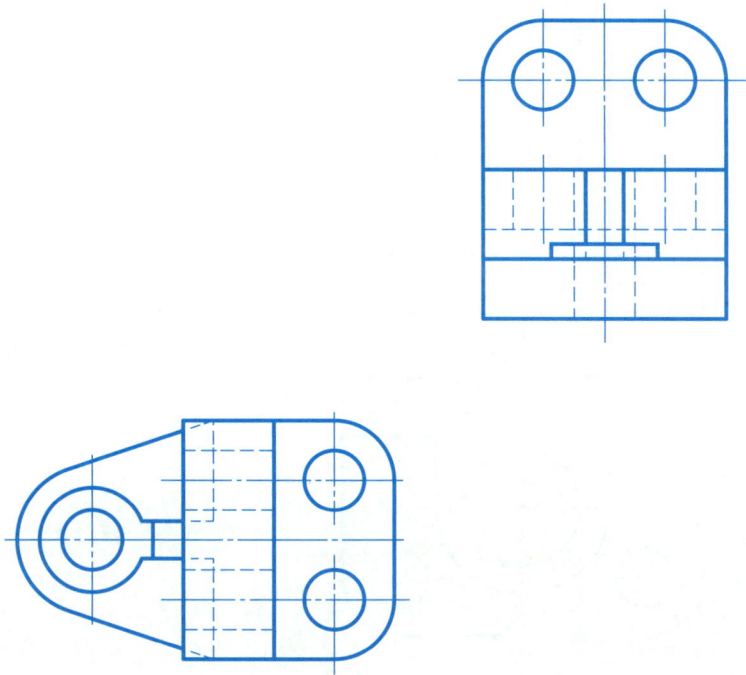

（8）

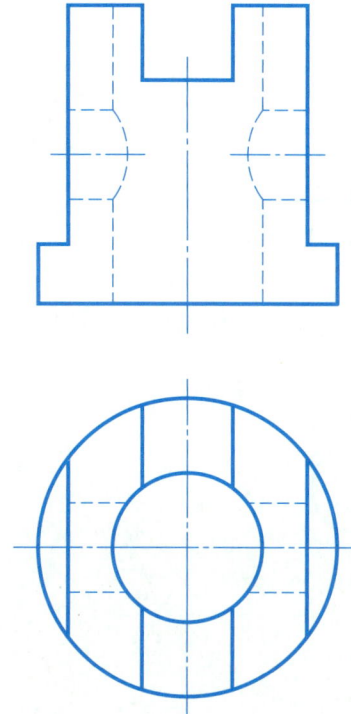

（9）

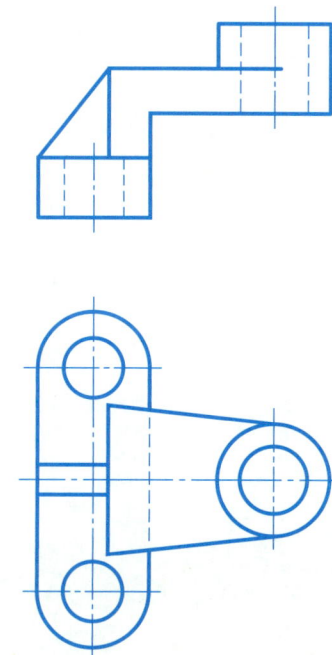

（10）

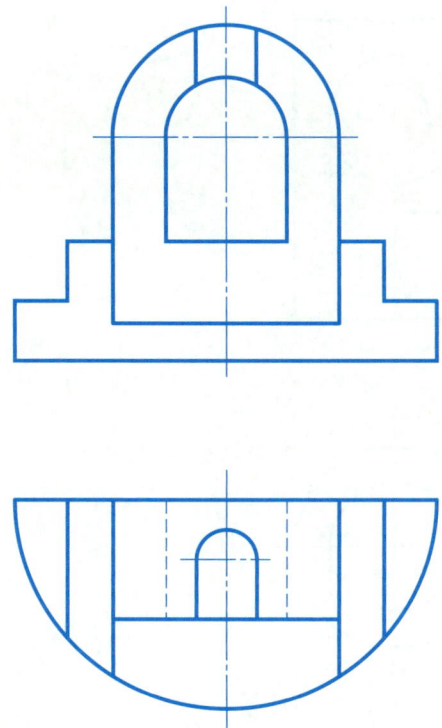

（11）

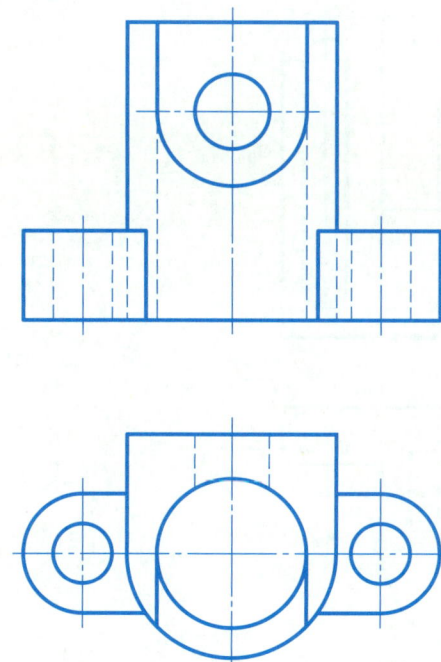

（12）

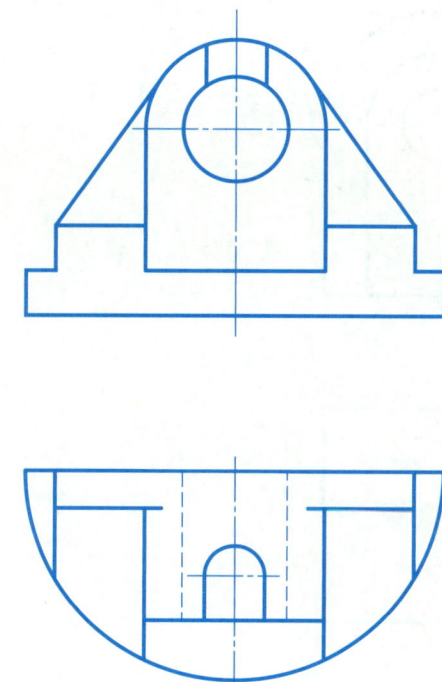

3. 根据立体的两面视图，补画第三视图（续）。

（13）
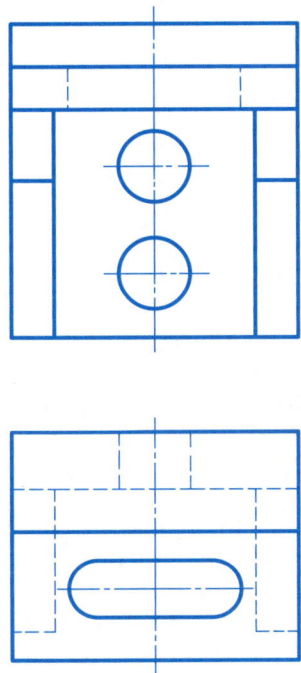

（14）
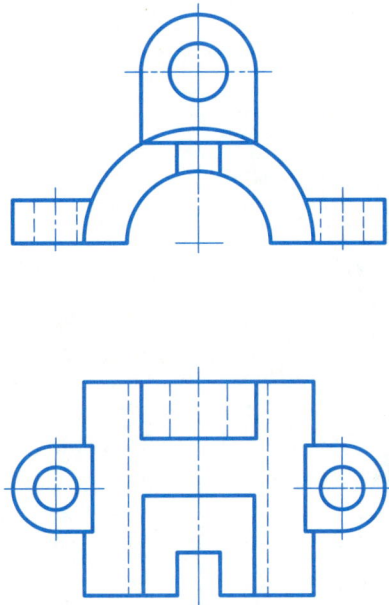

（15）
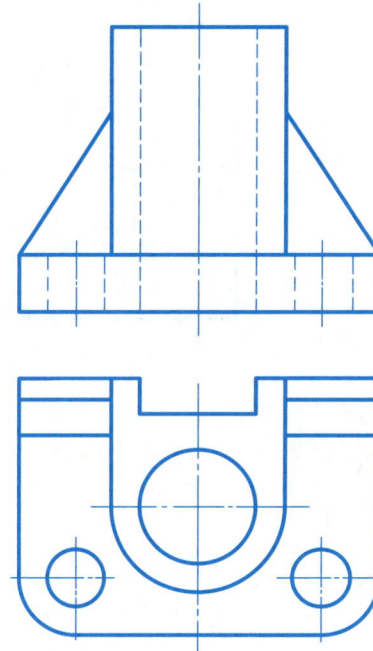

（16）
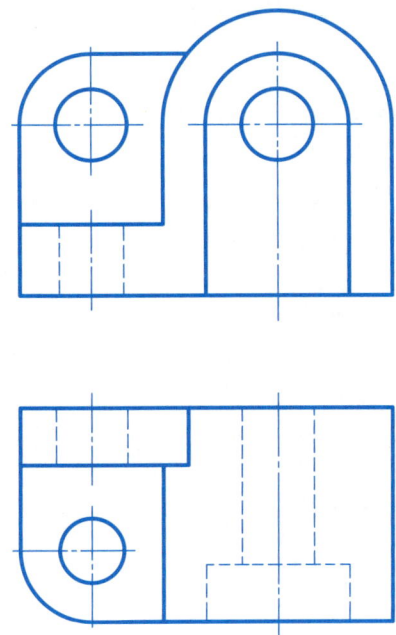

（17）
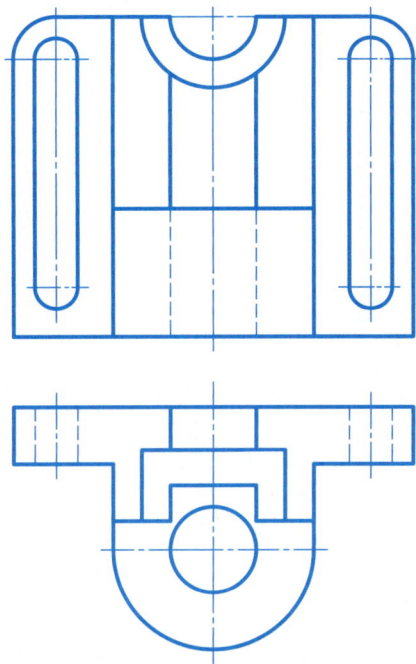

（18）
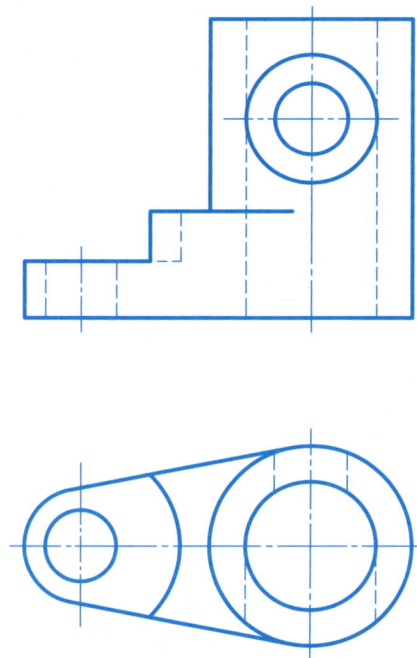

3. 根据立体的两面视图，补画第三视图（续）。

（19）

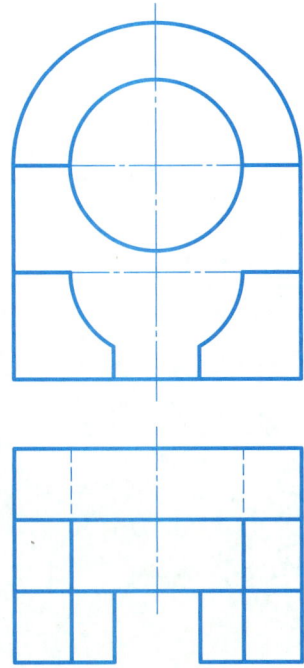

（20）

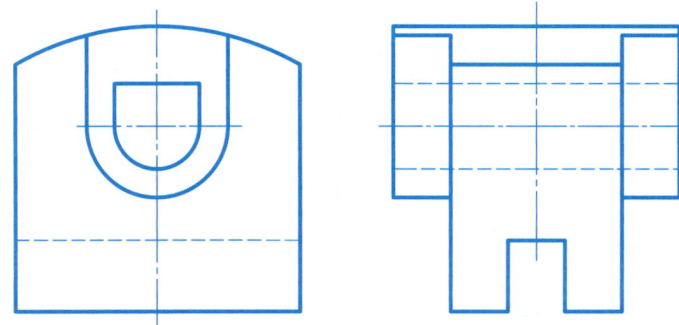

（21）

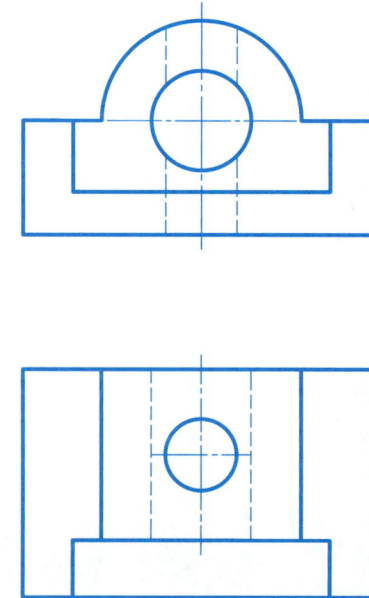

（22）

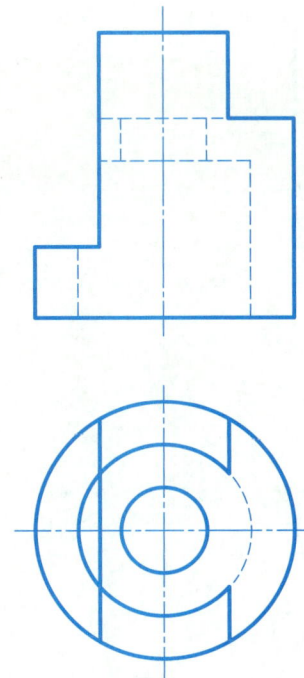

（23）

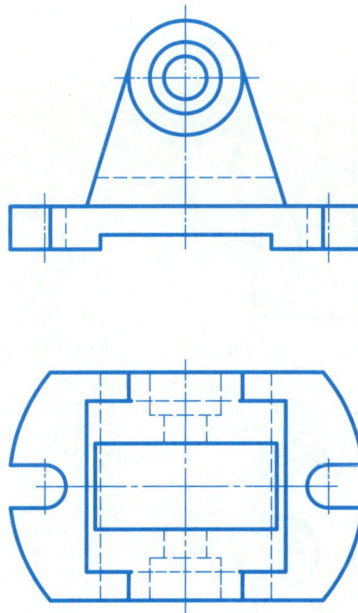

（24）

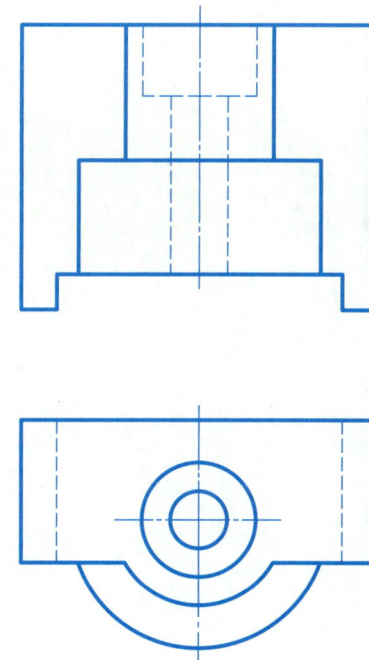

3. 根据立体的两面视图，补画第三视图（续）。

（25）

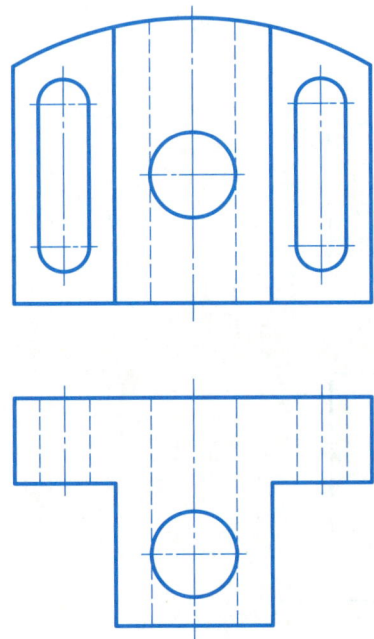

（26）

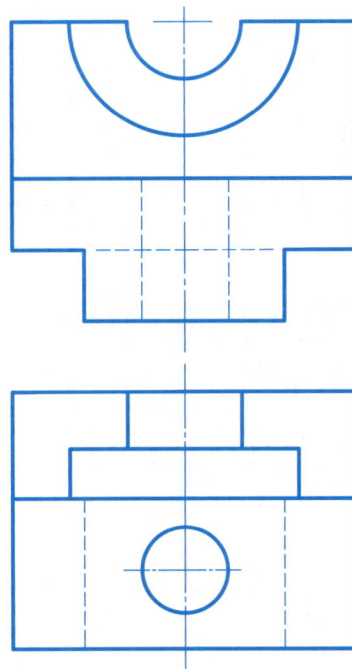

（27）

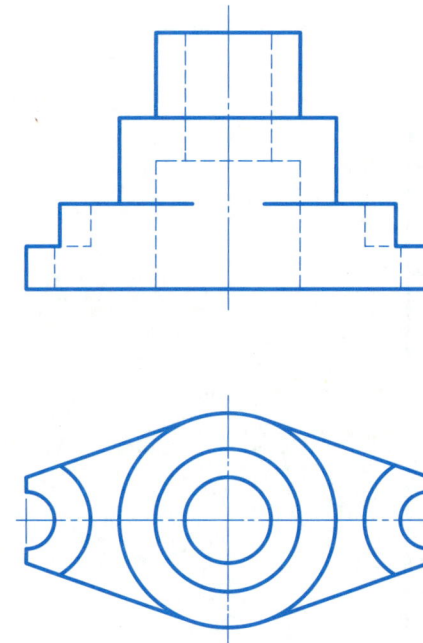

（28）

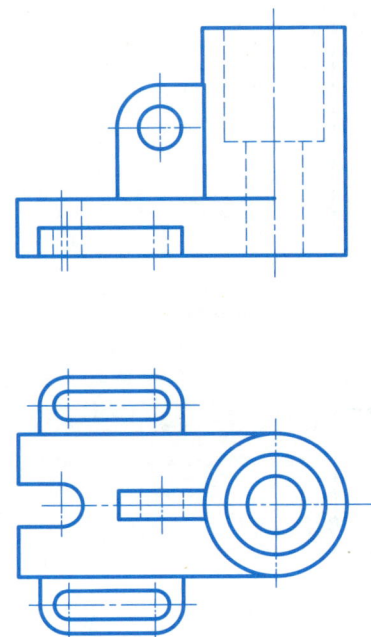

（29）

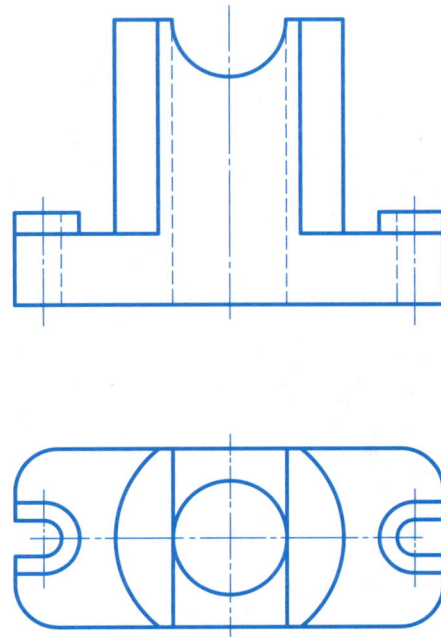

（30）

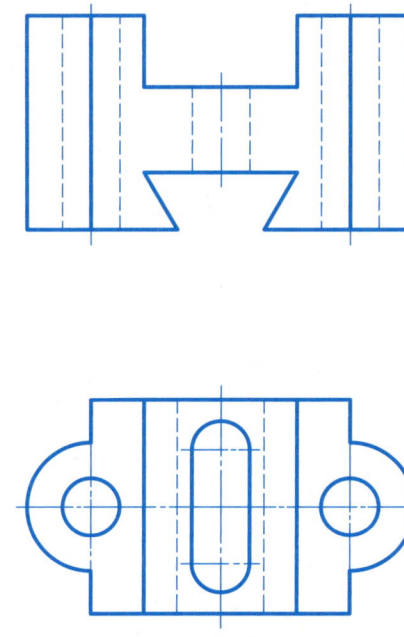

3. 根据立体的两面视图，补画第三视图（续）。

（31）

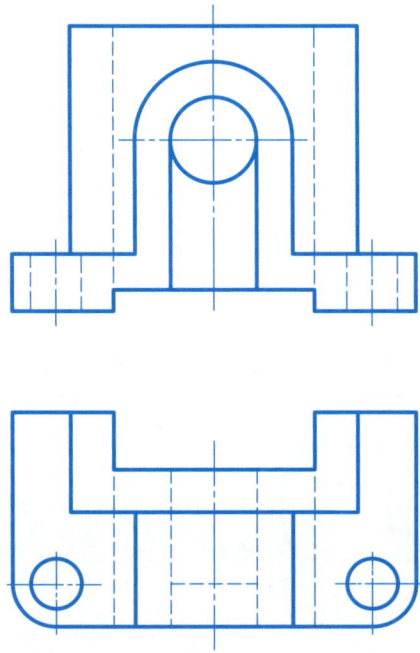

（32）

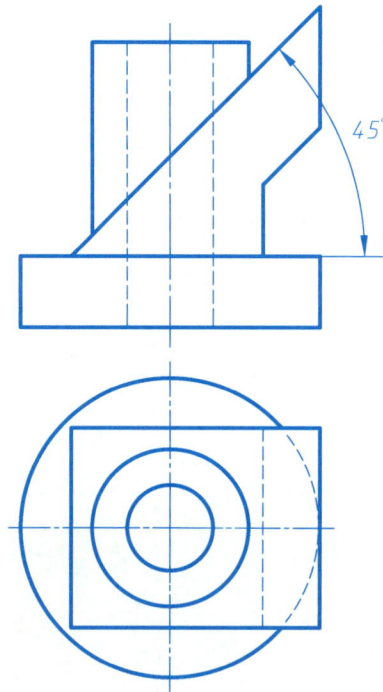

45°

（33）

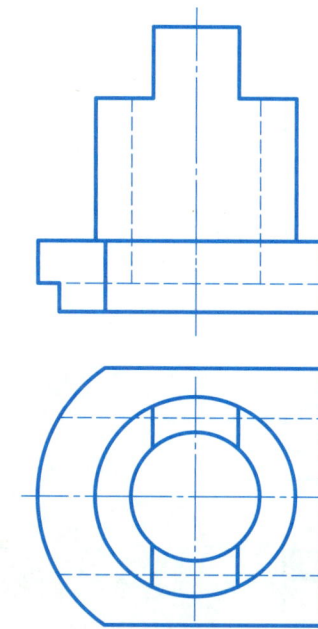

（34）

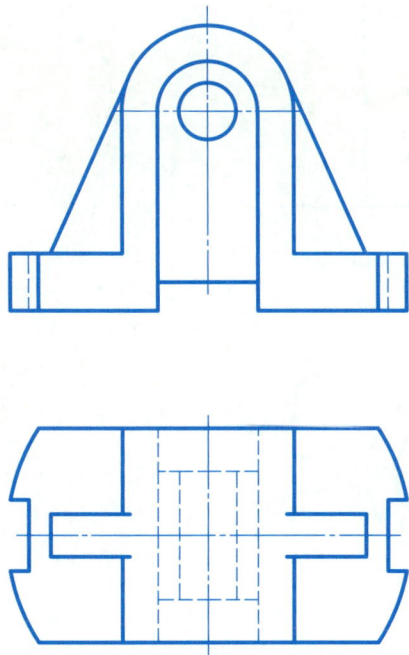

（35）

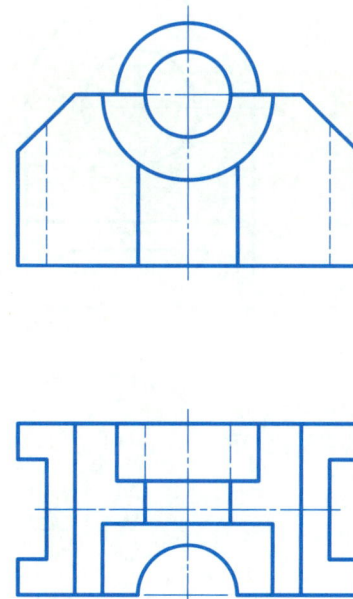

（36）

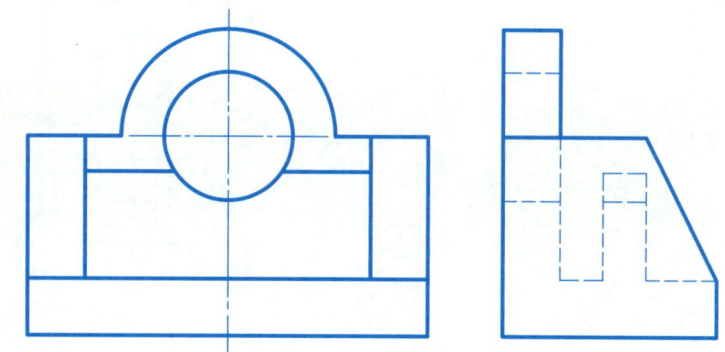

3. 根据立体的两面视图，补画第三视图（续）。

（37）

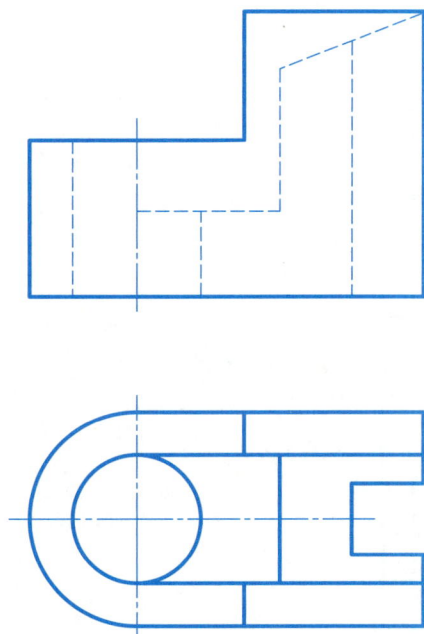

（38）

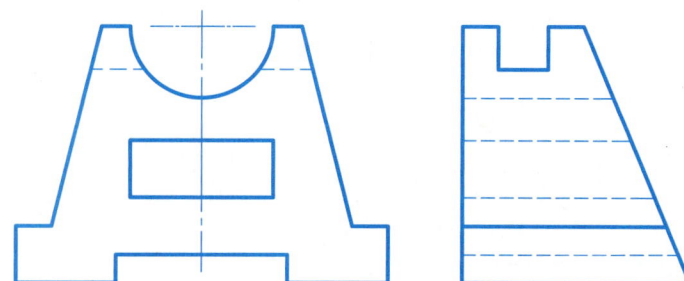

（39）

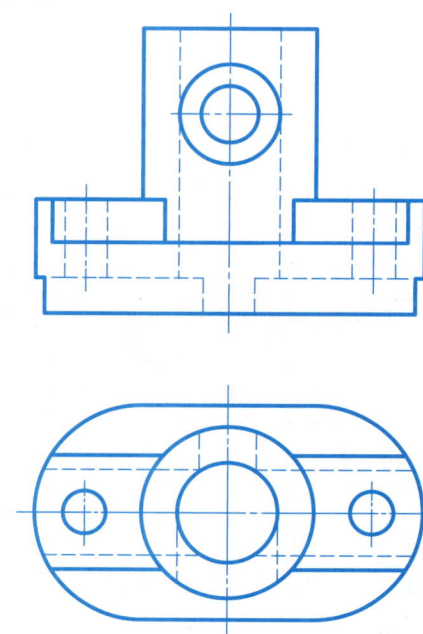

（40）

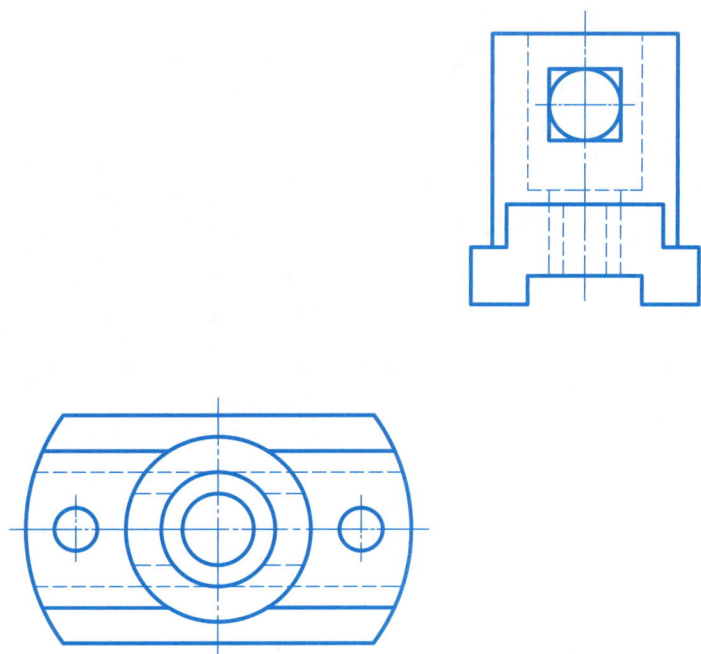

（41）

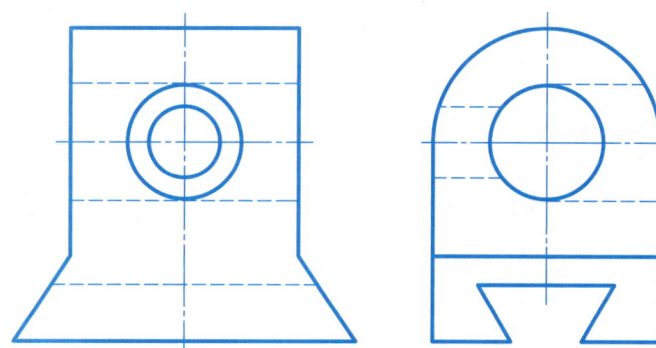

（42）

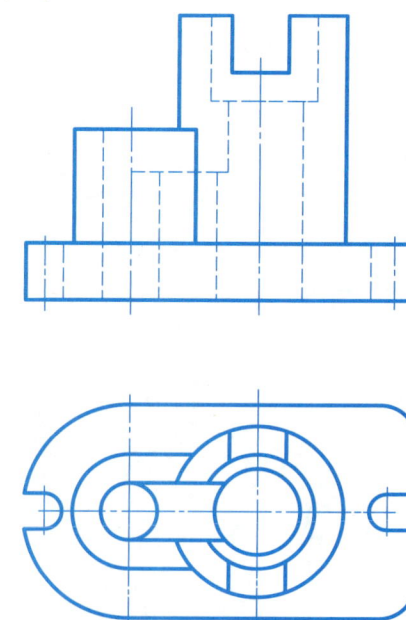

※3. 根据立体的两面视图，补画第三视图（续）。

（43）

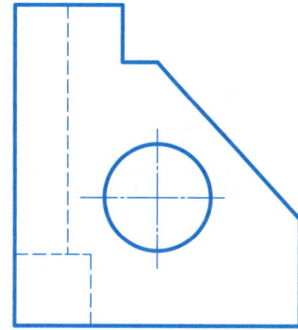

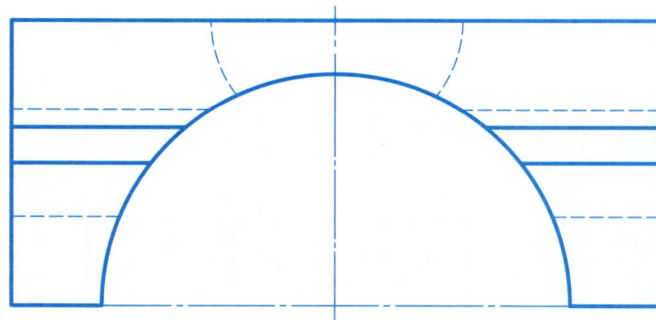

（44）

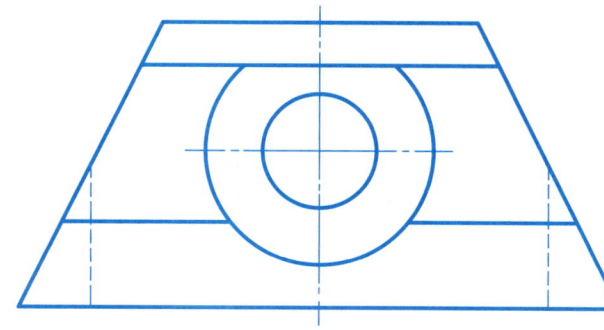 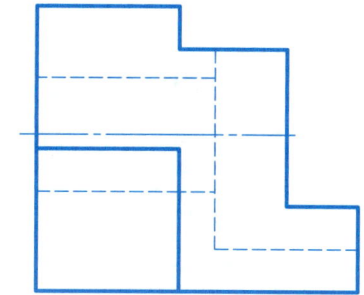

（45）

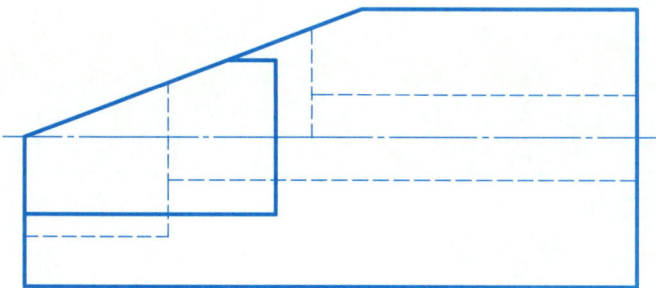 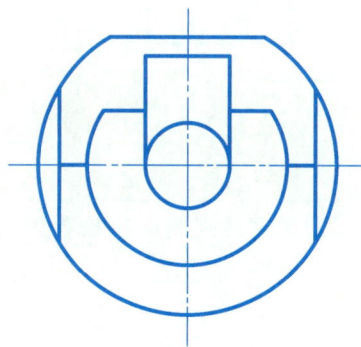

（46）

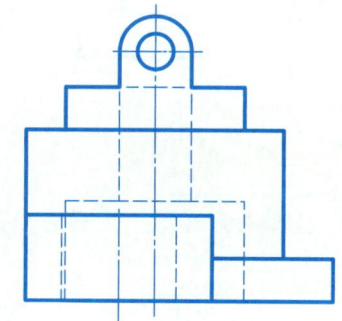

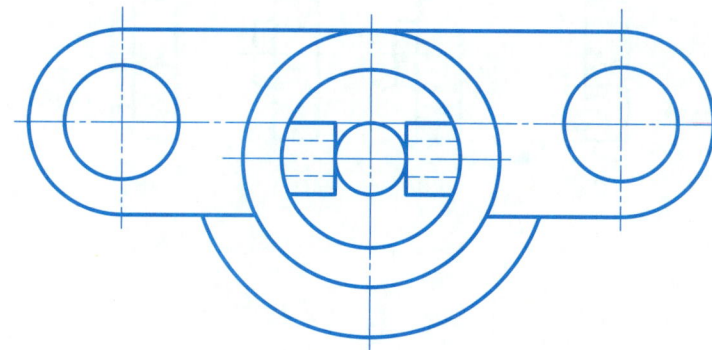

1. 多项选择题。

(1) 已知主俯视图，正确的左视图有　（　　　　　）

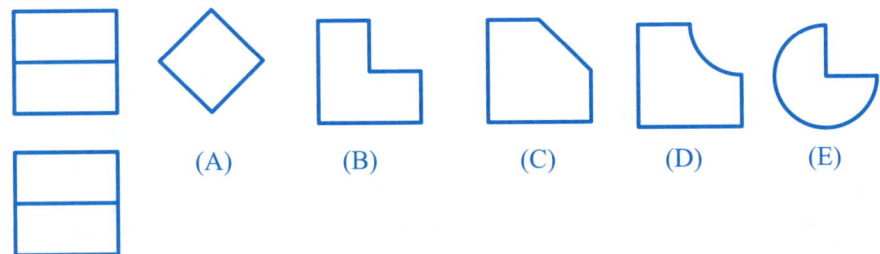

(A)　　　(B)　　　(C)　　　(D)　　　(E)

(2) 已知主俯视图，正确的左视图有　（　　　　　）

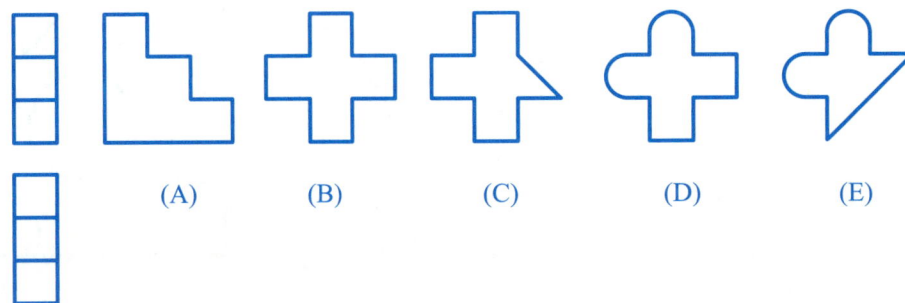

(A)　　　(B)　　　(C)　　　(D)　　　(E)

(3) 已知主俯视图，正确的左视图有　（　　　　　）

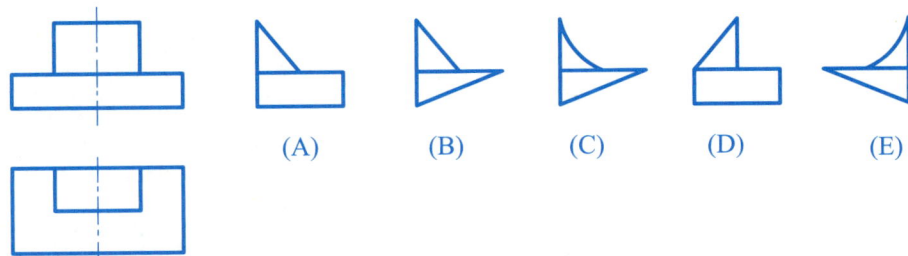

(A)　　　(B)　　　(C)　　　(D)　　　(E)

(4) 已知主俯视图，正确的左视图有　（　　　　　）

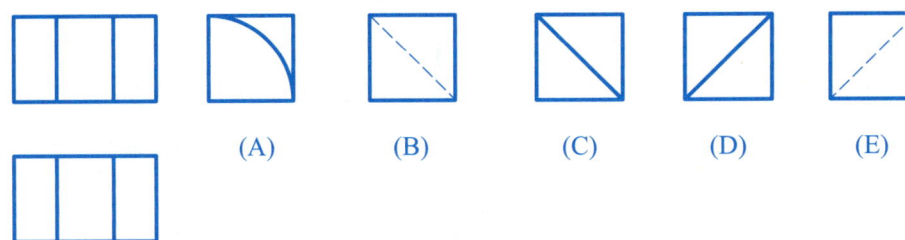

(A)　　　(B)　　　(C)　　　(D)　　　(E)

(5) 已知主俯视图，正确的左视图有　（　　　　　）

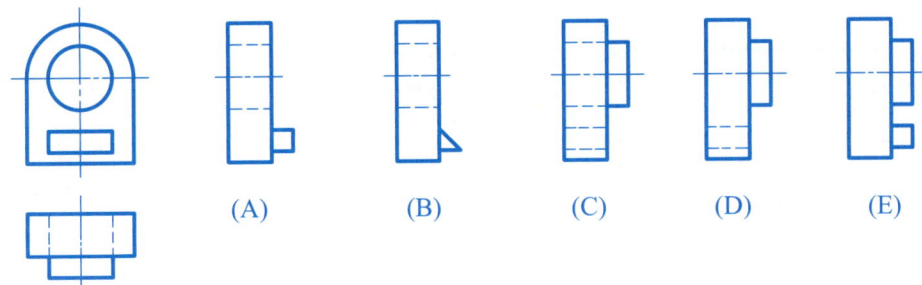

(A)　　　(B)　　　(C)　　　(D)　　　(E)

(6) 下面的主俯视图中，投影关系正确的有　（　　　　　）

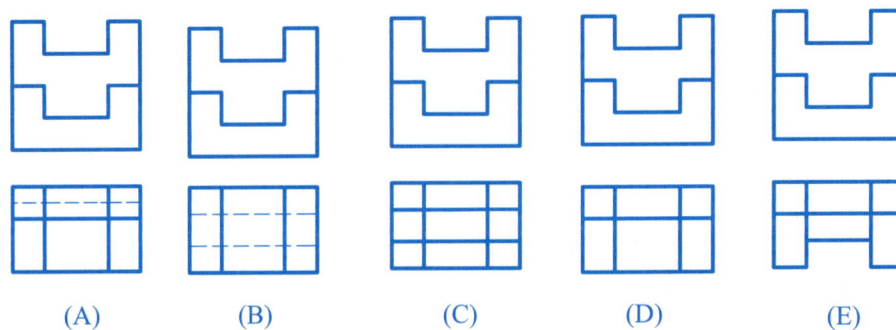

(A)　　　(B)　　　(C)　　　(D)　　　(E)

2. 根据给定的主视图，请构思出四个不同的形体，画出其三视图。

（1）

（2）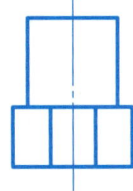

（3）

3. 根据给定的俯视图，请构思出三个不同的形体，画出其三视图。

（1）

（2）

（3）

4. 根据同一主视图构思不同立体，画出其俯、左视图。

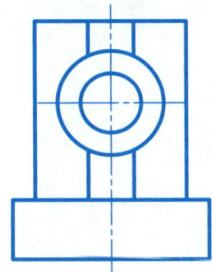 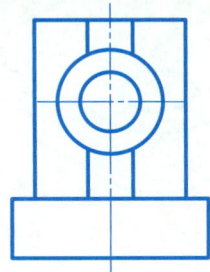 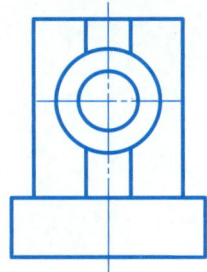 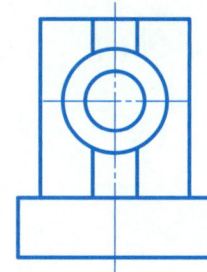 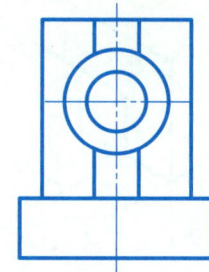

根据给定立体图，按 2：1 的比例，在 41 页、42 页画出立体的三视图，并标注尺寸（图中孔都是通孔）。

（1）

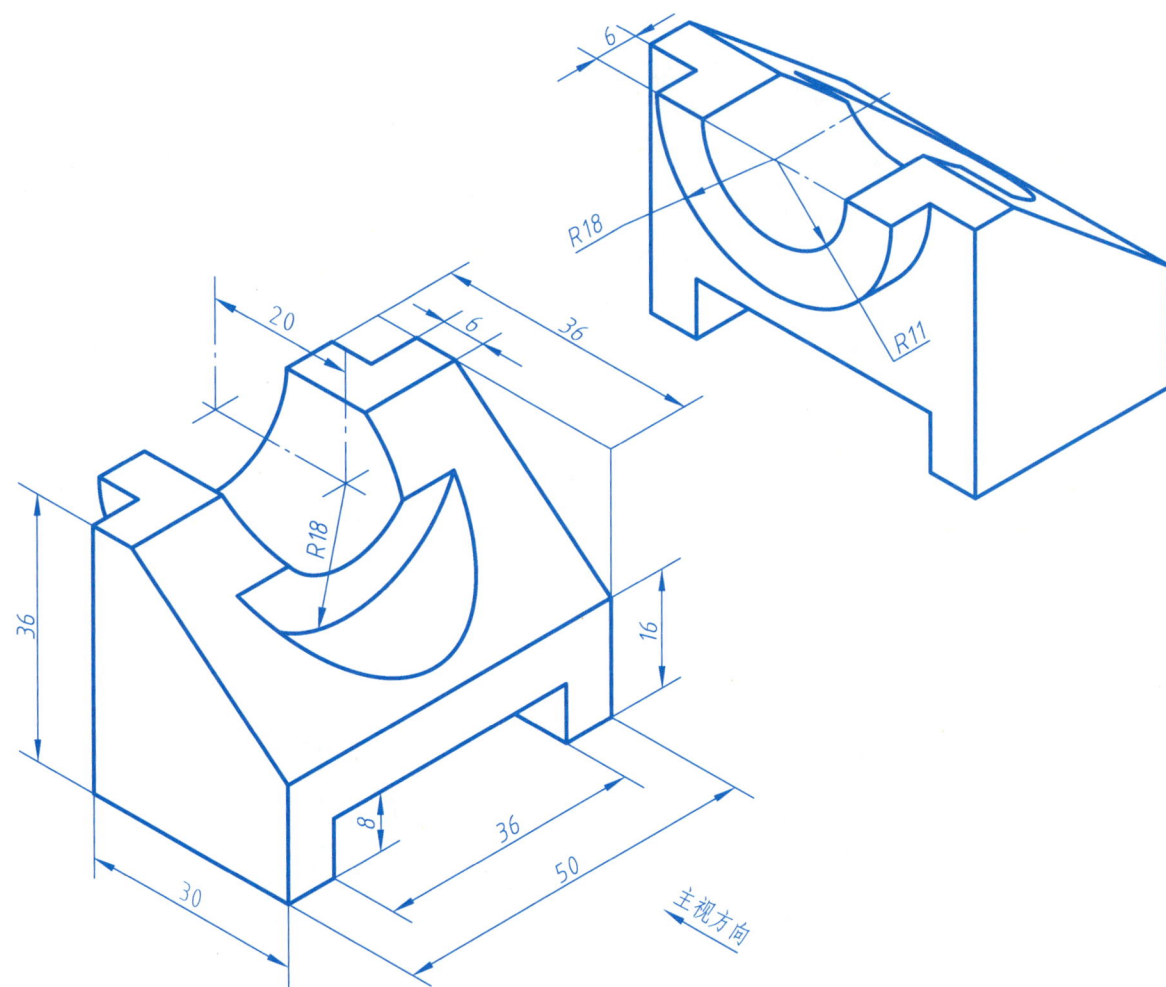

R18
6
R11
20
6
36
R18
36
16
8
36
50
30
主视方向

（2）

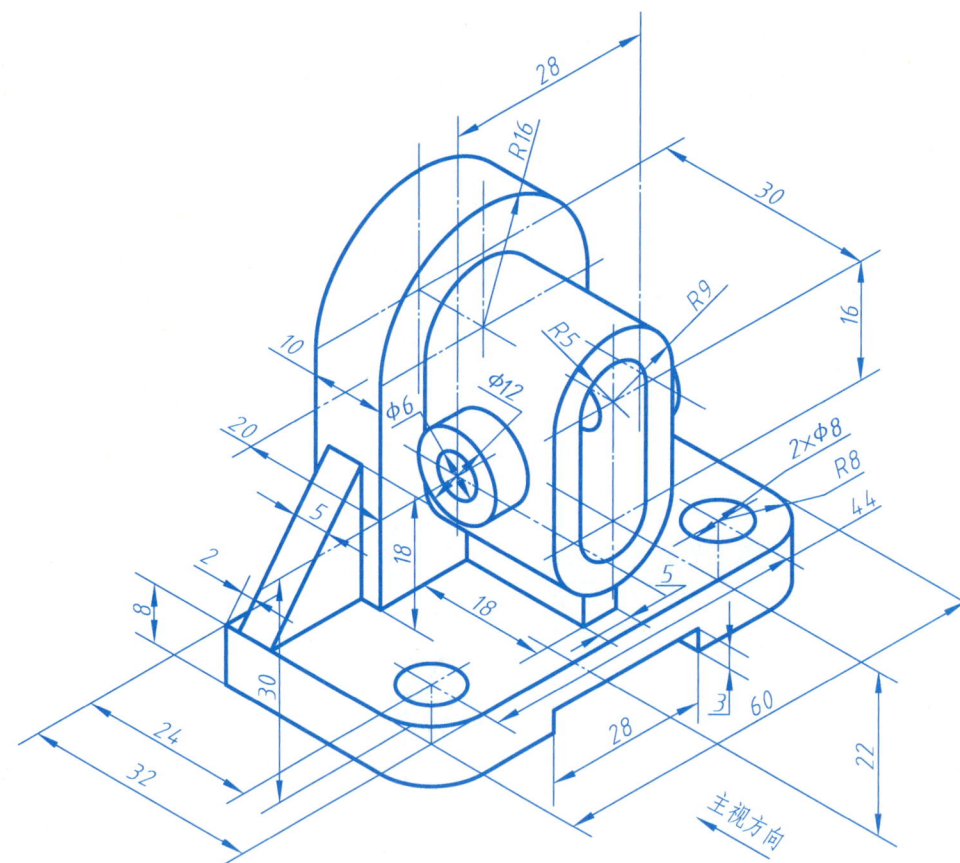

28
R16
30
10
R9
R5
16
Φ6
Φ12
20
2×Φ8
R8
5
18
44
2
18
5
30
8
28
3
60
24
22
32
主视方向

（1）

		比例		
		件数		材料
制图				
审核				

（2）

	比例		
	件数		材料	
制图			
审核			

材料

第 5 章　轴测图

5-1　正等轴测图	班级	学号	姓名

画出各图的正等轴测图。

（1）

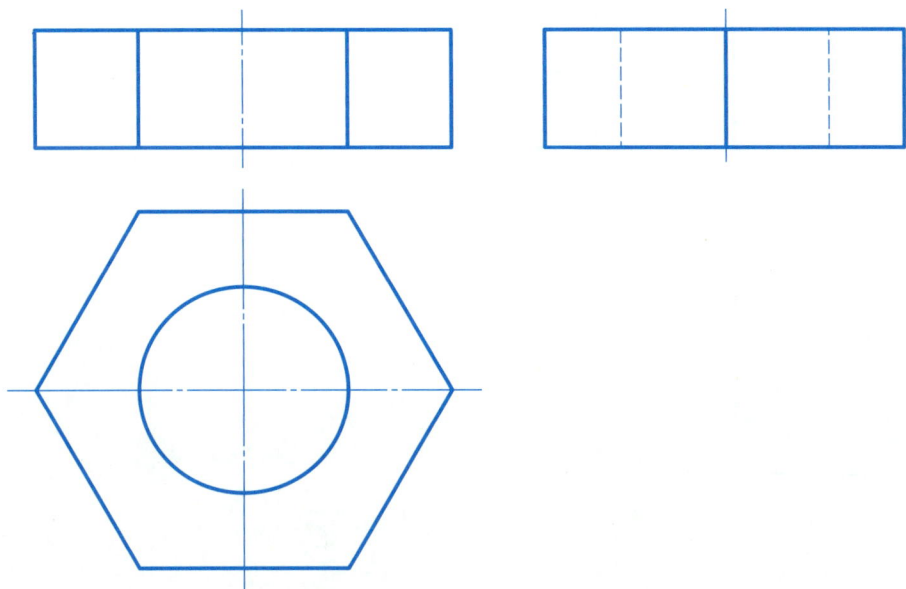

（2）

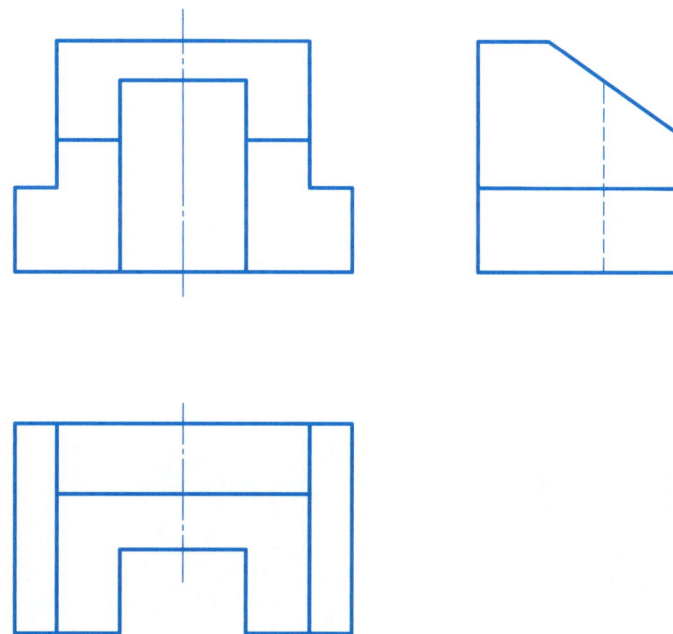

（3）

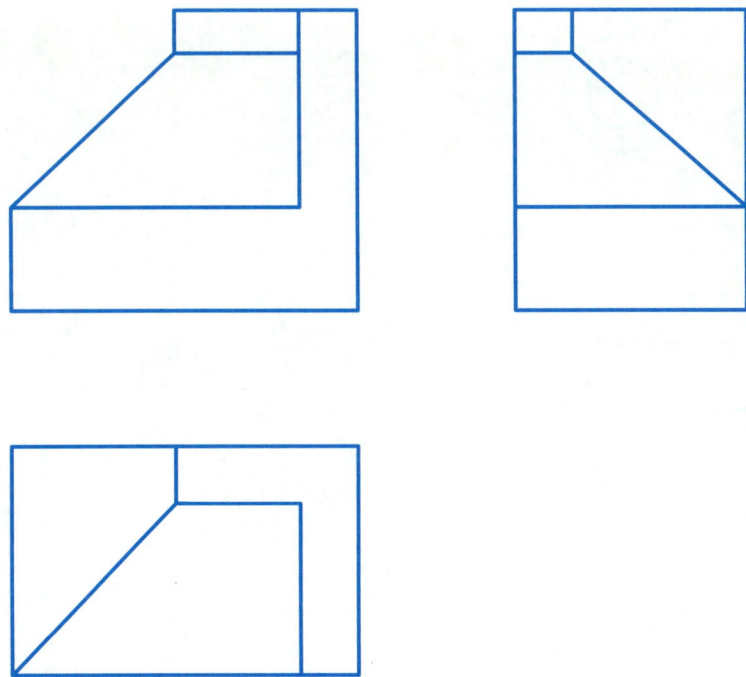

（4）

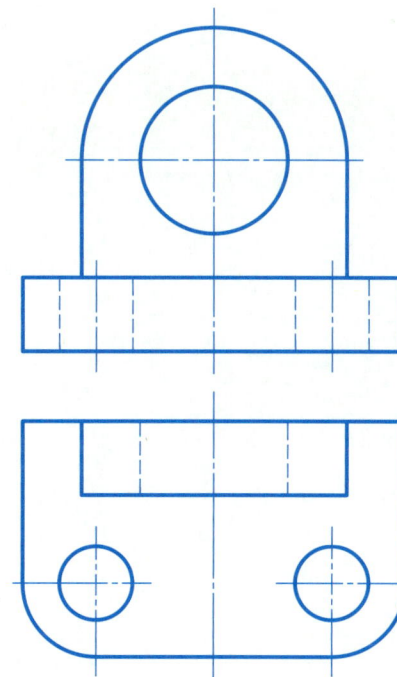

画出各图的斜二等轴测图。

(1)

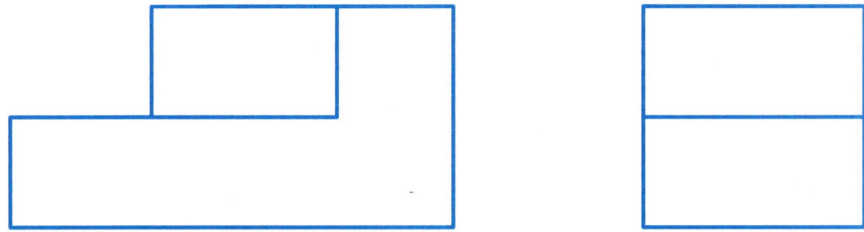

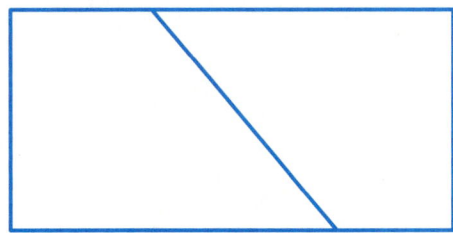

(2)

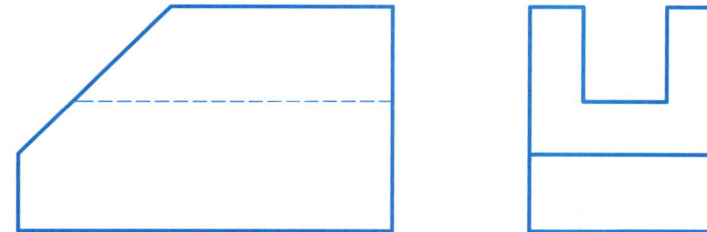

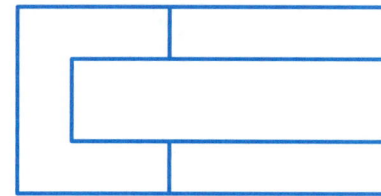

(3)

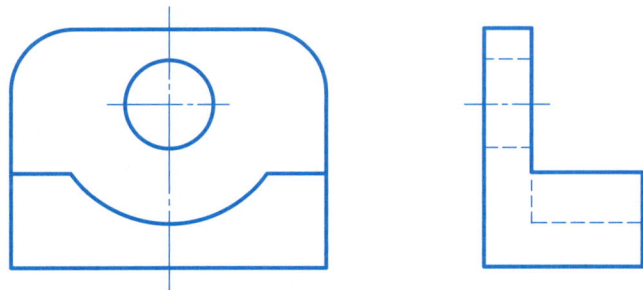

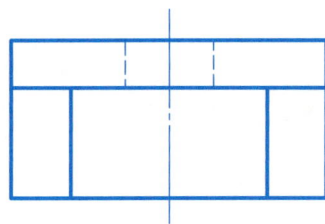

(4)

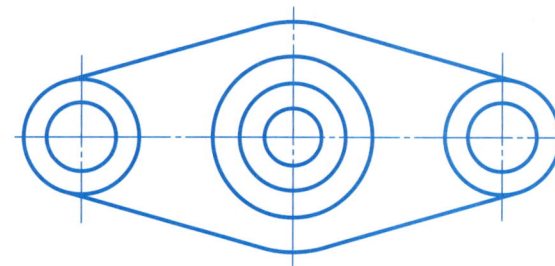

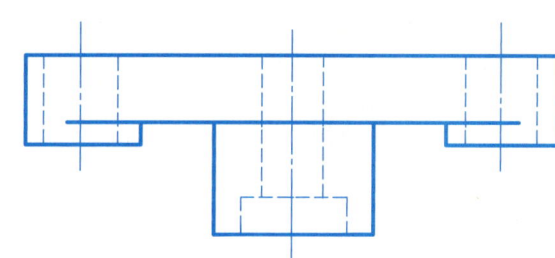

画出各图的正等轴测剖视图，并标注尺寸。

（1）

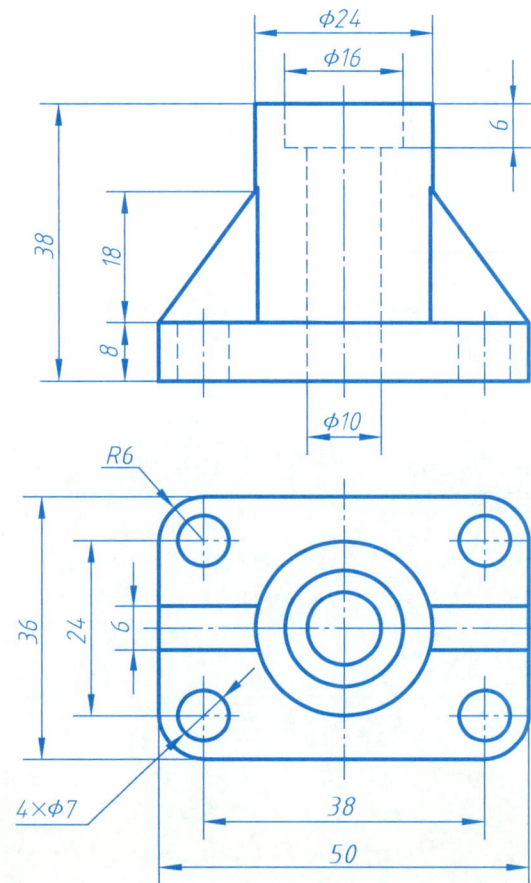

（2）

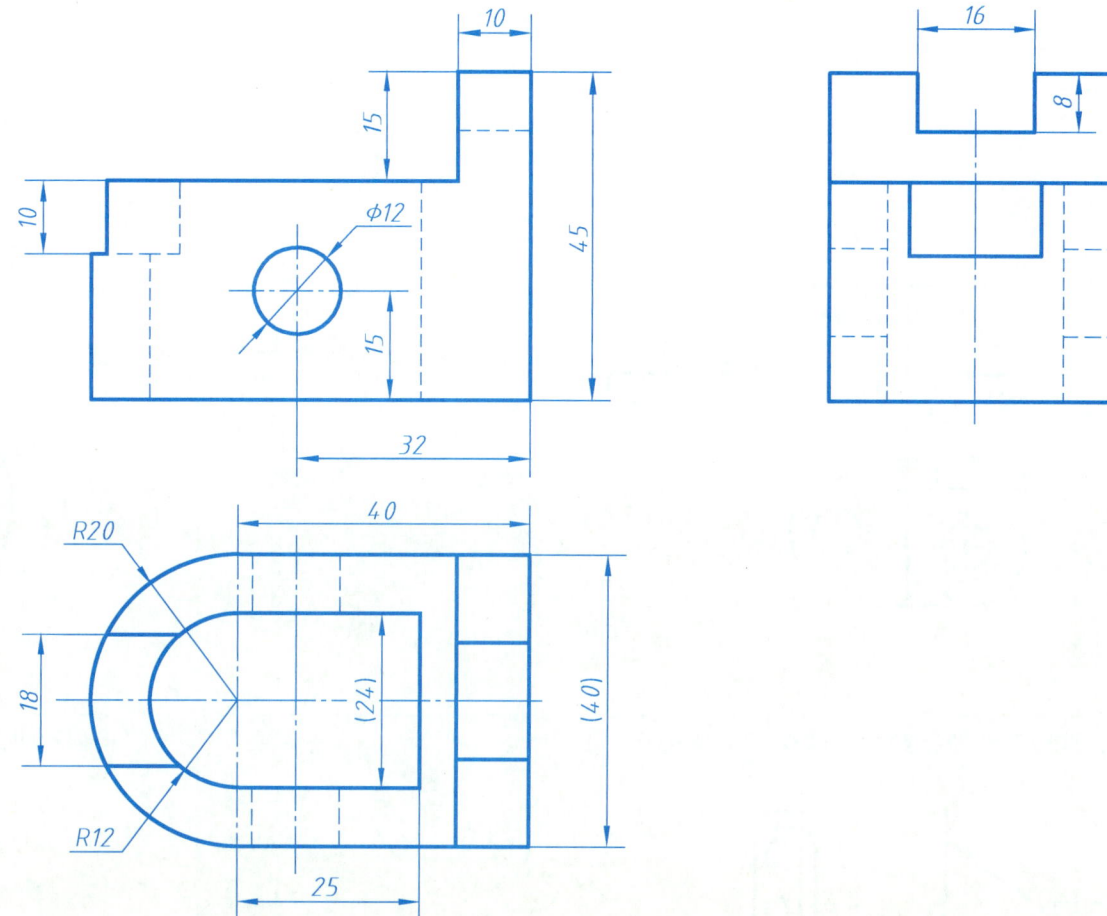

第6章 表示机件的图样画法

6-1 视图	班级	学号	姓名

1. 根据立体的三视图画出机件的其他基本视图。

2. 在指定位置画出 A 向视图和 B 向视图（省略虚线）。

3. 根据主视图和立体图，按照箭头所指绘制局部视图或斜视图。

A 视图为_____视图   B 视图为_____视图

4. 根据给出的主视图和立体图，补画合适的视图，清晰地表达该立体。

6-2 剖视图

1. 根据立体的左视图和轴测剖视图，补画出全剖的主视图中所缺的图线。

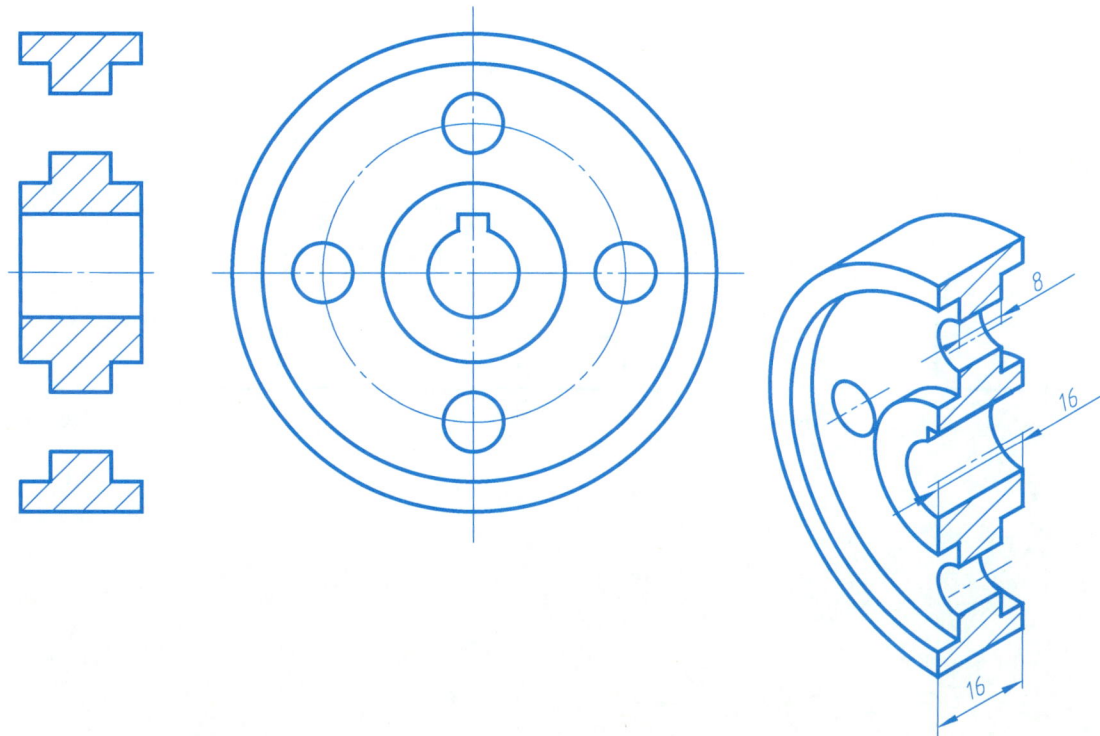

8

16

16

2. 补画出主视图中所缺的图线，并对剖视图进行完整的视图标注。

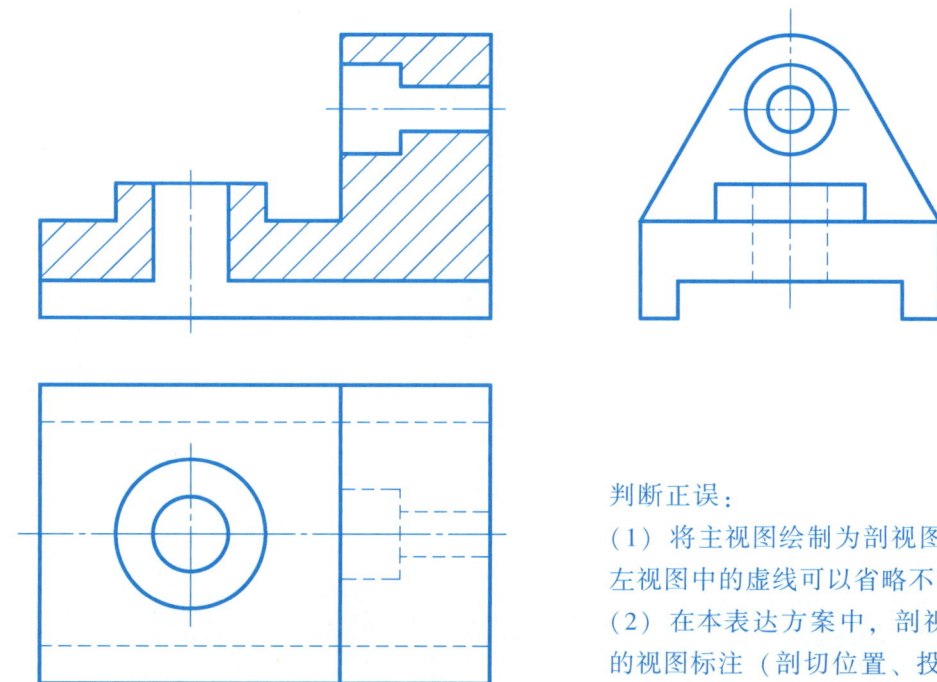

判断正误：

（1）将主视图绘制为剖视图后，俯视图和左视图中的虚线可以省略不画。（　　）

（2）在本表达方案中，剖视图（主视图）的视图标注（剖切位置、投射方向、视图名称）可以完全省略，不必标注。（　　）

3. 补画视图中的漏线。

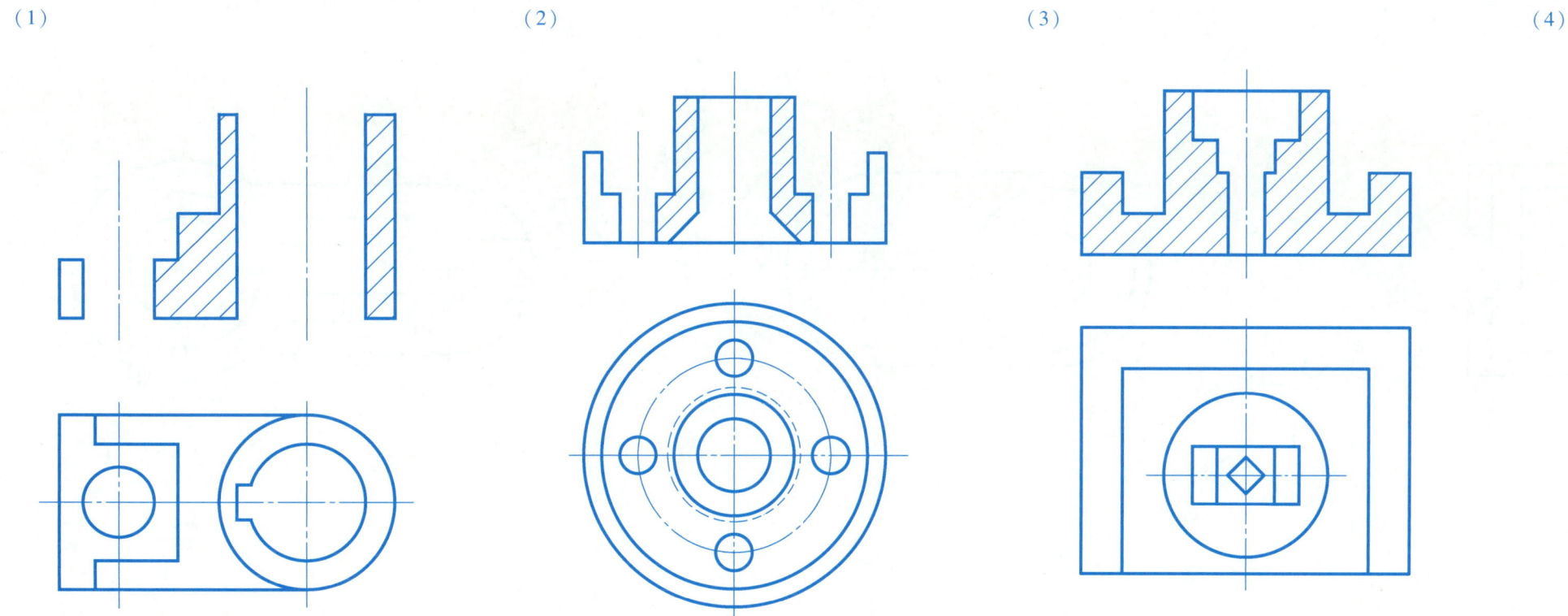

（1）　　　　　　　　　　　　　　（2）　　　　　　　　　　　　　　（3）　　　　　　　　　　　　　　（4）

4. 在指定位置将主视图改画为全剖视图。

（1）

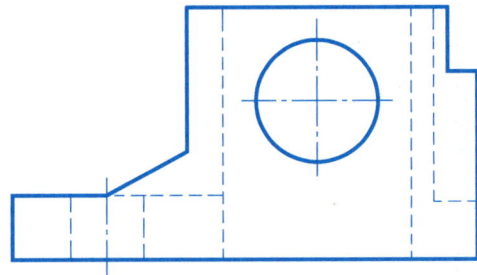

（2）

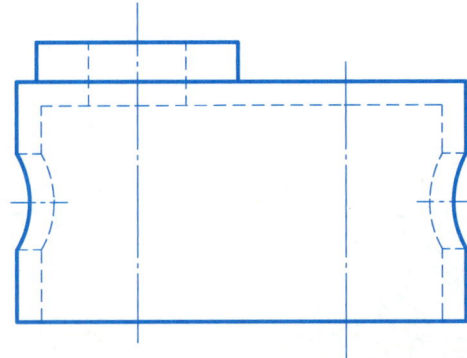

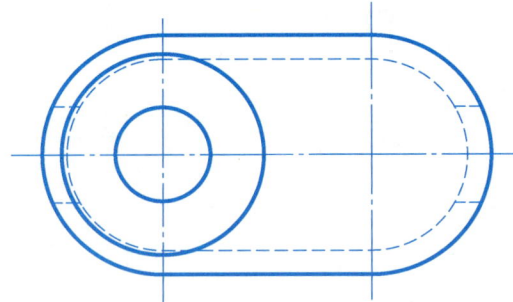

（3）

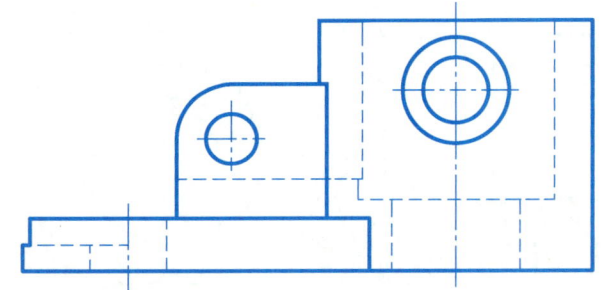

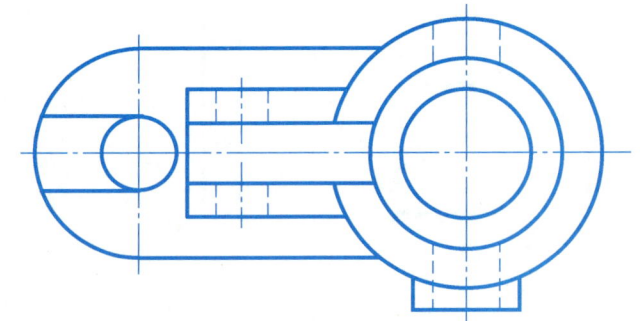

班级	学号	姓名

5. 在指定位置将主视图改画为半剖视图。

（1）

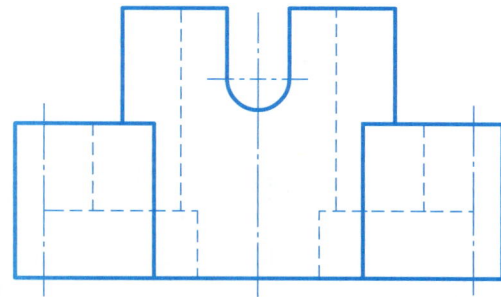

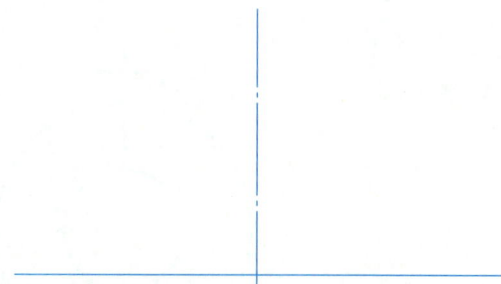

（2）

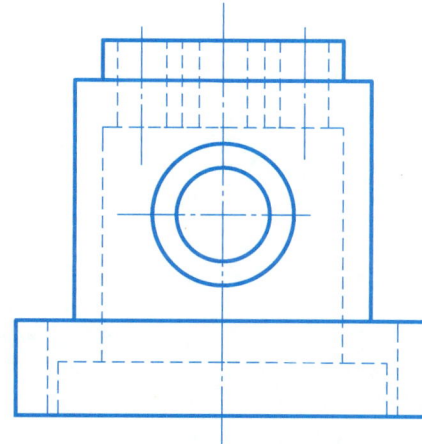

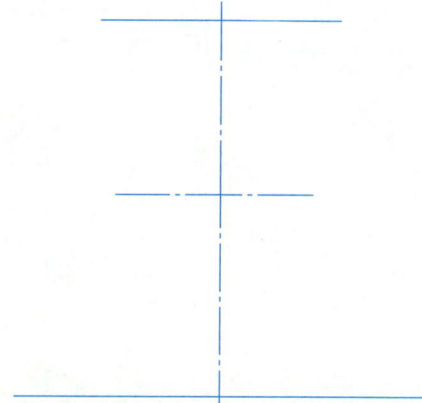

（3）

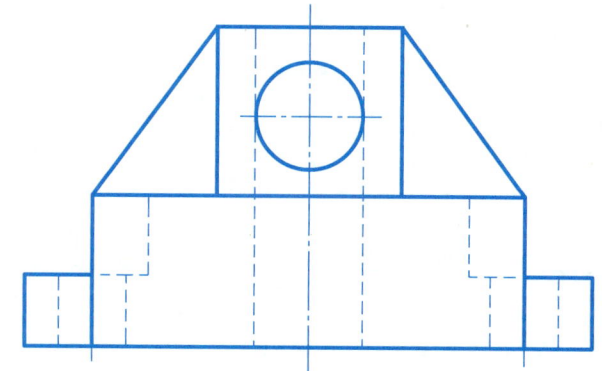

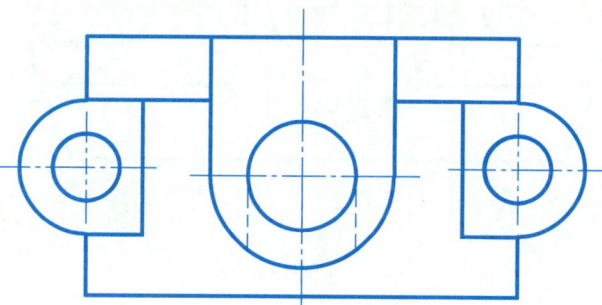

6. 根据已知视图，在指定位置将主视图改画为半剖视图，并补画全剖的左视图。

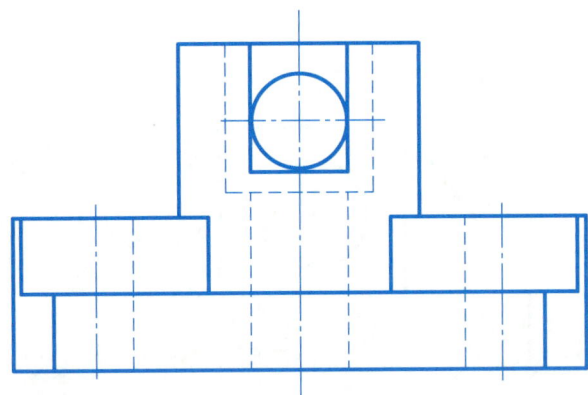

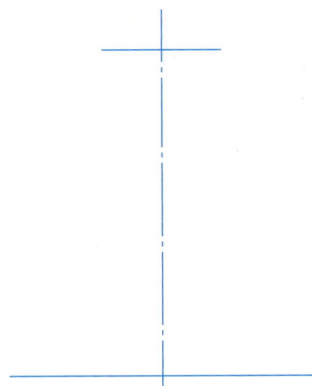

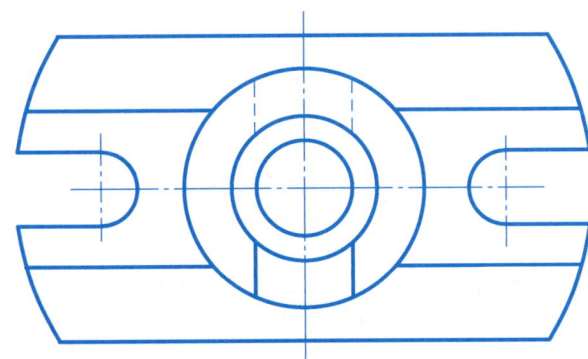

7. 根据原图，在指定位置将主视图改画为半剖视图，左视图和 A—A 视图画成全剖视图。

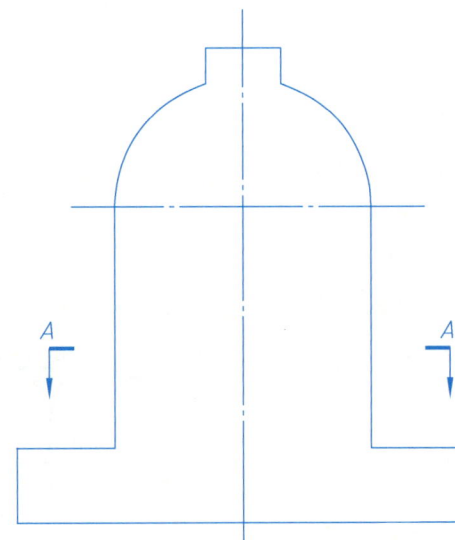

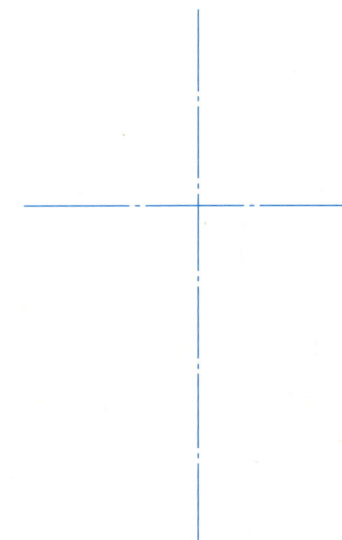

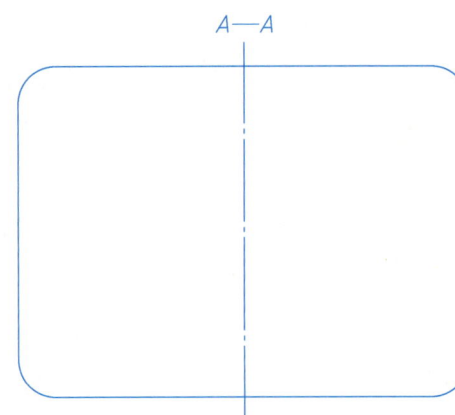

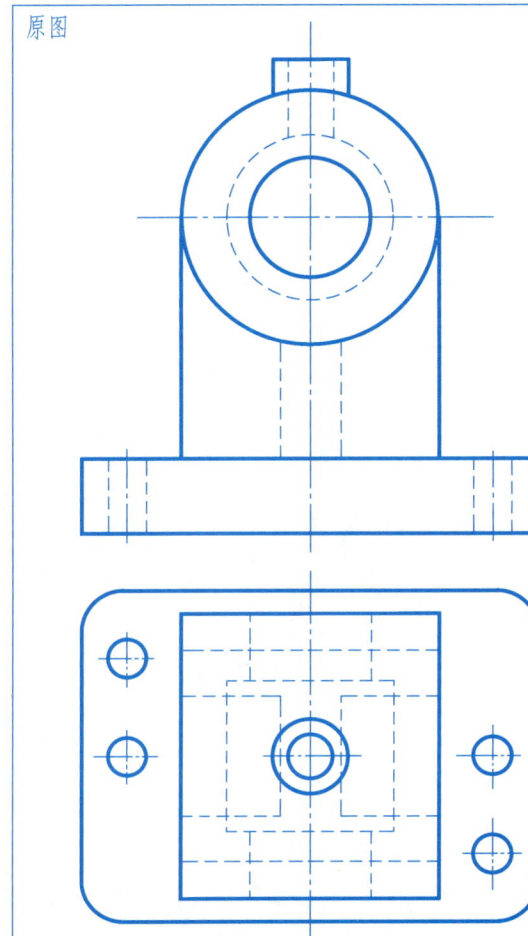

A—A

原图

8. 分析图中错误，在指定位置绘制正确的局部剖视图。

（1）

9. 根据原图，在指定位置将主视图和俯视图改画成局部剖视图。

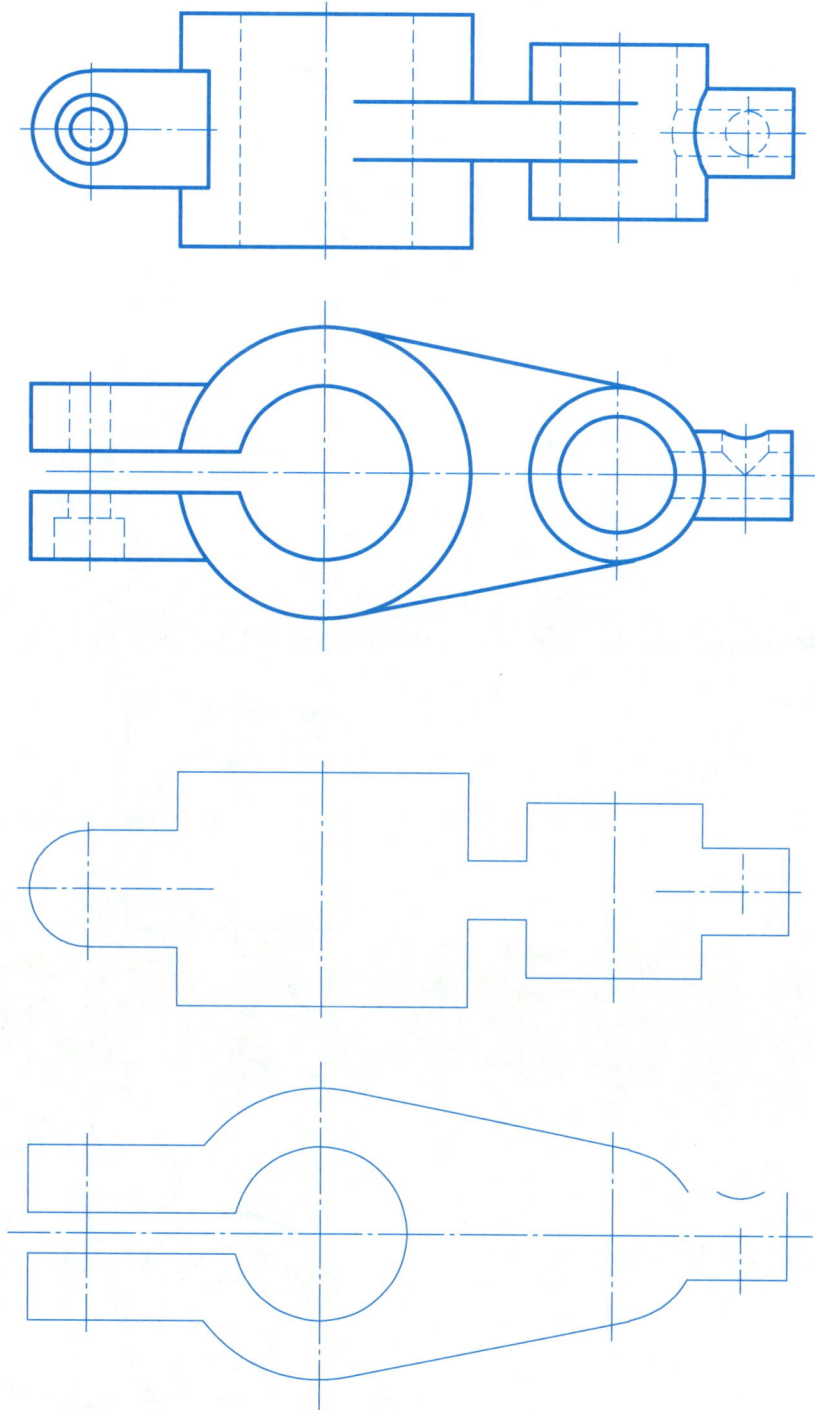

（2）

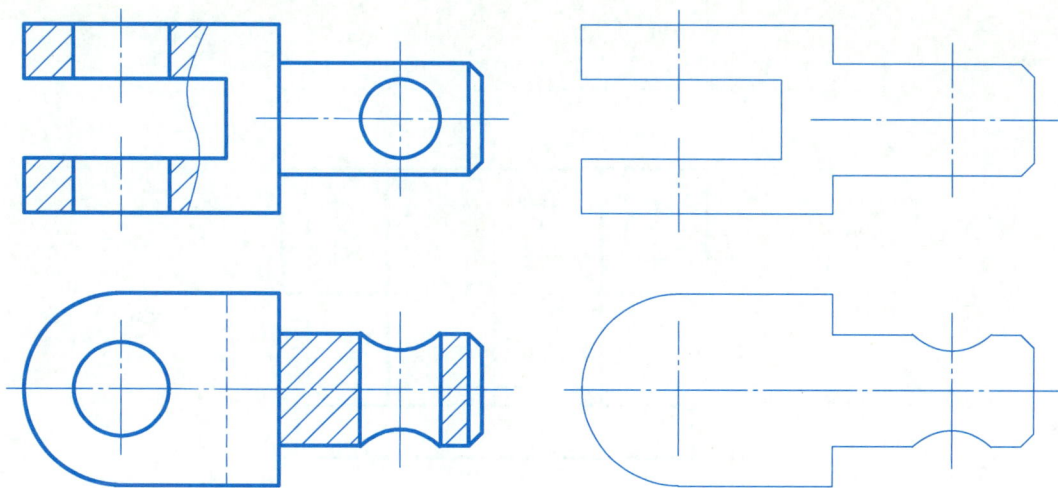

10. 根据已知视图，补画 A—A 剖视图。

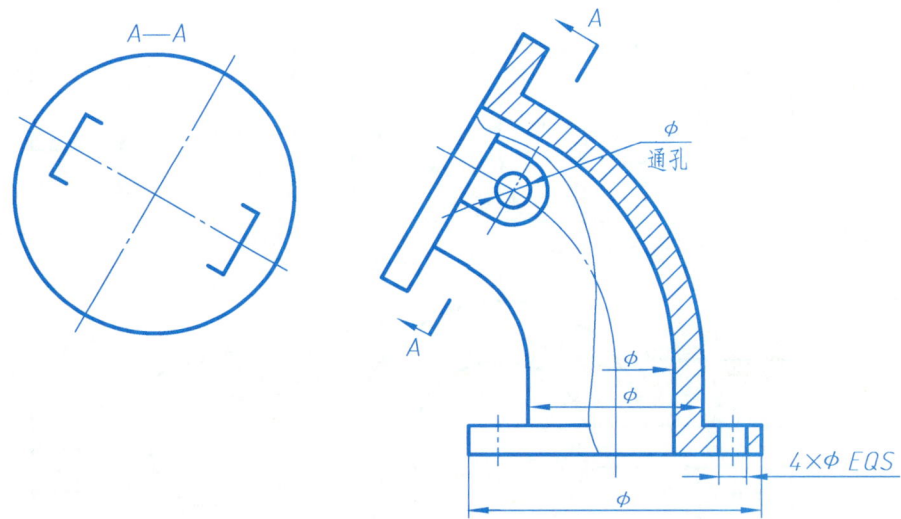

A—A

φ
通孔

φ
φ

4×φ EQS

φ

11. 根据已知视图，画出 B—B 剖视图，以省略主视图中的虚线，便于更清晰地表达机件。

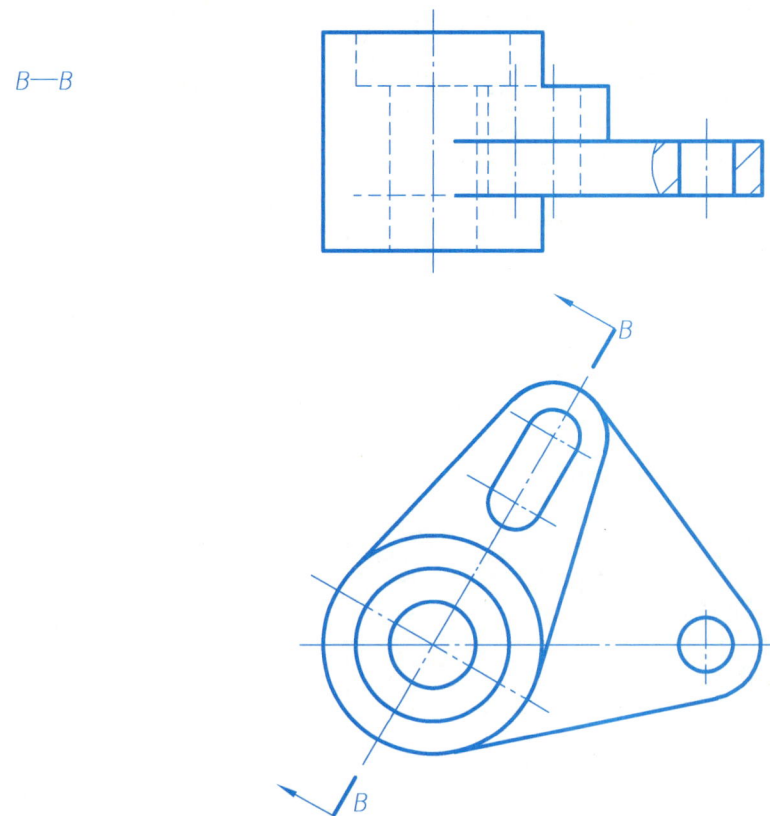

B—B

B

B

12. 根据原图，在指定位置画出 A—A 和 B—B 的剖视图，以替换俯视图，更清晰地表达机件。

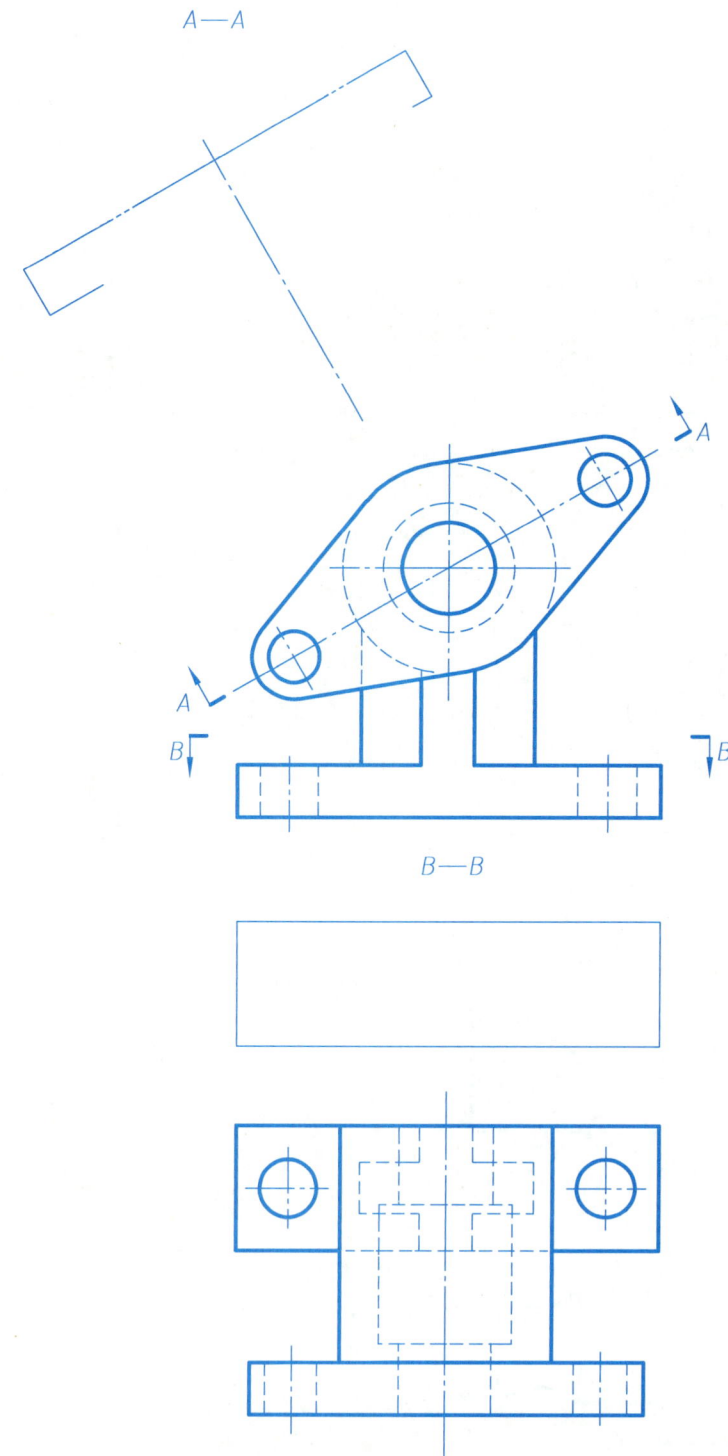

A—A

A

A

B

B

B—B

13. 在指定位置用几个相交的剖切平面将主视图改画为合适的剖视图。

（1）

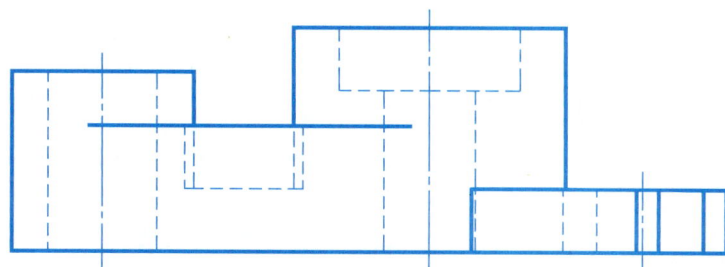

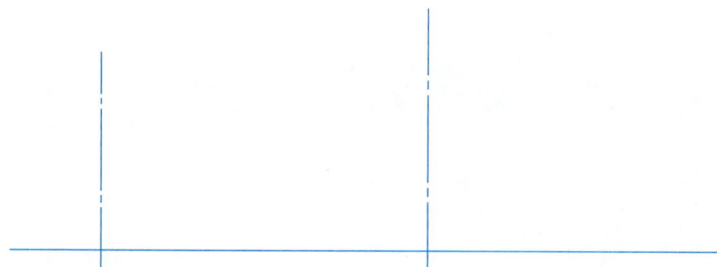

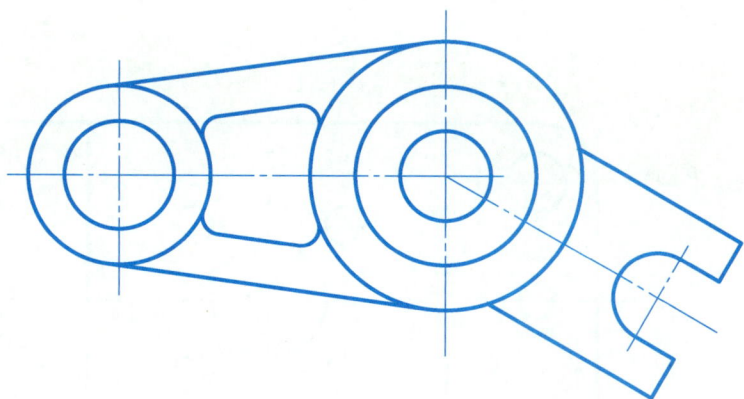

（2）

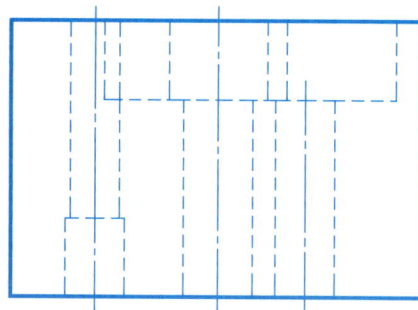

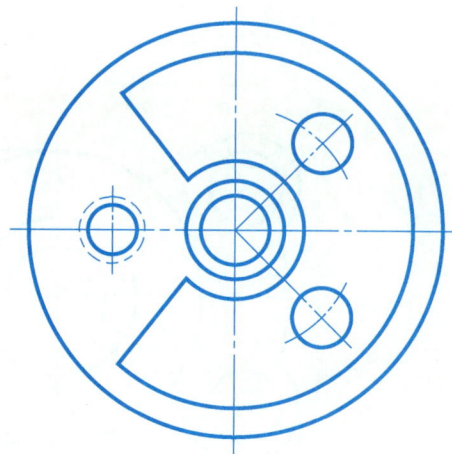

（3）

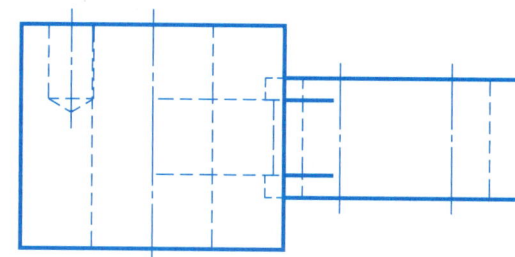

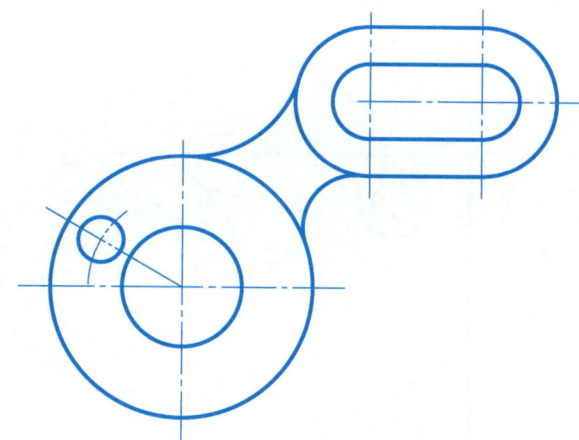

14. 在指定位置用几个平行的剖切平面将主视图改画为合适的剖视图。

15. 在指定位置用复合的剖切平面将主视图改画为剖视图。

（1）

（2）

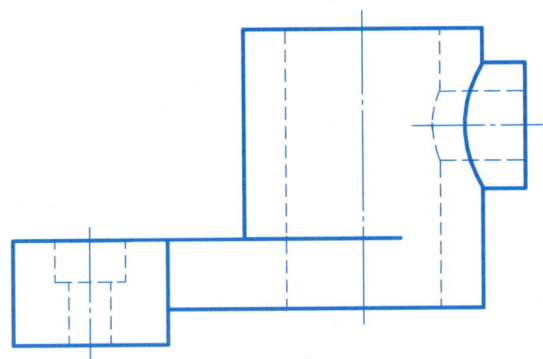

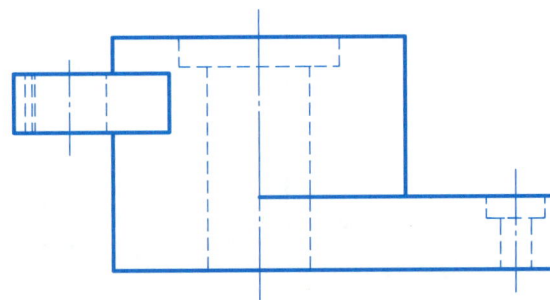

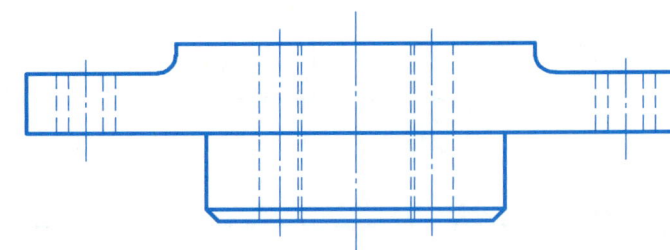

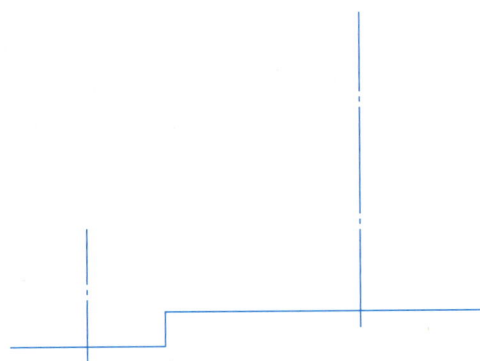

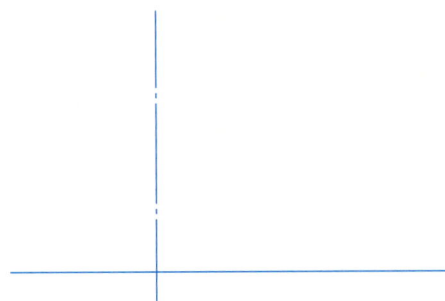

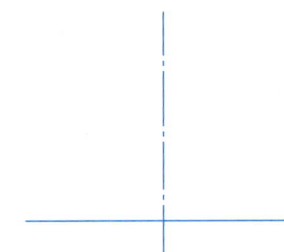

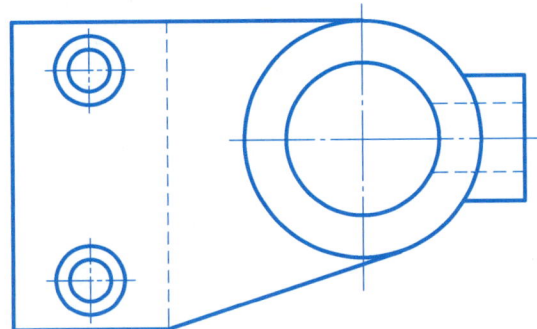

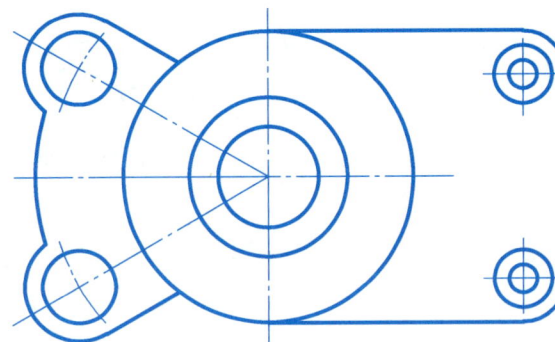

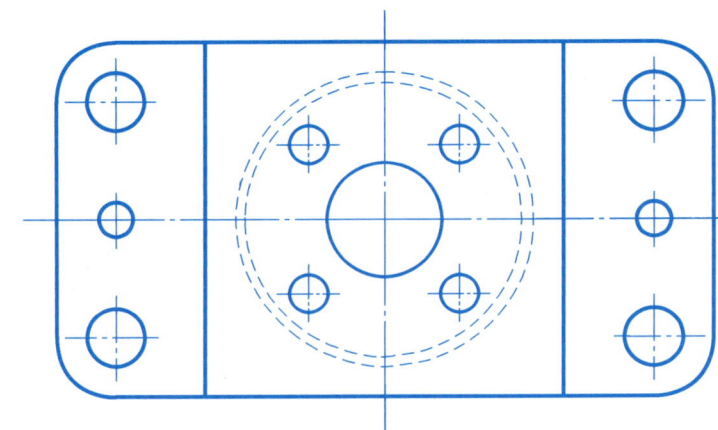

班级　　　　学号　　　　姓名

1. 选择正确的断面图。

（1）正确的 A—A 断面图是（　　）

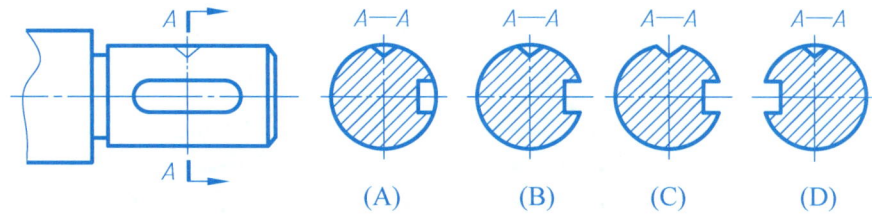

A—A　　A—A　　A—A　　A—A

（A）　　（B）　　（C）　　（D）

（2）正确的 B—B 断面图是（　　）

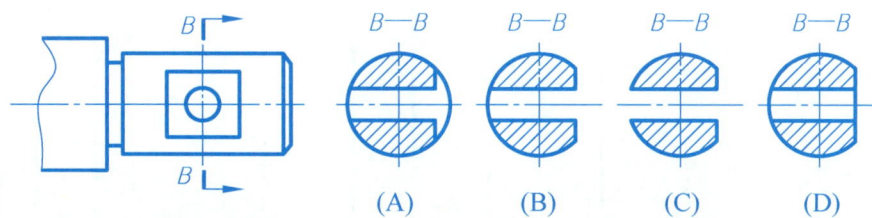

B—B　　B—B　　B—B　　B—B

（A）　　（B）　　（C）　　（D）

（3）正确的 C—C 断面图是（　　）

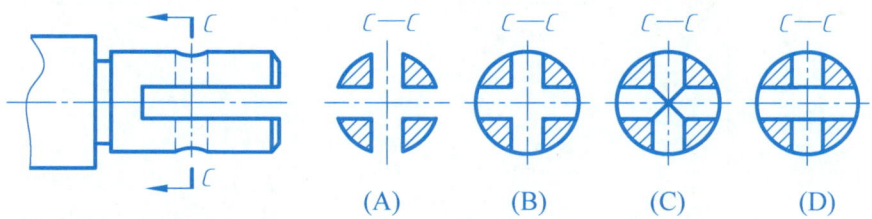

C—C　　C—C　　C—C　　C—C

（A）　　（B）　　（C）　　（D）

（4）正确的 D—D 断面图是（　　）

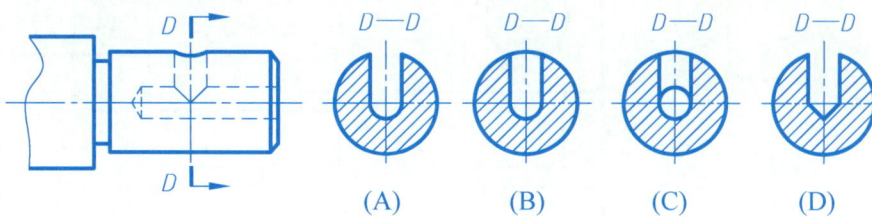

D—D　　D—D　　D—D　　D—D

（A）　　（B）　　（C）　　（D）

（5）正确的重合断面图是（　　）

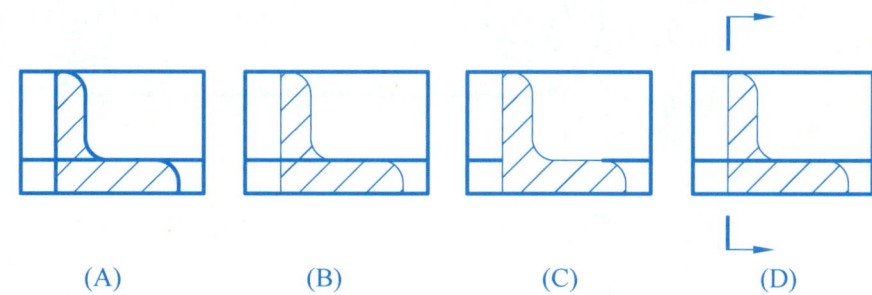

（A）　　（B）　　（C）　　（D）

2. 在指定位置作出轴上平面（前后对称）、键槽、通孔的断面图。

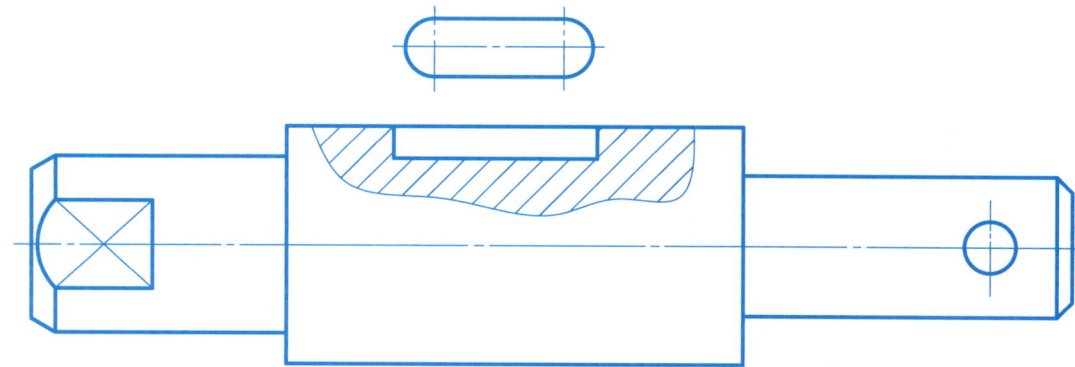

3. 在指定位置作出相应的断面图。

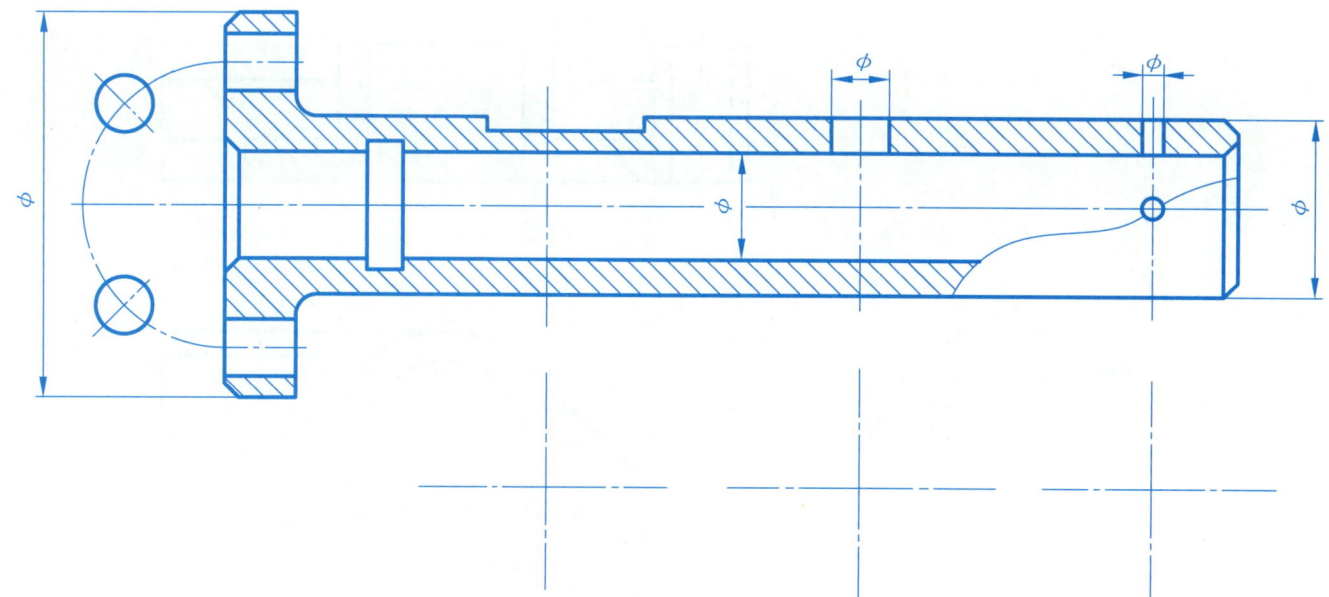

4. 在指定位置画出正确的 A—A、B—B 断面图。

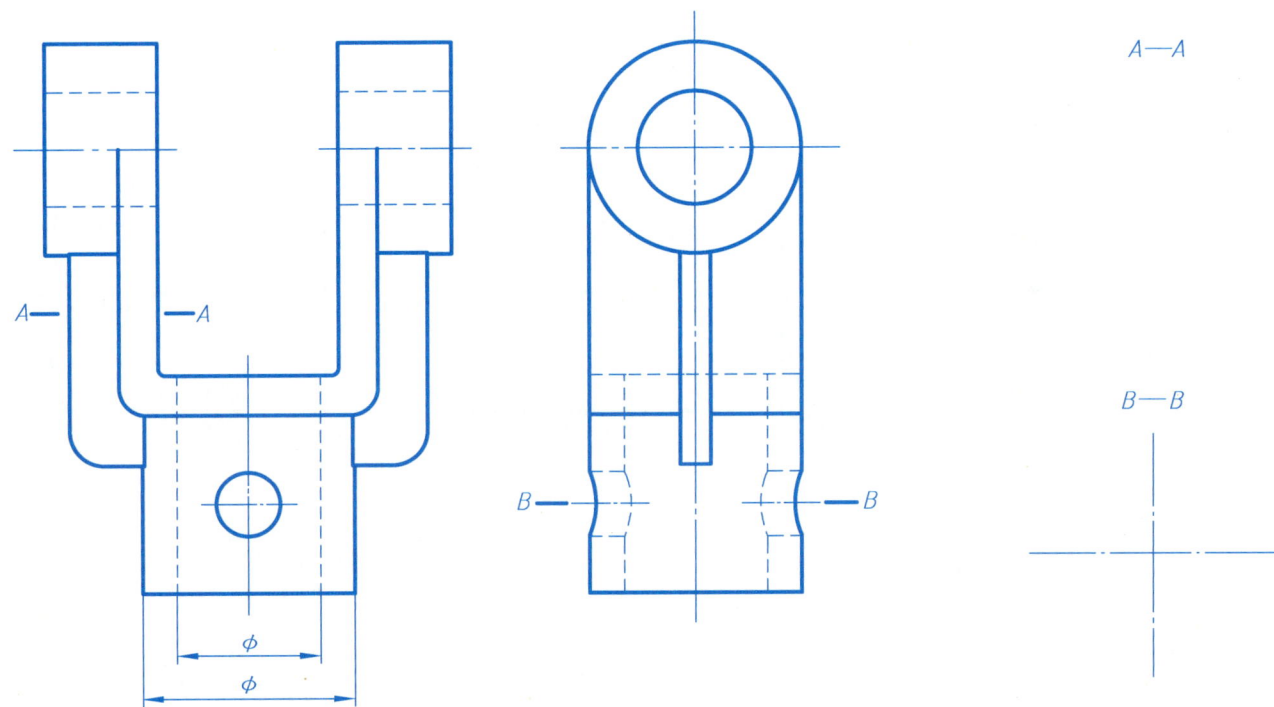

A—A

B—B

6. 在主视图中指定的三处位置画出重合断面图。

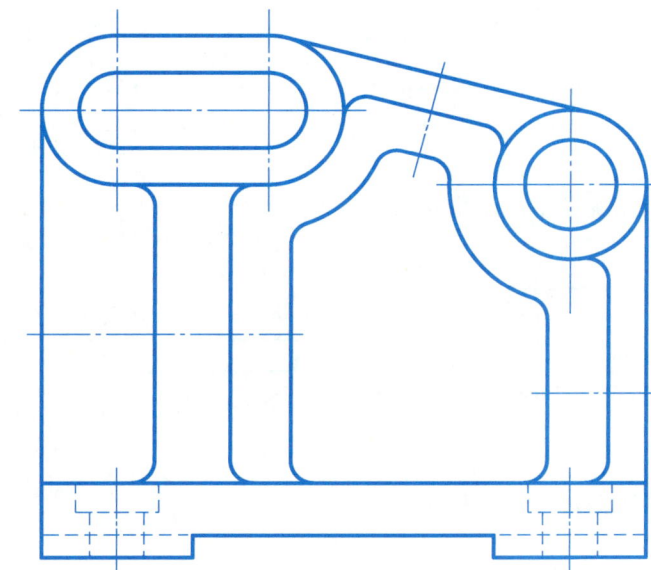

5. 在指定位置作出正确的 B—B、C—C 断面图。

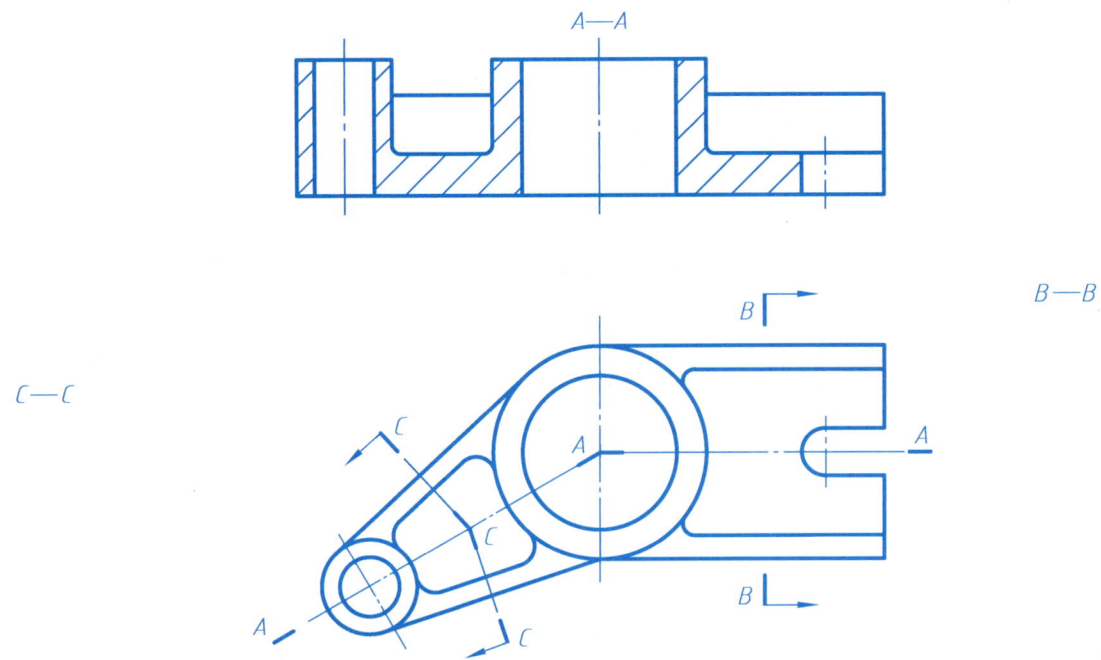

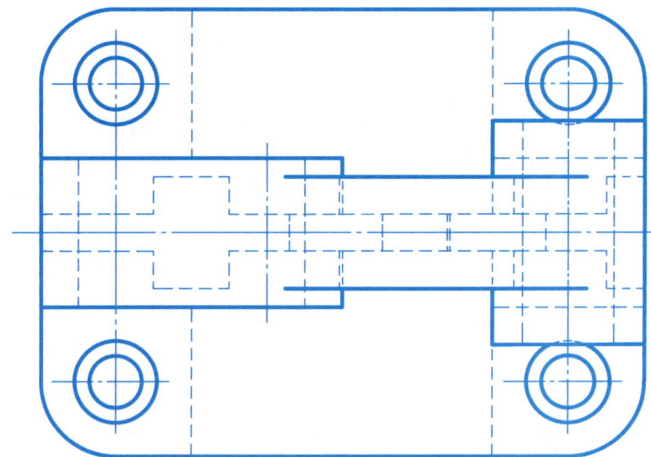

A—A

B—B

C—C

1. 分析图中的错误，在右侧画出正确的剖视图。

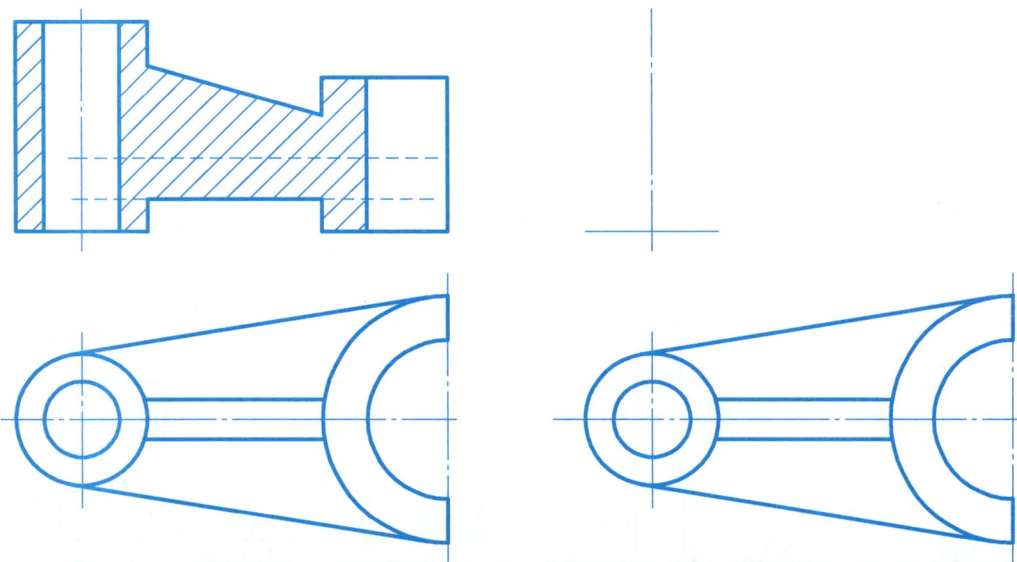

3. 在指定位置用剖视图和简化画法重新表达机件。

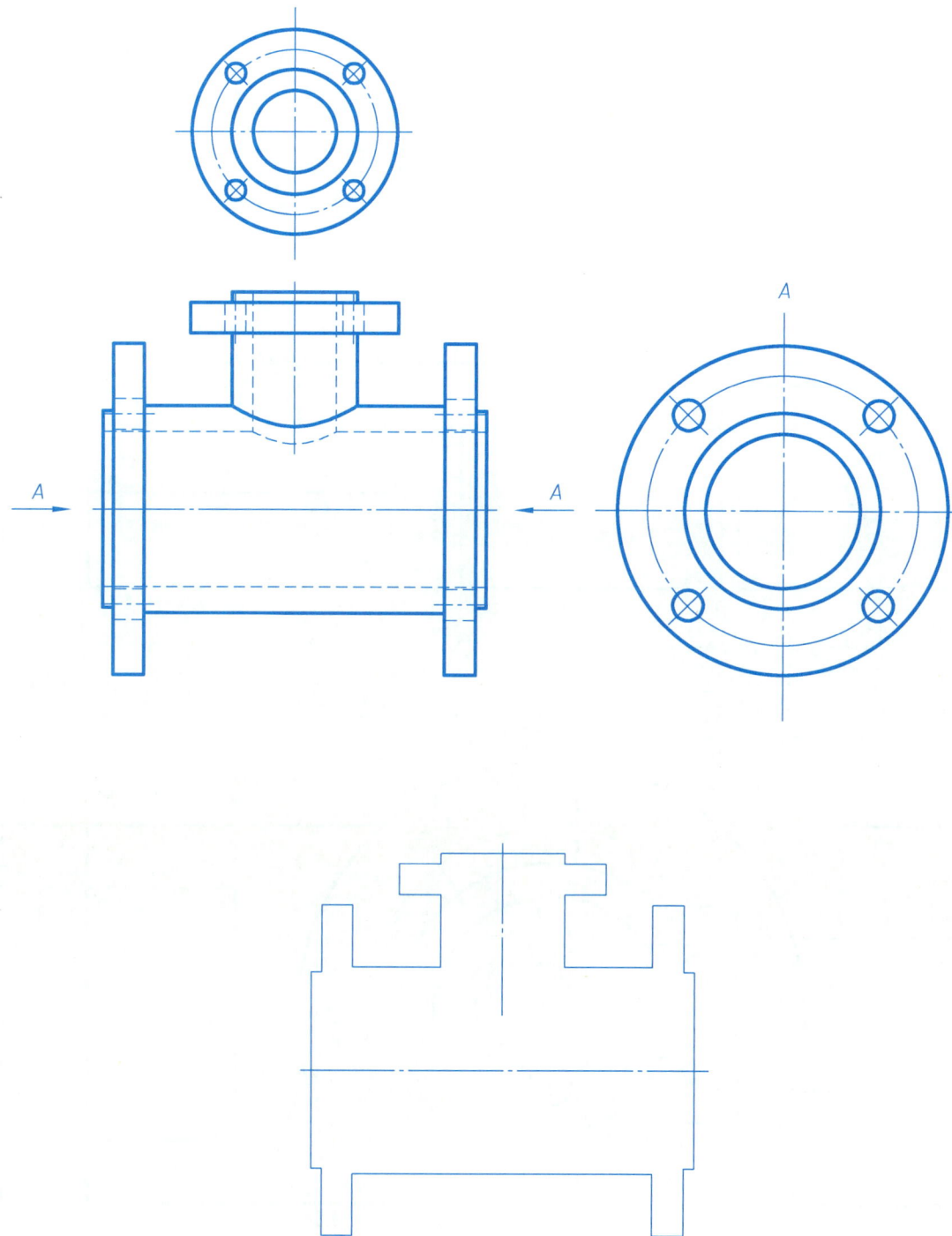

2. 在指定位置将主视图改画为剖视图。

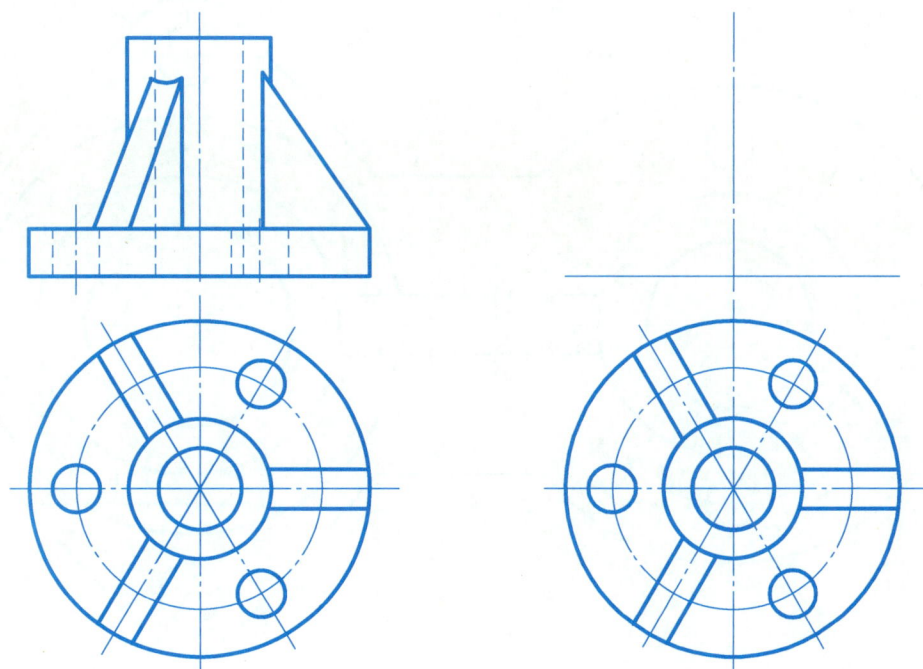

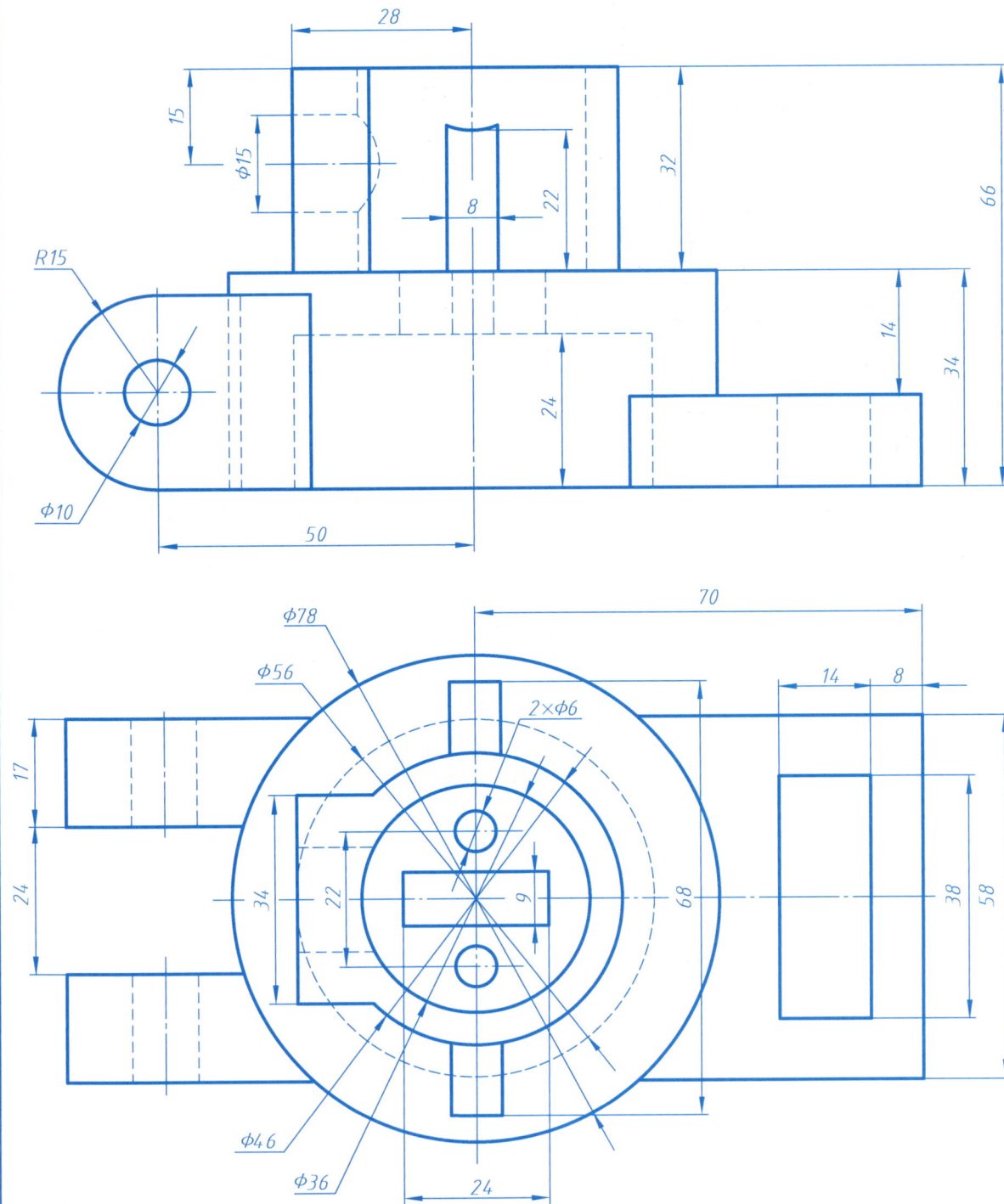

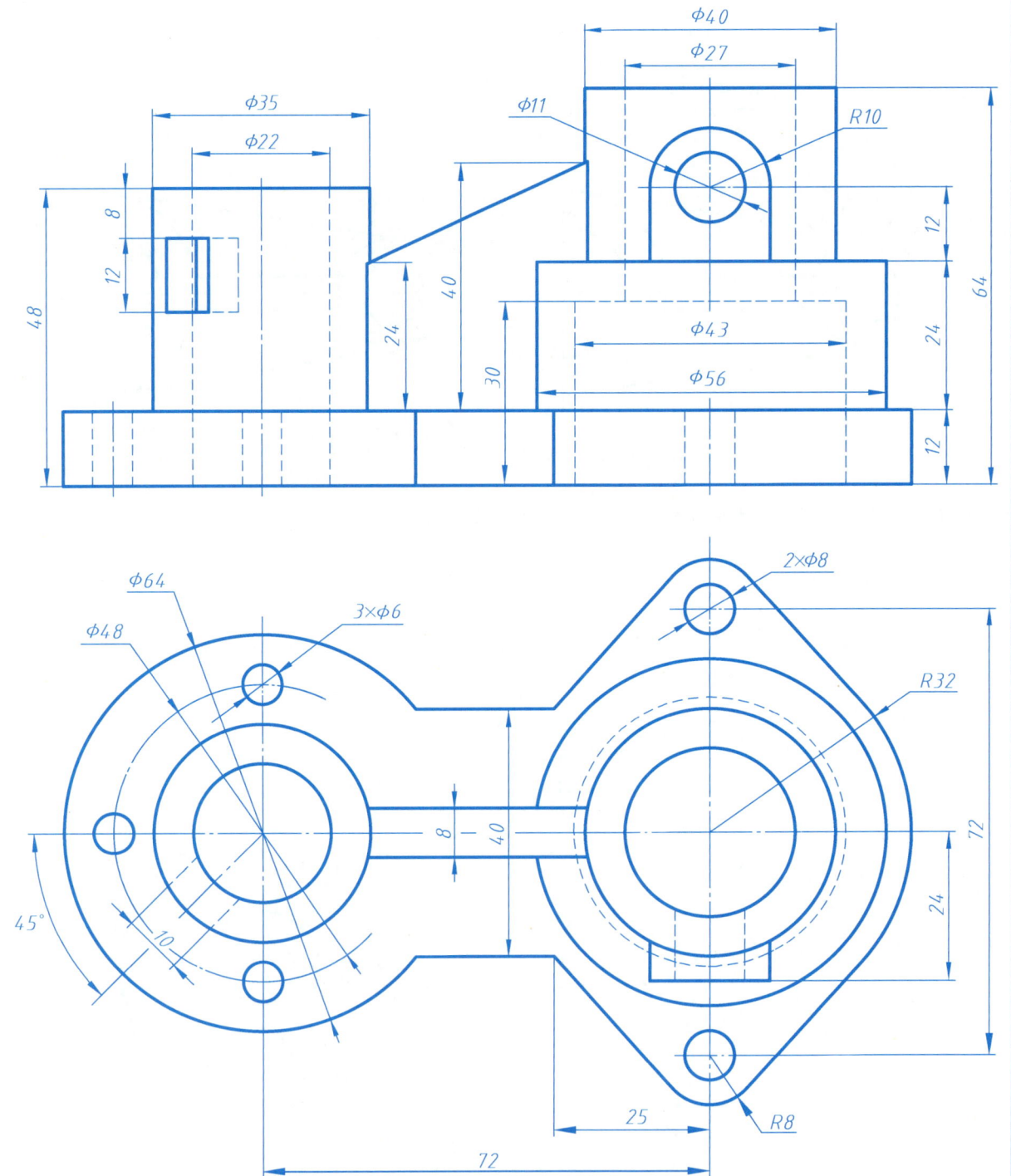

根据已知视图，看懂立体的形状，选择合理的表达方案重新进行表达，并绘制在 A3 图纸幅面上。

1.

2.

在下面的零件图中添加漏画的铸造圆角，并回答下面的问题。

班级	学号	姓名

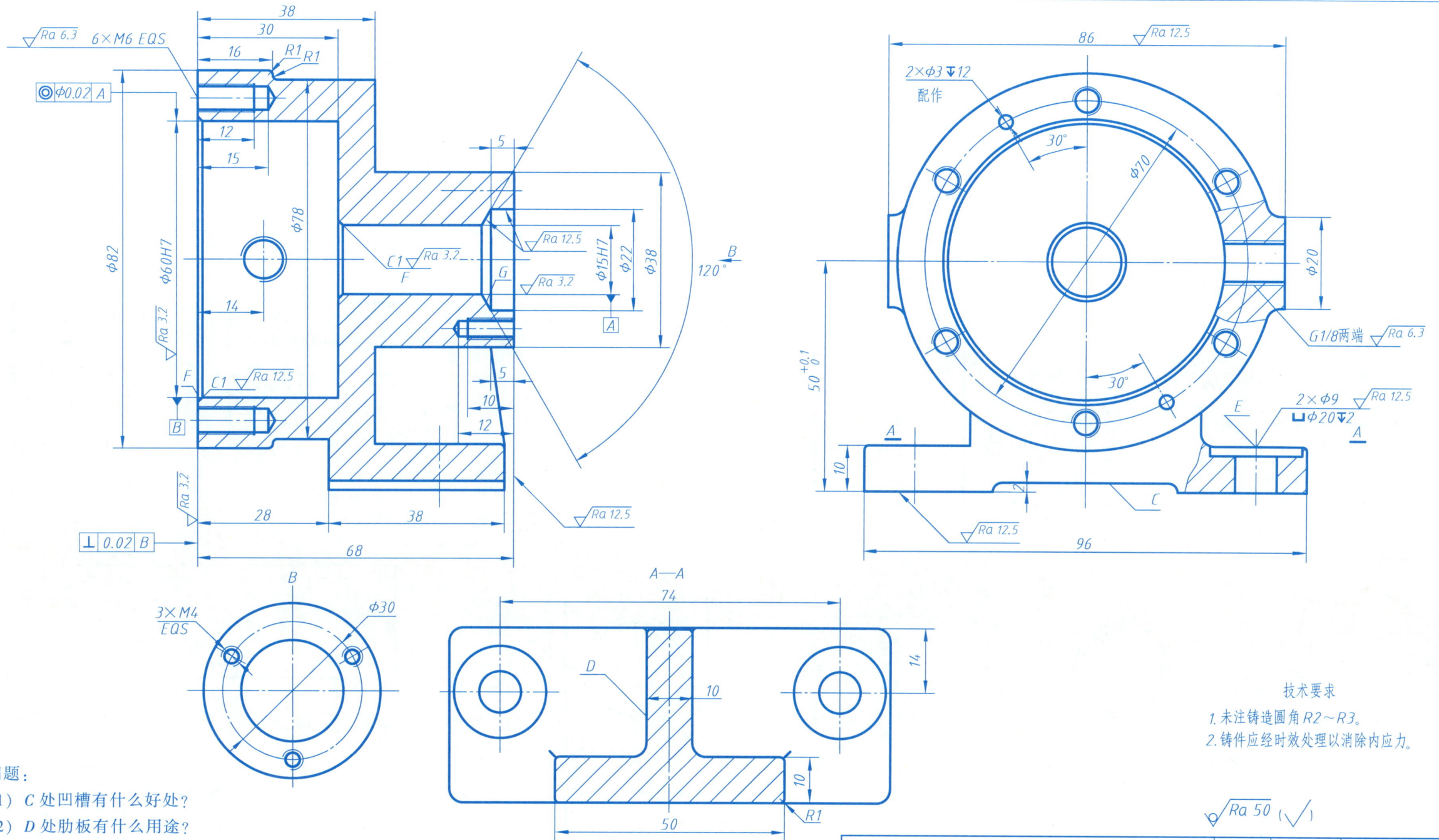

技术要求

1. 未注铸造圆角 R2～R3。
2. 铸件应经时效处理以消除内应力。

问题：

（1）C 处凹槽有什么好处？
（2）D 处肋板有什么用途？
（3）E 处沉孔有什么作用？
（4）F 处 C1 倒角有什么用途？
（5）G 处 120°锥孔因何而来？

泵体		比例	1:1		
		件数		材料	HT200
制图					
审核					

第8章 常用标准件、齿轮、弹簧

8-1 螺纹及螺纹紧固件

1. 按螺纹的规定画法，画出螺纹的视图。

（1）在 φ20 圆柱左端制作粗牙普通螺纹：大径 20mm、螺纹长 35mm、螺纹倒角 C2，标注上述尺寸。

（2）粗牙普通螺纹孔：大径 20mm、螺纹长 35mm、孔深 45mm、螺纹倒角 C2，标注上述尺寸。

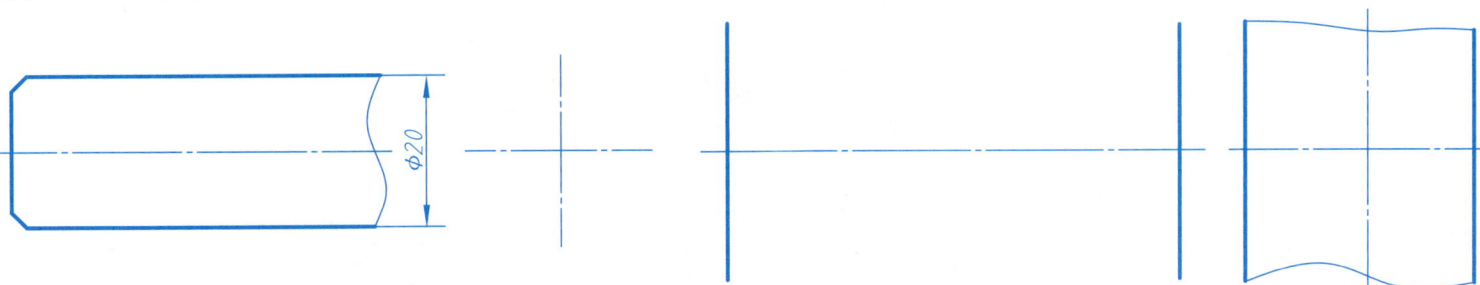

2. 将上述螺杆朝右旋入螺纹孔中，旋合长度为 25mm，画出连接后的主视图和 A—A 全剖视图。

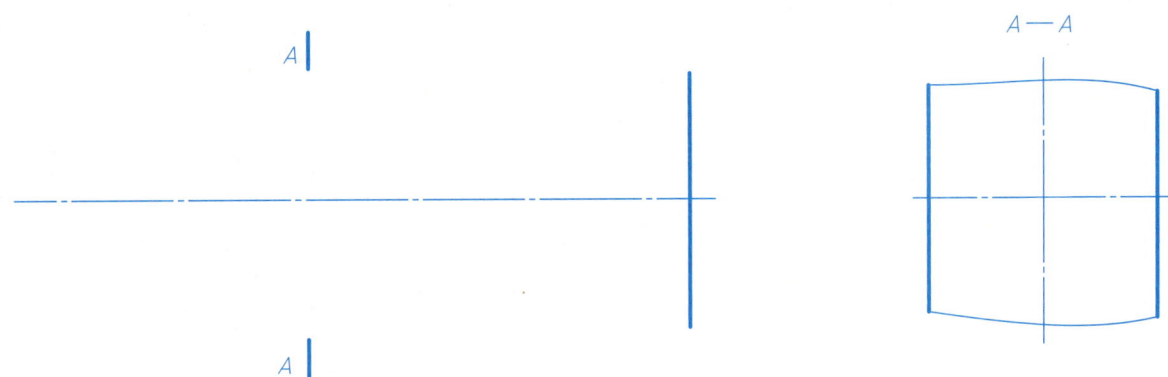

3. 分析下列错误画法，并画出正确的图形。

（1）

（2）

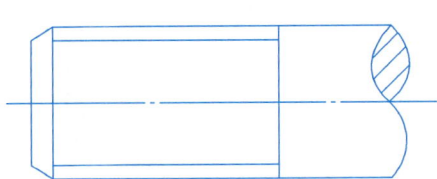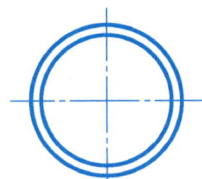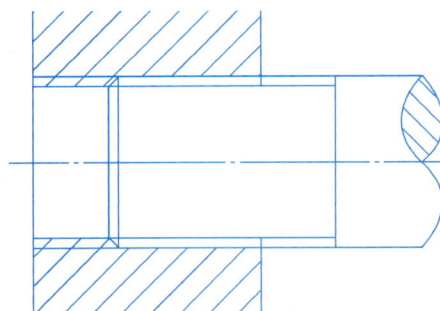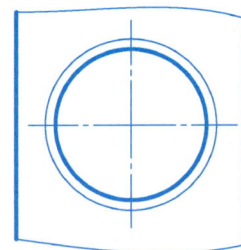

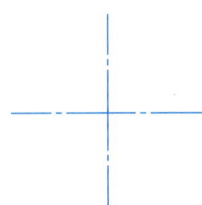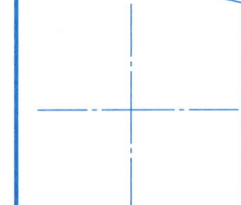

4. 标注下列螺纹的规定代号。

（1）粗牙普通螺纹，公称直径 16，右旋，中径公差带代号 5g，顶径公差带代号 6g。螺纹长度 30，倒角 C1.5。

（2）细牙普通螺纹，公称直径 16，螺距 1，右旋，中径与顶径公差带代号均为 6H。螺纹长度 25，倒角 C1.5。

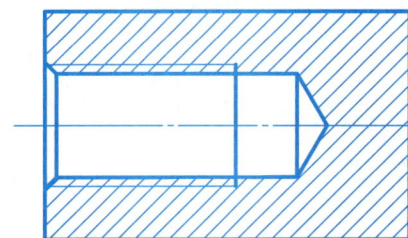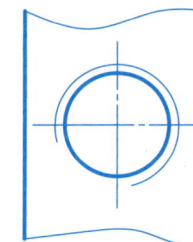

（3）梯形螺纹，公称直径 24，导程 10，线数 2，左旋，中径公差带代号为 8e，短旋合长度，倒角 C3.5。

（4）55°非密封管螺纹，尺寸代号 1/2，右旋，外螺纹公差等级 A 级。

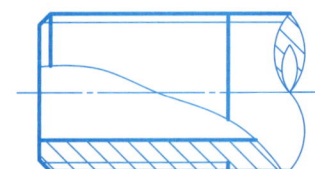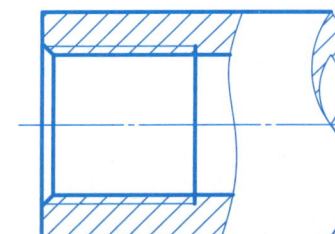

5. 已知：螺栓 GB/T 5782 M20×L，螺母 GB/T 6170 M20，垫圈 GB/T 93 20，用简化画法补全螺栓连接的主、俯、左视图，并确定螺栓的长度。

6. 已知：螺柱 GB/T 897 M20×L，螺母 GB/T 6170 M20，垫圈 GB/T 97.1 20，用简化画法补全螺柱连接的主、俯视图，并确定螺柱的长度。

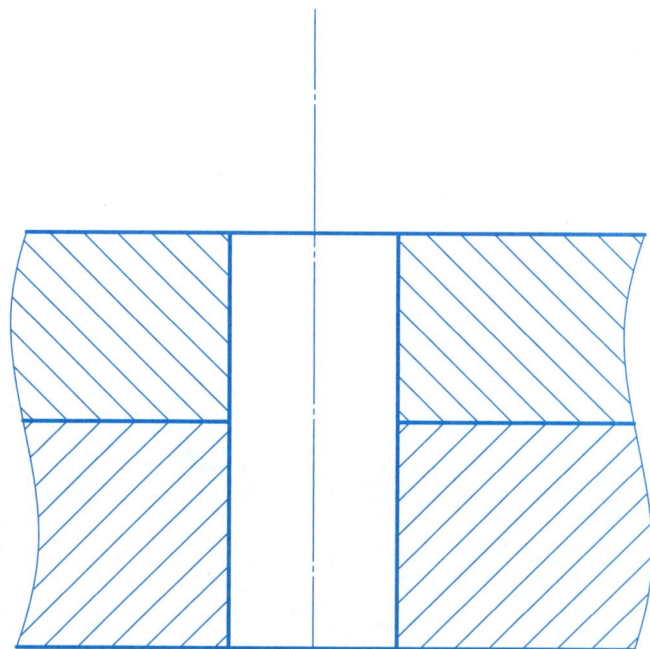

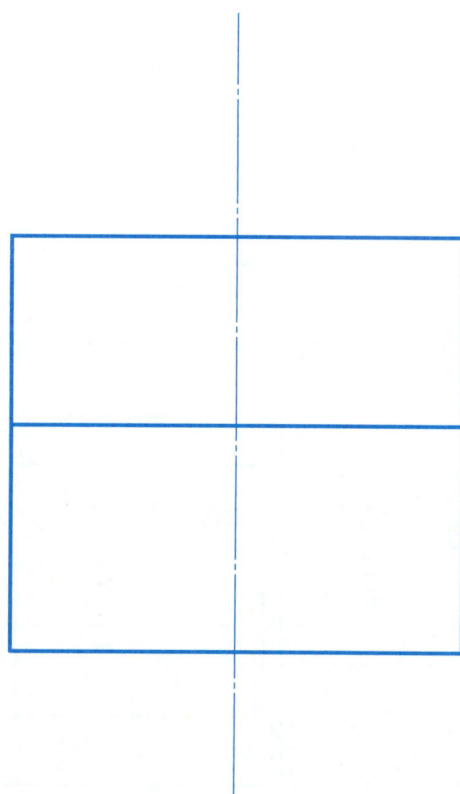

螺栓 GB/T 5782 M20×__。

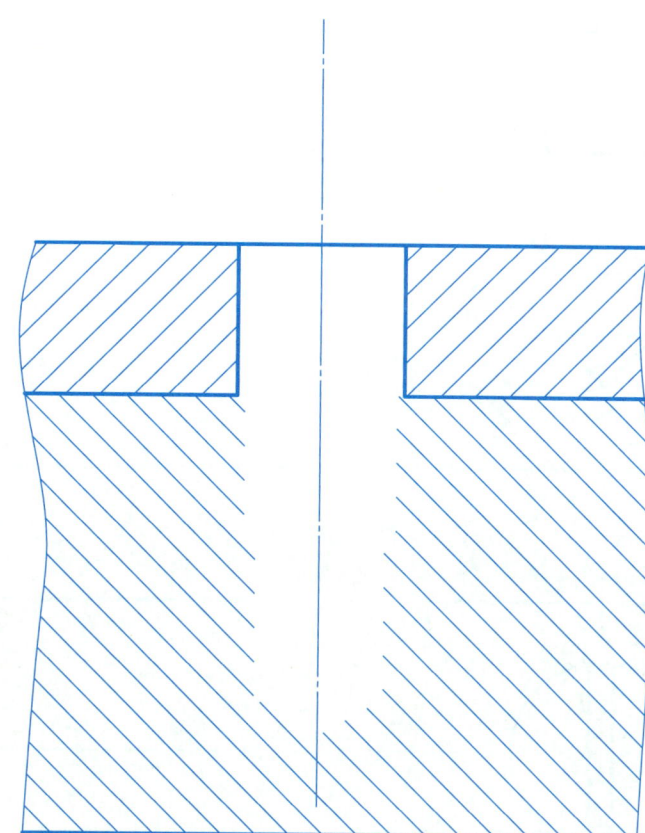

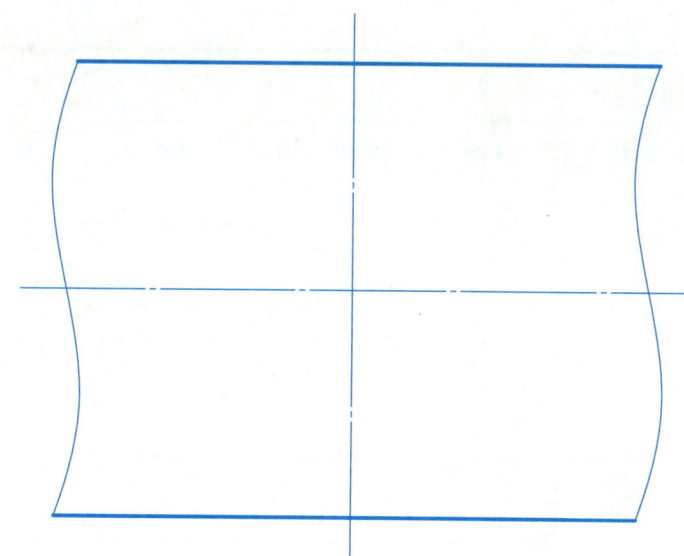

螺柱 GB/T 897 M20×__。

8-1 螺纹及螺纹紧固件（续）

8-2 键、销连接

7. 指出下图螺钉连接画法的错误之处，并将正确的图形画在右边。

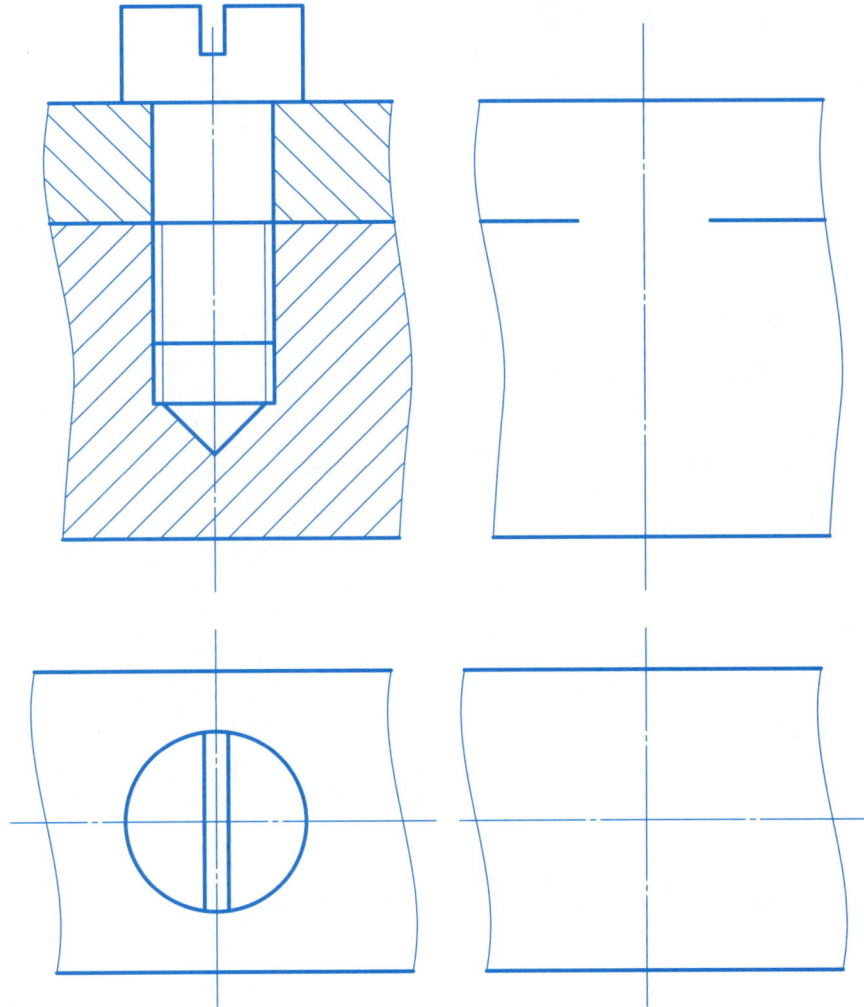

1. 根据轴径查出键和键槽的尺寸，画出轴的 A—A 断面图，并标注键槽的尺寸。

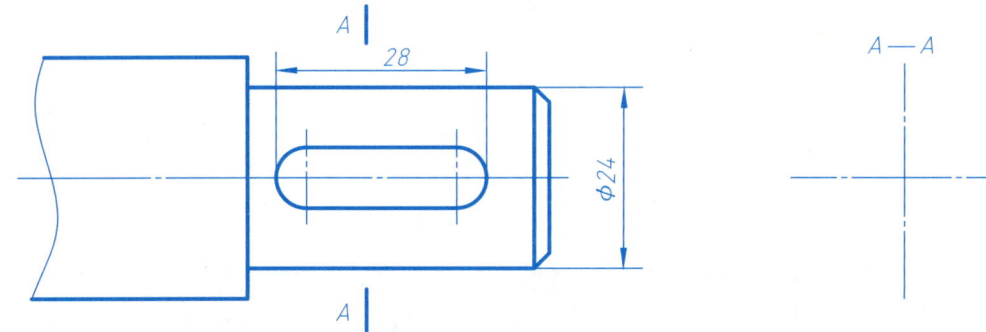

2. 根据孔径查出键槽的尺寸，画全齿轮主视图及 A 向局部视图，并标注键槽的尺寸。

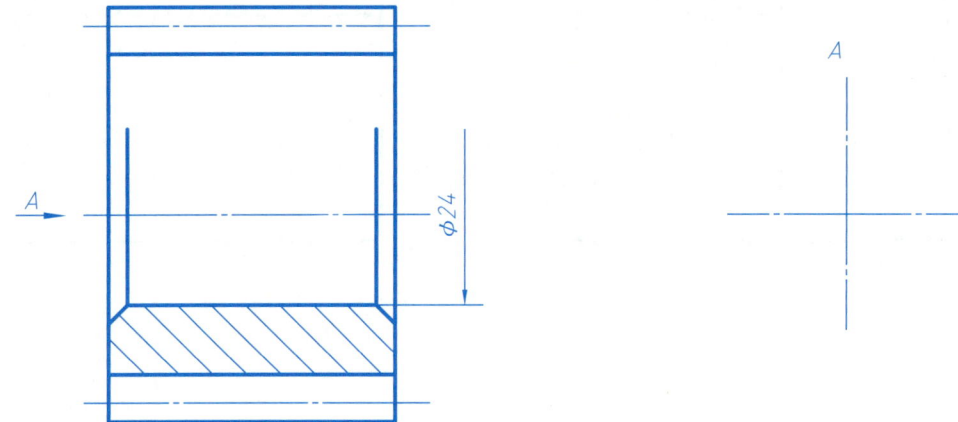

3. 完成轴与套筒用圆柱销 GB/T 119.1 10m6×40 连接的装配图。

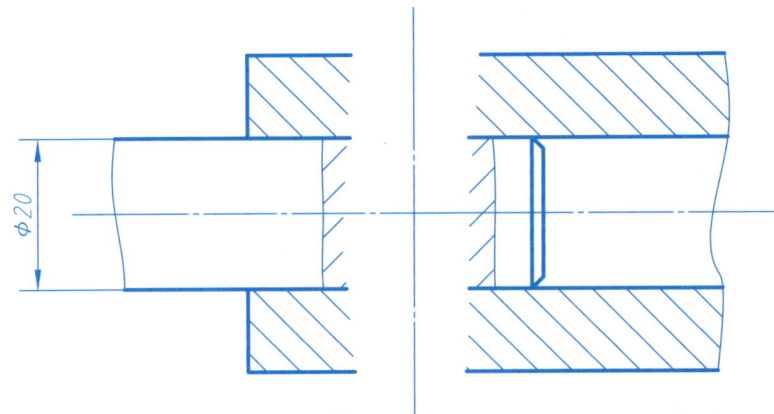

4. 用普通平键将 1、2 两题中的轴和带轮连接起来，画出键连接的装配图。

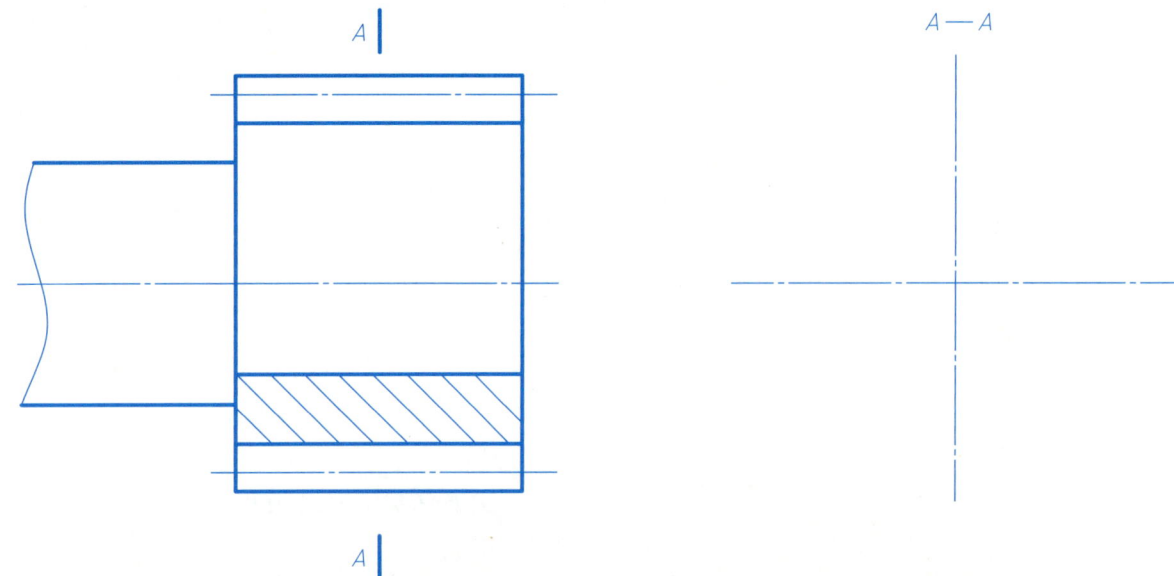

1. 已知两直齿圆柱齿轮啮合，大齿轮的模数 $m = 3$，齿数 $z_1 = 24$，小齿轮的齿数 $z_2 = 15$，计算两个齿轮的主要尺寸，并画全啮合图。

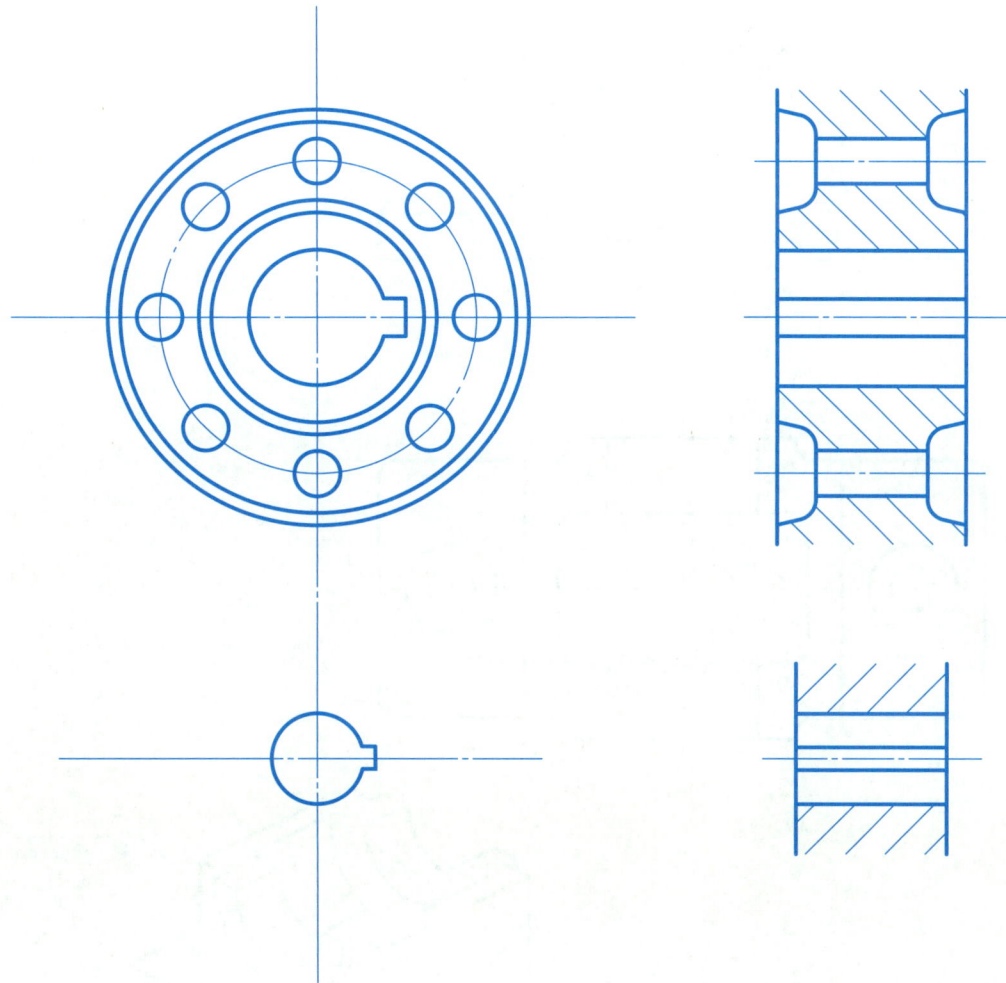

2. 已知轴端直径为 25mm，安装一个深沟球轴承，其代号为 6305，查表后用 1：1 的比例画出此滚动轴承。

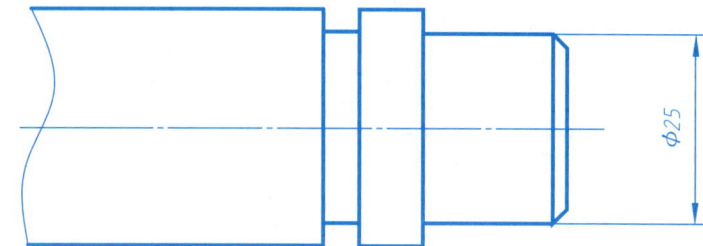

$\phi 25$

3. 圆柱螺旋压缩弹簧的中径 $D = 45$mm，簧丝直径 $d = 10$mm，自由高度 $H_0 = 130$mm，有效圈数 $n = 7.5$，支承圈数 $n_2 = 2.5$，右旋。用 1：1 的比例画出弹簧的全剖视图。

第 9 章　零件图

1. 找出表面粗糙度标注的错误，将正确的注法标注在下图中。

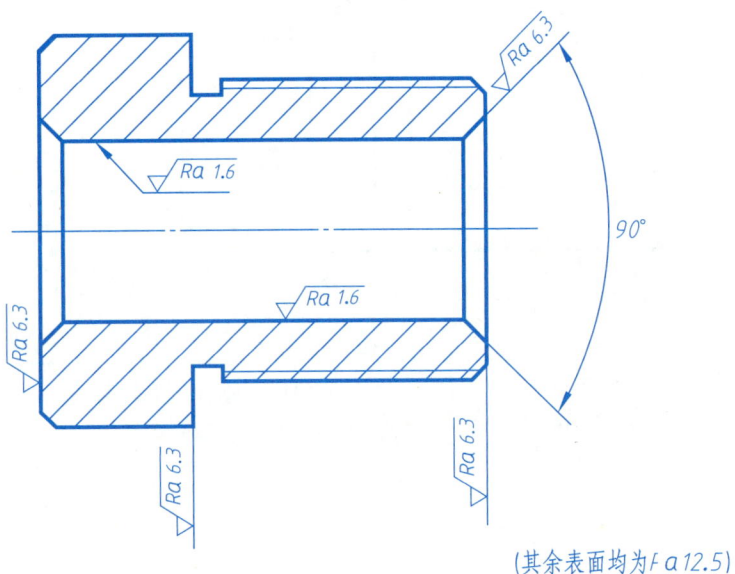

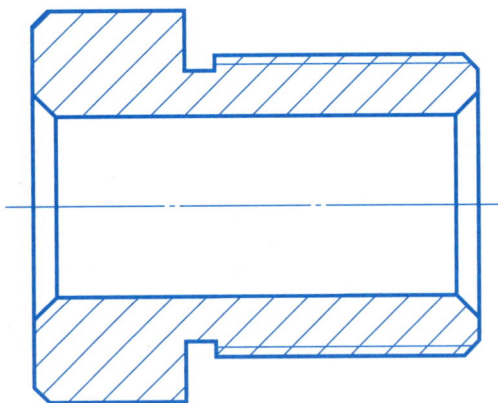

Ra 6.3

Ra 1.6

90°

Ra 1.6

Ra 6.3

Ra 6.3

Ra 6.3

（其余表面均为 Ra 12.5）

2. 根据所给定的轴承座的轴测图及各表面结构要求，将表面结构要求用代号标注到轴承座的主、俯视图中。

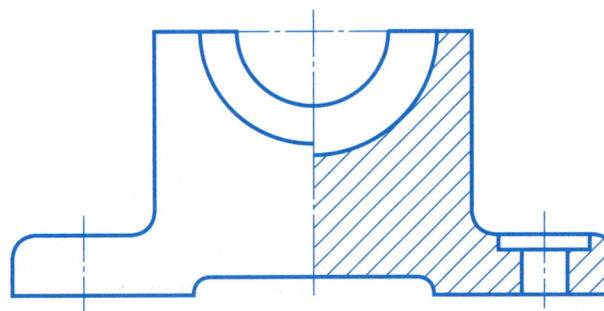

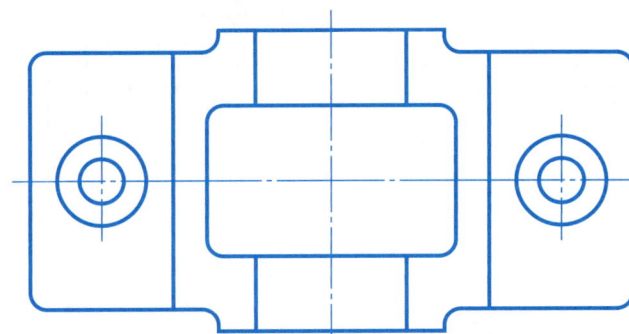

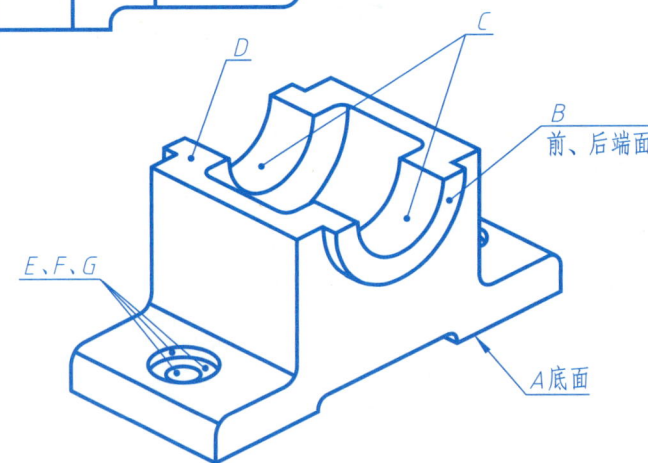

D

C

B
前、后端面

E、F、G

A底面

表　面	A、B	C	D	E、F、G	其余
表面结构要求	Ra 6.3	Ra 1.6	Ra 3.2	Ra 12.5	√

3. 分析下面的装配图，标注轴和孔的公称尺寸及上下极限偏差值，并填空。

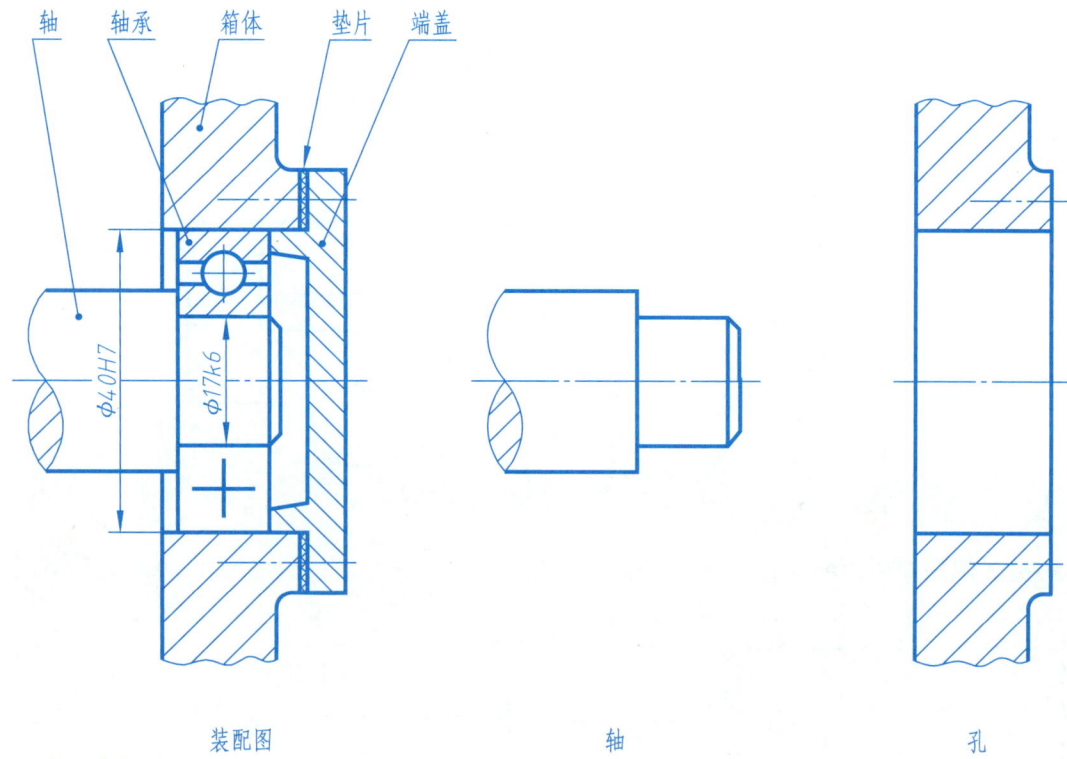

装配图　　　　　轴　　　　　孔

（1）滚动轴承与箱体座孔的配合为 ＿＿＿＿＿＿＿ 制，座孔的基本偏差代号为 ＿＿＿＿＿＿＿，公差等级为 ＿＿＿＿＿＿＿ 级。

（2）滚动轴承与轴的配合为 ＿＿＿＿＿＿＿ 制，轴的基本偏差代号为 ＿＿＿＿＿，公差等级为 ＿＿＿＿＿ 级。

4. 根据孔和轴的极限偏差，查表确定其配合代号，在装配图中注出，并填空。

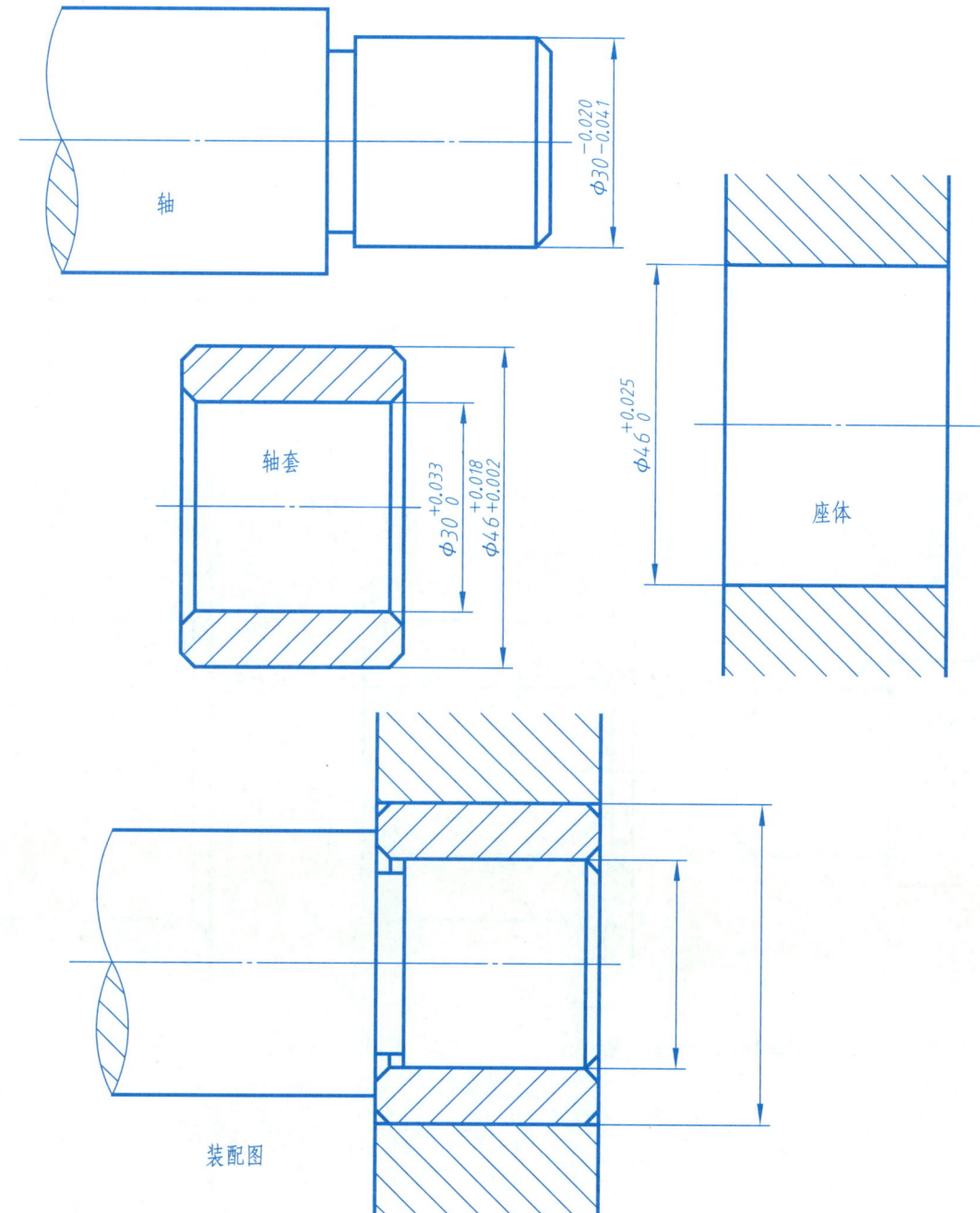

装配图

（1）轴与轴套，属于基 ＿＿＿＿＿ 制，＿＿＿＿＿ 配合。

（2）轴套与座体，属于基 ＿＿＿＿＿ 制，＿＿＿＿＿ 配合。

5. 某组件中零件间的配合尺寸如图所示。

（1）试说明配合尺寸 φ42H7/r6 的含义：

（a）φ42 表示_____；

（b）r 表示_____；

（c）公差带代号：孔_____，轴_____；

（d）此配合是_____制_____配合；

（e）6、7 表示_____。

$\phi42\dfrac{H7}{r6}$　　$\phi24\dfrac{H8}{g7}$

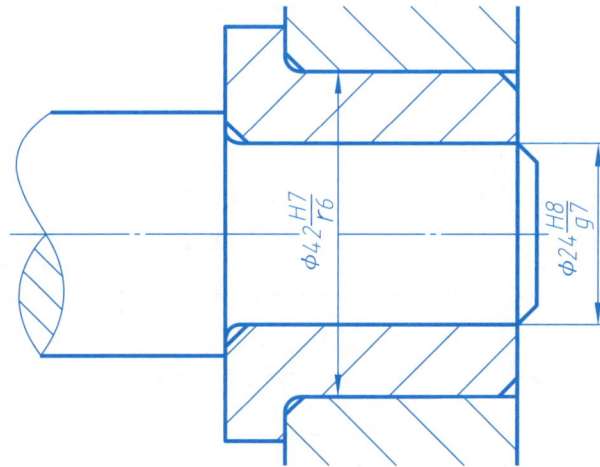

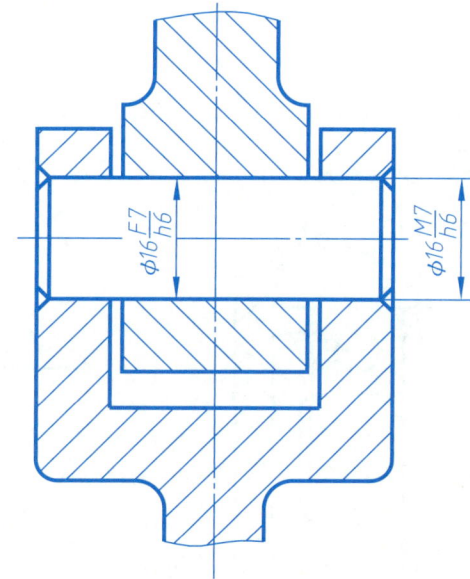

（2）根据装配图中所注的配合尺寸，分别在相应的零件图上注出公称尺寸和极限偏差值。

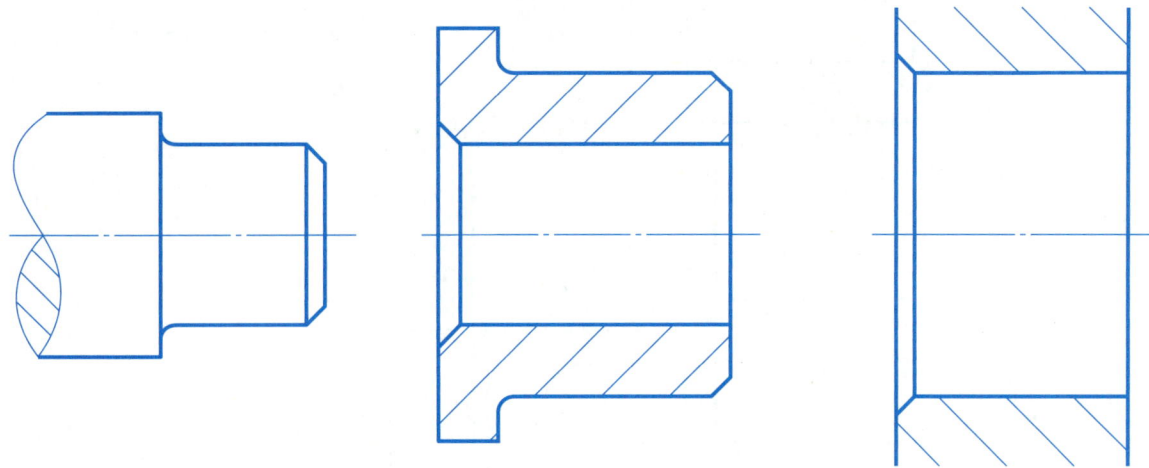

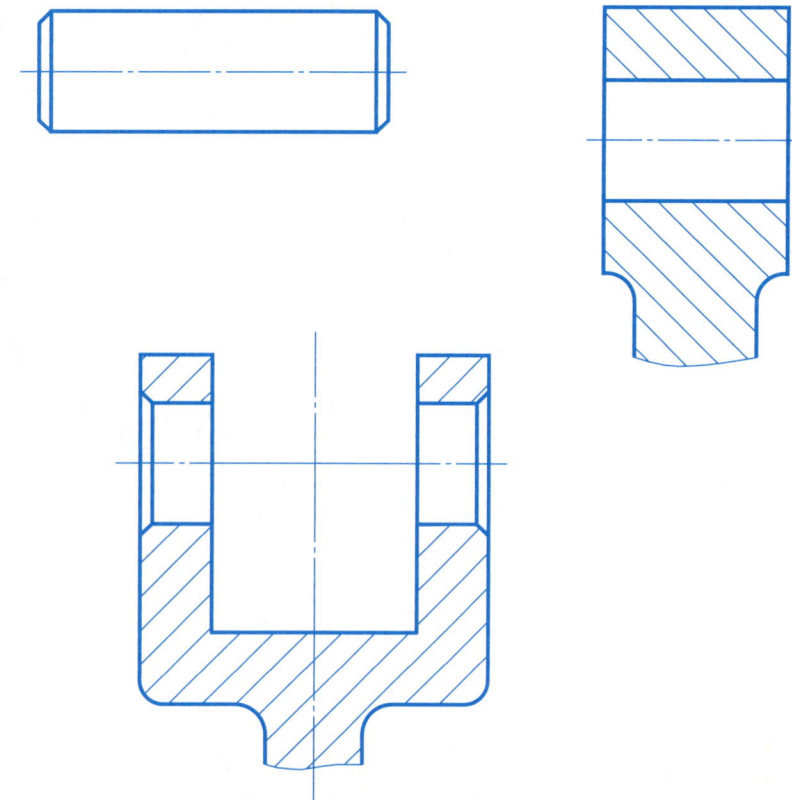

（3）画出配合尺寸 φ24H8/g7 的公差带图。　　（4）画出配合尺寸 φ42H7/r6 的公差带图。

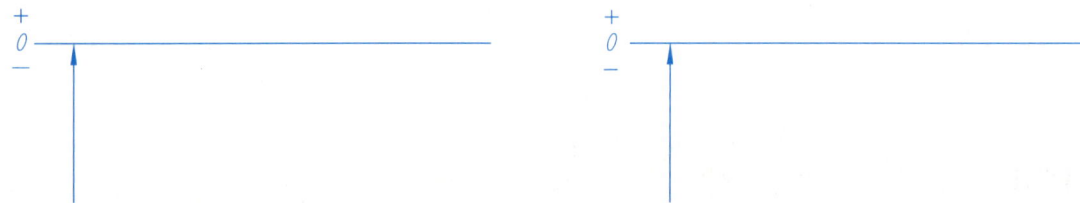

6. 某组件中零件间的配合尺寸如图所示。

（1）试说明配合尺寸 φ16M7/h6 的含义：

（a）φ16 表示_____；

（b）M 表示_____；

（c）公差带代号：孔_____，轴_____；

（d）此配合是_____制_____配合；

（e）6、7 表示_____。

$\phi16\dfrac{F7}{h6}$　　$\phi16\dfrac{M7}{h6}$

（2）根据装配图中所注的配合尺寸，分别在相应的零件图上注出公称尺寸和极限偏差值。

7. 解释图中几何公差标注的含义。

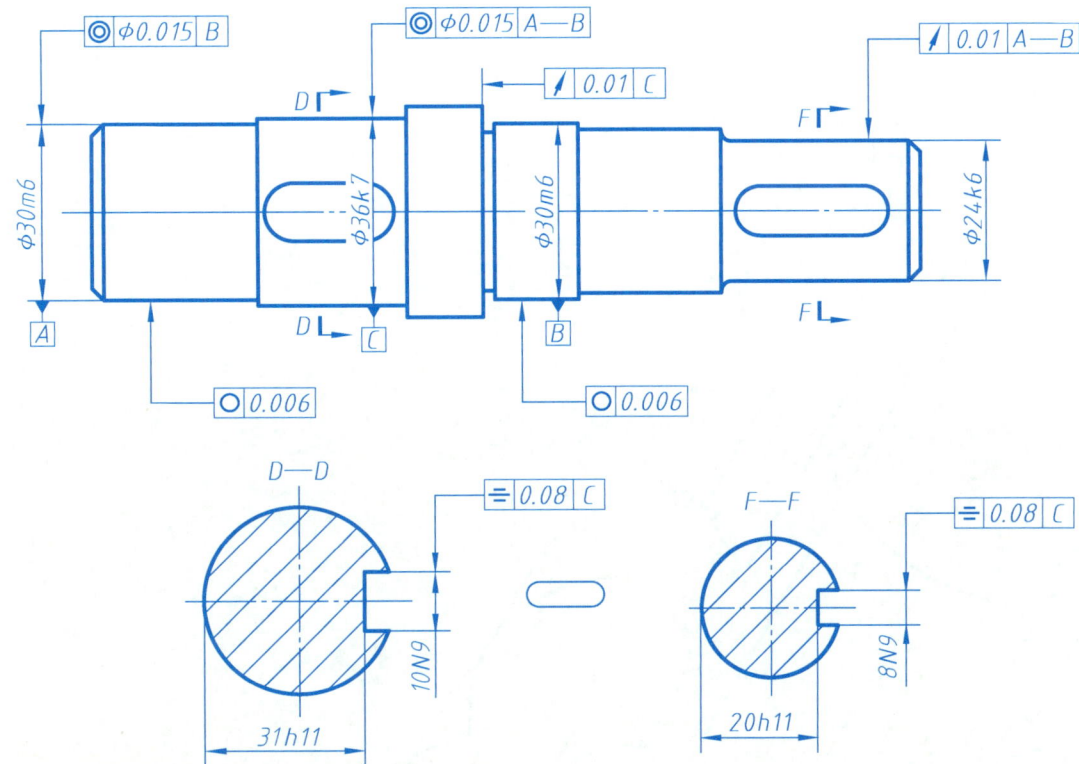

(1) ◎ ϕ0.015 B

(2) ◎ ϕ0.015 A—B

(3) ∕ 0.01 A—B

(4) ≡ 0.08 C

(5) ○ 0.006

8. 将下图中文字所述的几何公差要求以符号或代号的形式标注在相应的图形上。

(1)

ϕ32g6 的圆柱度公差为 0.01。

(2)

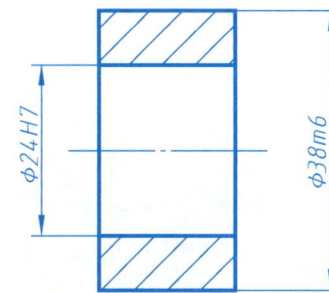

ϕ38m6 对 ϕ24H7 的同轴度公差为 ϕ0.025；
ϕ24H7 轴线对右端面的垂直度公差为 0.04。

(3)

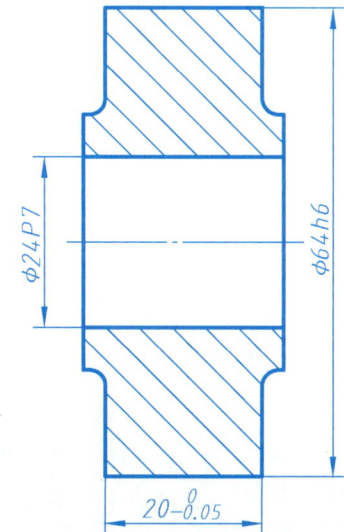

ϕ64h6 对 ϕ24P7 轴线的圆跳动公差为 0.015。

(4)

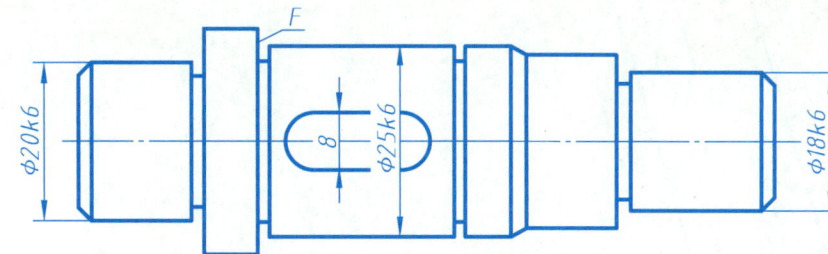

ϕ25k6 对 ϕ20k6 和 ϕ18k6 的同轴度公差为 ϕ0.025，端面 F 对
ϕ25k6 轴线的圆跳动公差为 0.04，键槽对 ϕ25k6 轴线的对称度公差为 0.01。

9-2 绘制零件图

根据所给零件的轴测图，绘制零件图，比例、图幅自定。

1. 主动轴。

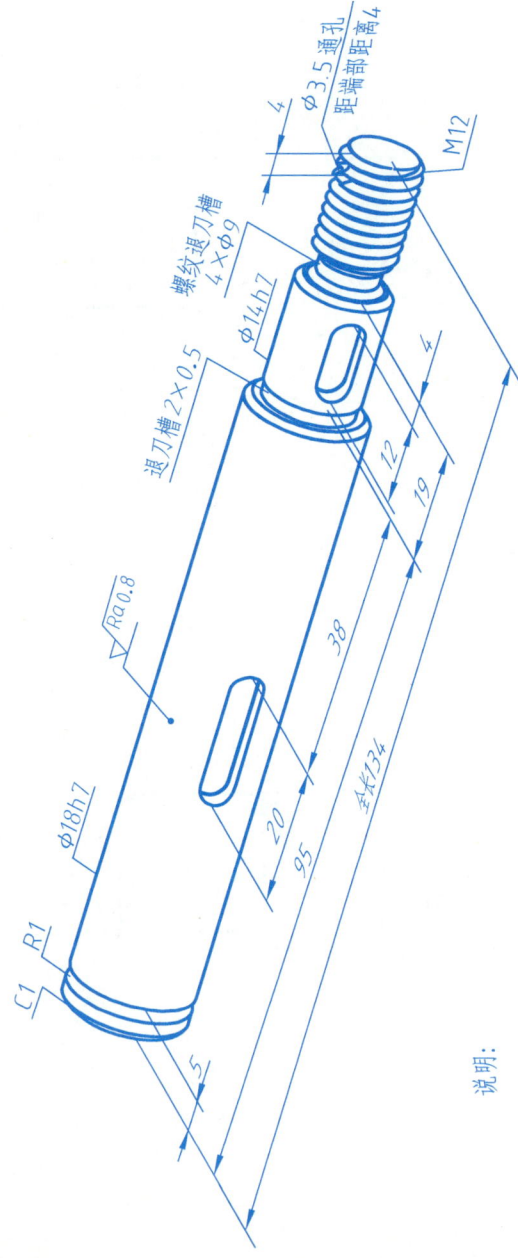

M12
4×φ9
螺纹退刀槽
φ3.5通孔
距端部距离4
退刀槽2×0.5
φ14h7
4
12
19
$\sqrt{Ra\,0.8}$
38
φ18h2
20
95
全长124
C1 R1
5

$\sqrt{Ra\,12.5}\,(\sqrt{\ })$

	比例	1:1
主动轴	材料	45
制图		
审核		

说明:

1. 该轴倒角有四处，尺寸C1; 键槽有两处，宽度5，深度3。
2. 键槽侧面表面粗糙度为Ra 3.2，底面Ra 6.3。
3. φ14h7轴径段表面粗糙度为Ra 1.6。

2. 端盖。

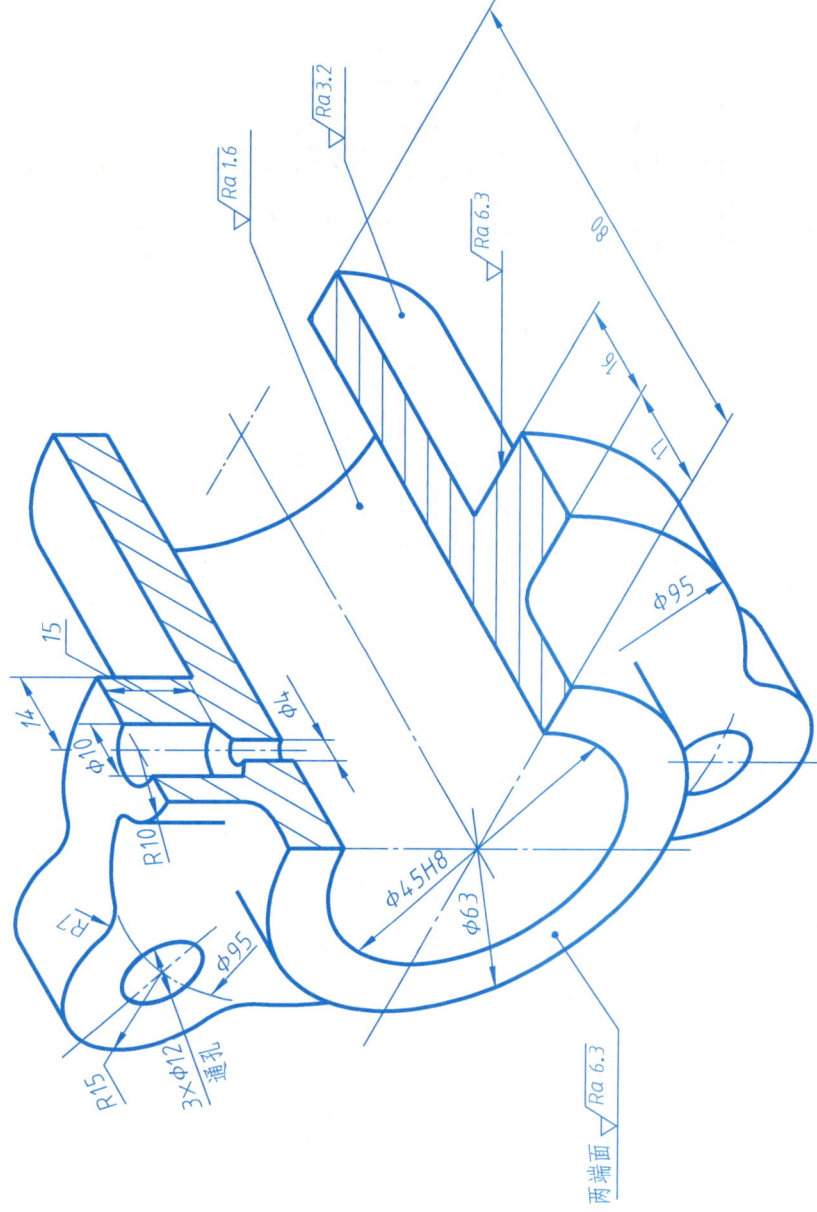

$\sqrt{Ra\,3.2}$
$\sqrt{Ra\,1.6}$
$\sqrt{Ra\,6.3}$
80
16
11
φ95
15
14
φ10
R10
φ4
R12
φ45H8
φ63
R15
3×φ12
通孔
φ95
两端面 $\sqrt{Ra\,6.3}$

$\sqrt{\ }(\sqrt{\ })$

	比例	1:1
端盖	材料	HT200
制图		
审核		

说明:

1. 其他孔的表面粗糙度为 Ra 12.5。
2. 铸件应经时效处理，未注铸造圆角R3~R4。

班级   学号   姓名

3. 支架。

R8　√Ra 6.3

76
52
36
20

√Ra 6.3
两端

Φ24H8 √Ra 6.3
通孔
Φ36

2×M8-7H
通孔

30°
22
C1
两端
36

10
36
10

Φ28H8 √Ra 3.2
Φ46

√Ra 12.5

110
32
16
Φ32

10
44
64
32

2×Φ6.6
Φ12×90°

√Ra 6.3
两端

C1
两端

技术要求
1. 未注铸造圆角R2～R3。
2. 铸件应经时效处理。
3. 倒角表面粗糙度为Ra 12.5。

√(√)

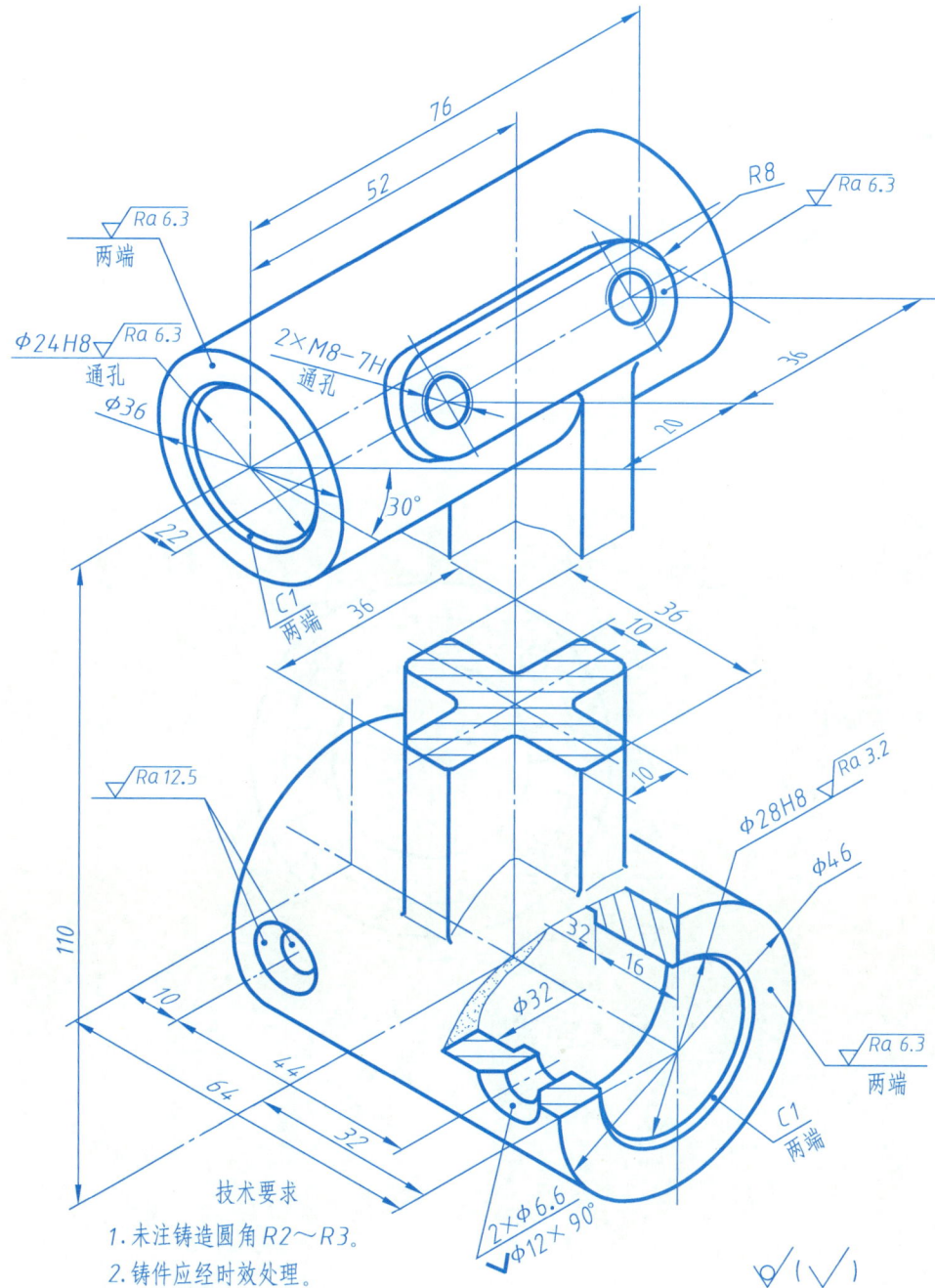

支架	比例	1:1
	材料	HT200
制图		
审核		

4. 壳体。

√Ra 6.3

70　2×Φ11
通孔

√Ra 12.5

58
50
Φ48
Φ28

68
54
27
11
16

90°弯管轴线
R30

R10

R7

弯管外径Φ40

√Ra 12.5

Φ48
M36×2-7H▼16

√Ra 6.3

Φ52　R7
3×M6▼12 √Ra 6.3
孔▼15 EQS

48
Φ32
Φ44
Φ64

4×Φ8 EQS

√Ra 12.5

Φ44
Φ58
Φ74

10
58

技术要求
1. 未注铸造圆角R2～R3。
2. 铸件应经时效处理。

√(√)

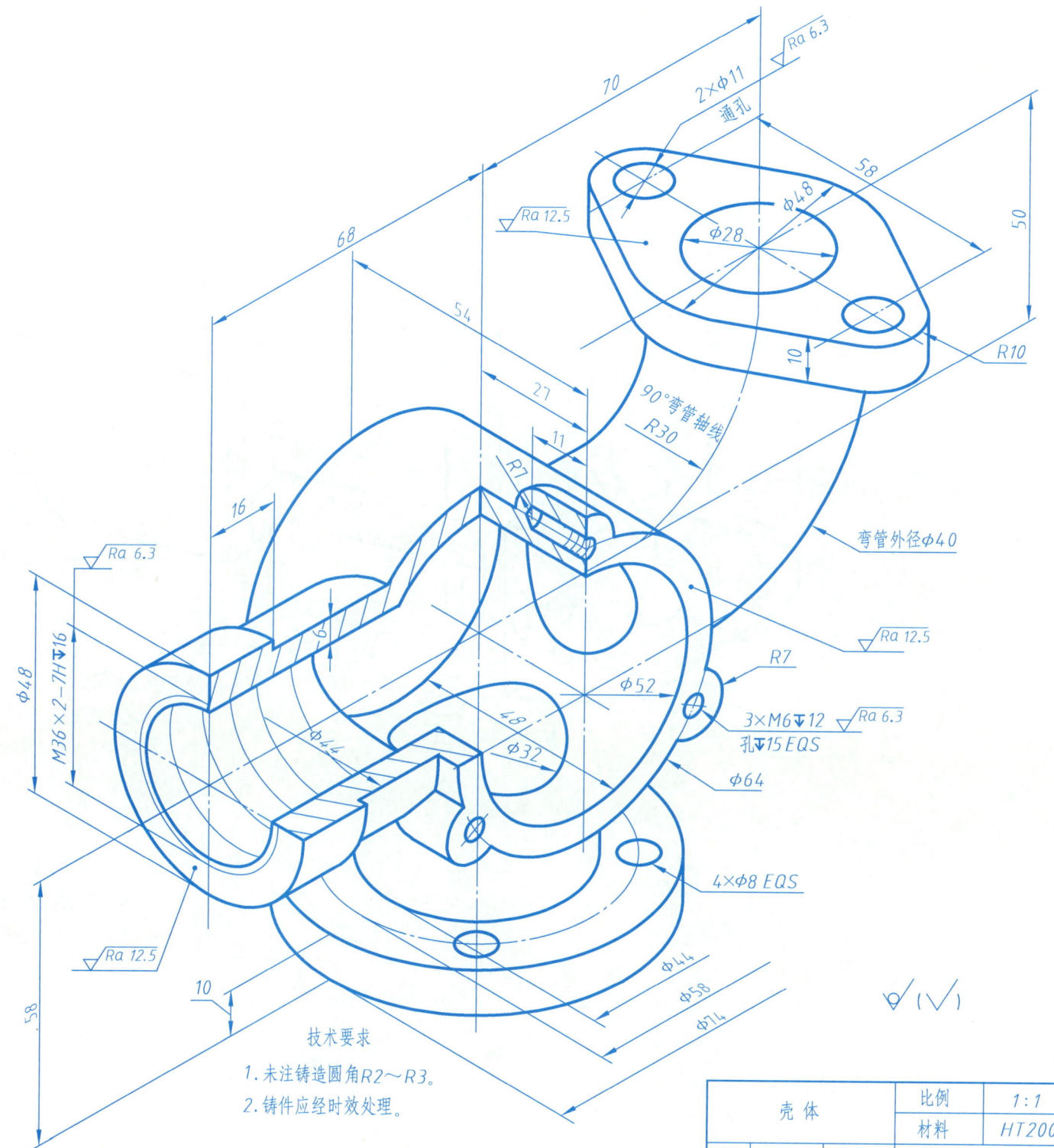

壳体	比例	1:1
	材料	HT200
制图		
审核		

5. 阀座。

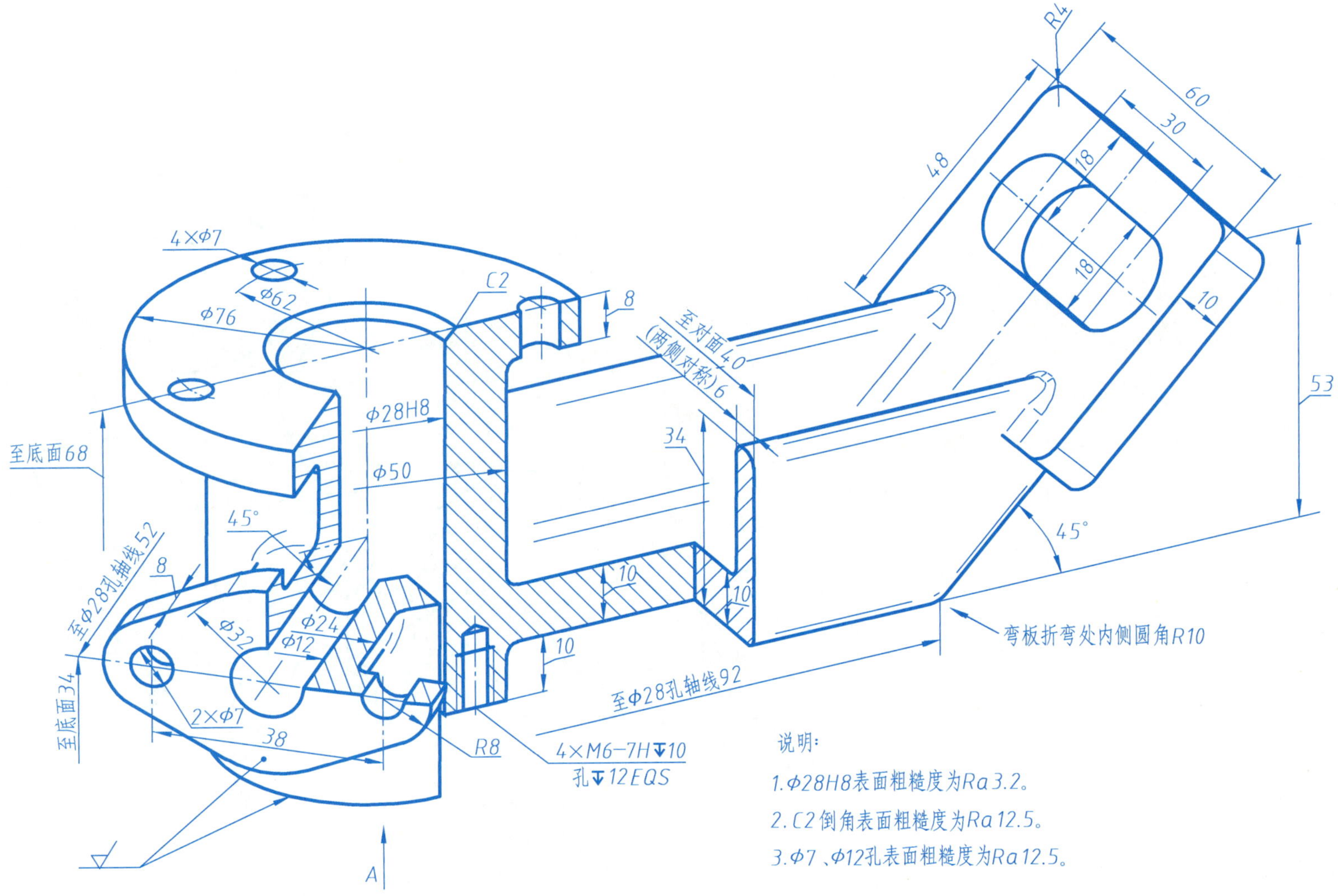

说明:

1. φ28H8表面粗糙度为Ra3.2。

2. C2倒角表面粗糙度为Ra12.5。

3. φ7、φ12孔表面粗糙度为Ra12.5。

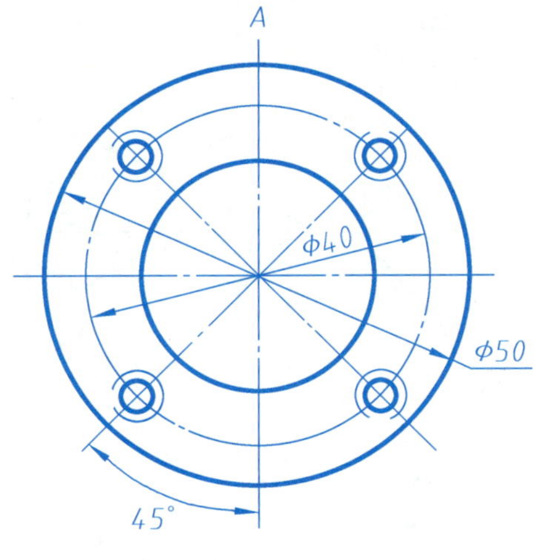

注意:A向视图不允许照搬。

技术要求

1. 未注铸造圆角R2～R3。

2. 铸件应经时效处理。

$\sqrt{} = \sqrt{Ra\,6.3}$

$\sqrt{}(\sqrt{})$

阀　座	比例	1:1
	材料	HT200
制图		
审核		

6. 壳体。

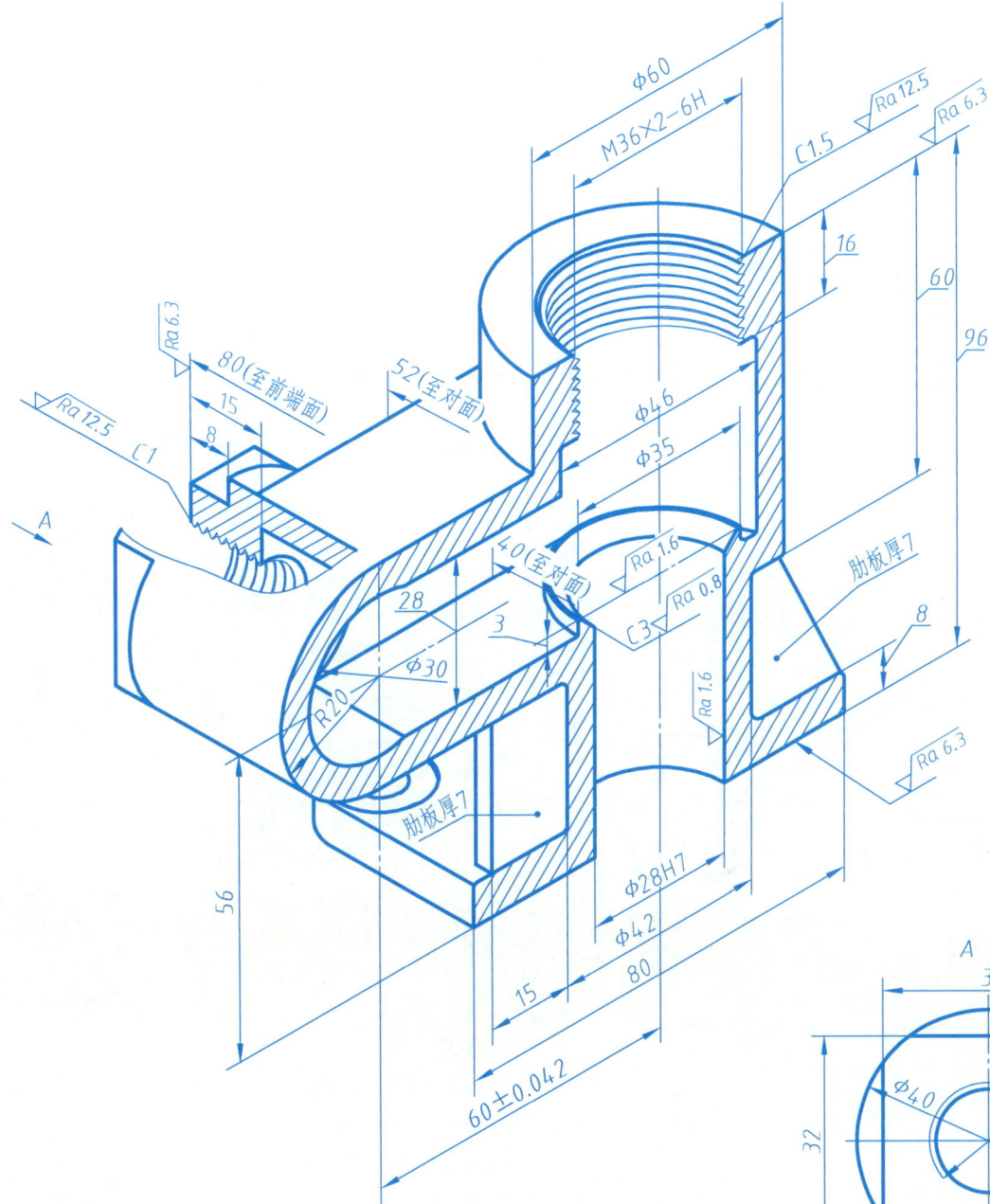

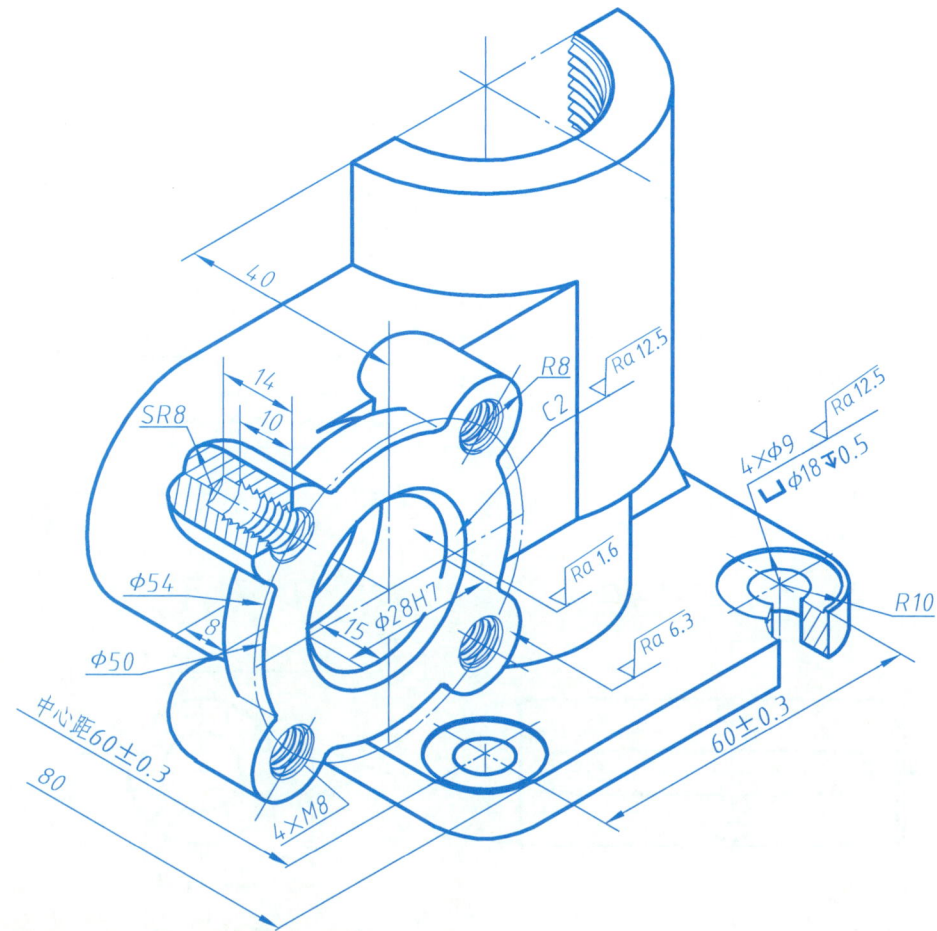

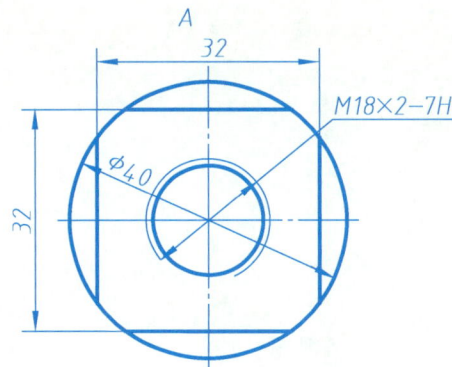

技术要求

1. 铸件时效处理。

2. 未注铸造圆角半径R2。

壳 体	比例	1:1
	材料	HT200
制图		
审核		

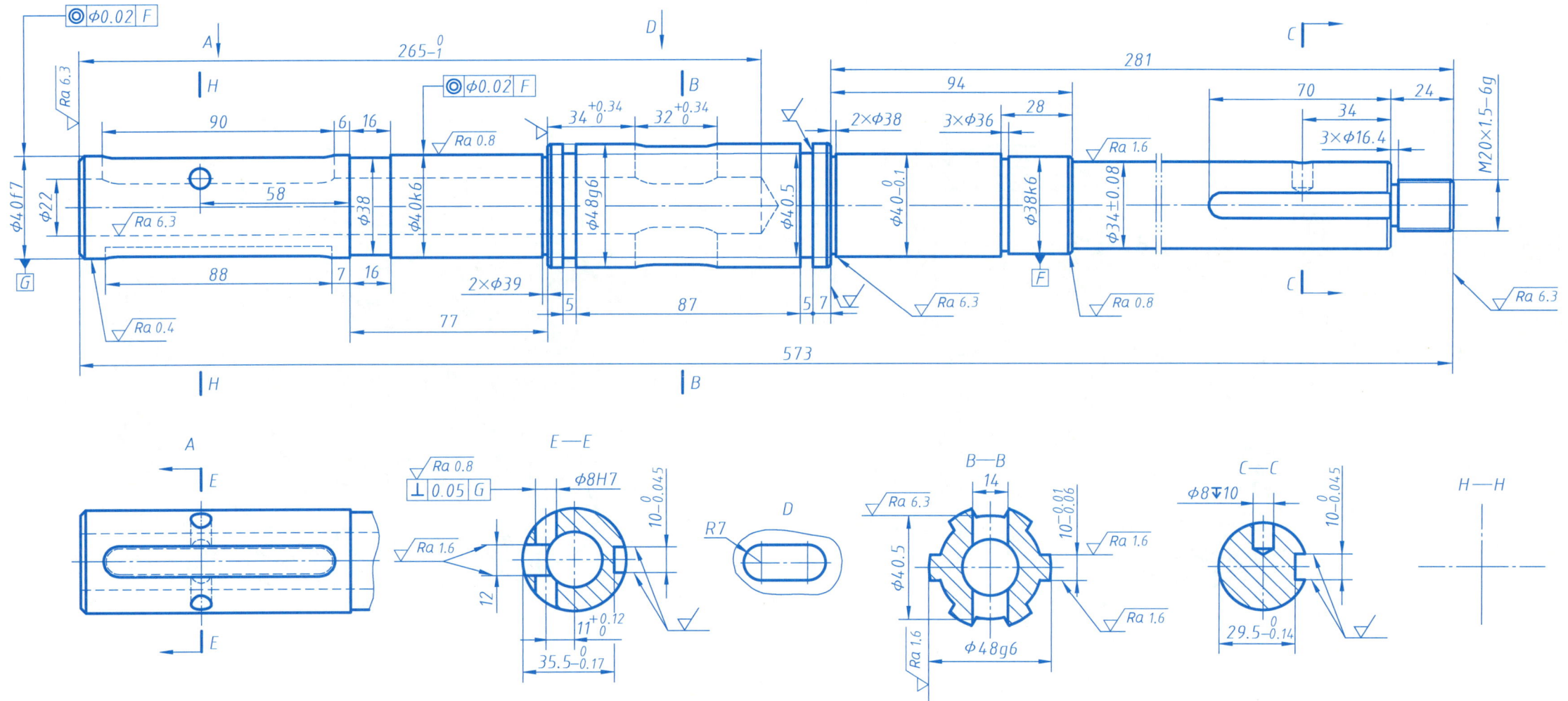

1. 分析看懂进力轴的零件图，想象出形状，并回答下列问题。

技术要求

1. 键槽对零件轴心线的平行度误差在长100mm上不大于0.03。
2. 花键对零件轴心线的平行度误差在花键长度上不大于0.03。
3. 花键间距离的位置度误差不大于0.03。
4. 调质处理，224～250HBW。
5. 去毛刺。
6. 未注倒角为C1。

（1）该零件用了_____图形表达，其中 A 向视图是_____视图，B—B 是_____视图，E—E 是_____视图。
（2）φ8H7 孔的定位尺寸是_____，其表面粗糙度的 Ra 值是_____。
（3）尺寸 φ38k6 中，k 为_____代号，6 为_____，其最大极限尺寸为_____（需查表确定）。
（4）倒角处的表面粗糙度的 Ra 值是_____。
（5）解释 M20×1.5-6g 的含义。
（6）在指定位置画出 H—H 的移出断面图。

进力轴　比例 1:2　材料 45

制图　审核

9-3 典型零件的读图（续）

2. 分析看懂支架的零件图，想象出形状，并答下列问题。

（1）零件的 I 、II 面的表面粗糙度分别为 _____、_____ 。

（2）尺寸 $\phi 27^{+0.021}_{0}$ 孔的公称尺寸是 _____，上极限偏差是 _____ ，下极限偏差是 _____ 。

（3）尺寸 $\phi 15^{+0.018}_{0}$ 孔的端部倒角是 _____ 。

（4）解释 M42×2-6H 的含义：_____ 。

（5）在图中用文字和指引线标出长、宽、高三个方向的主要尺寸基准。

（6）在指定位置画出 A—A 剖视图。

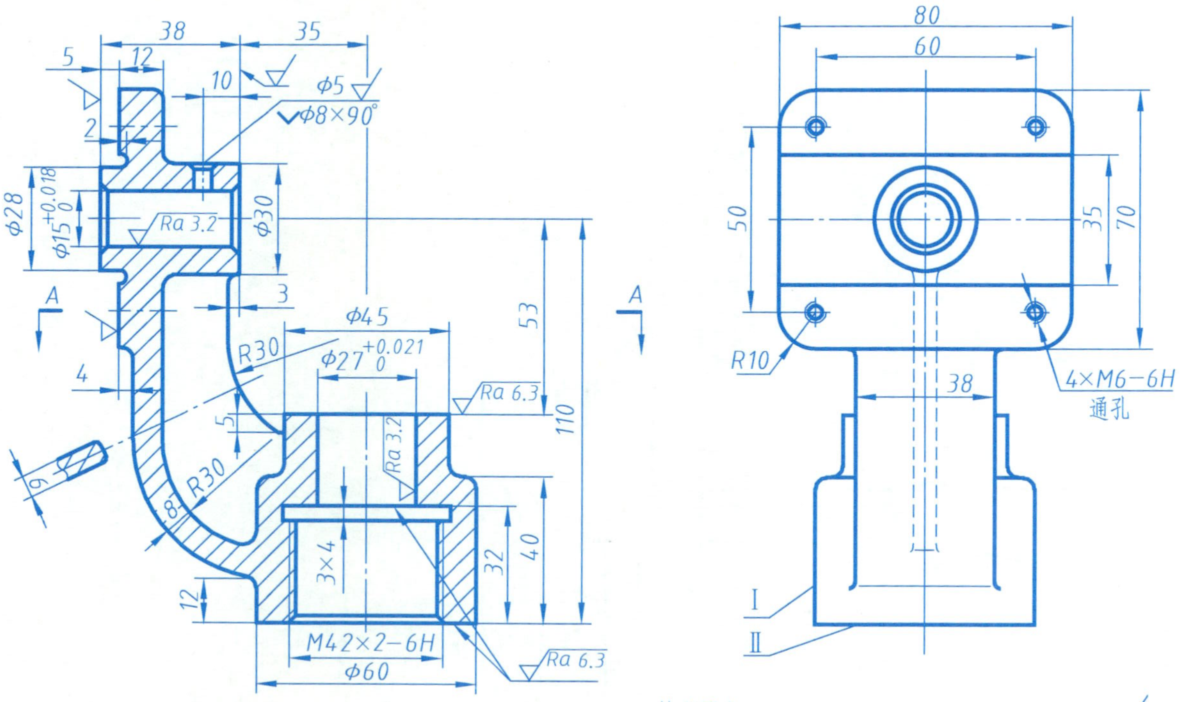

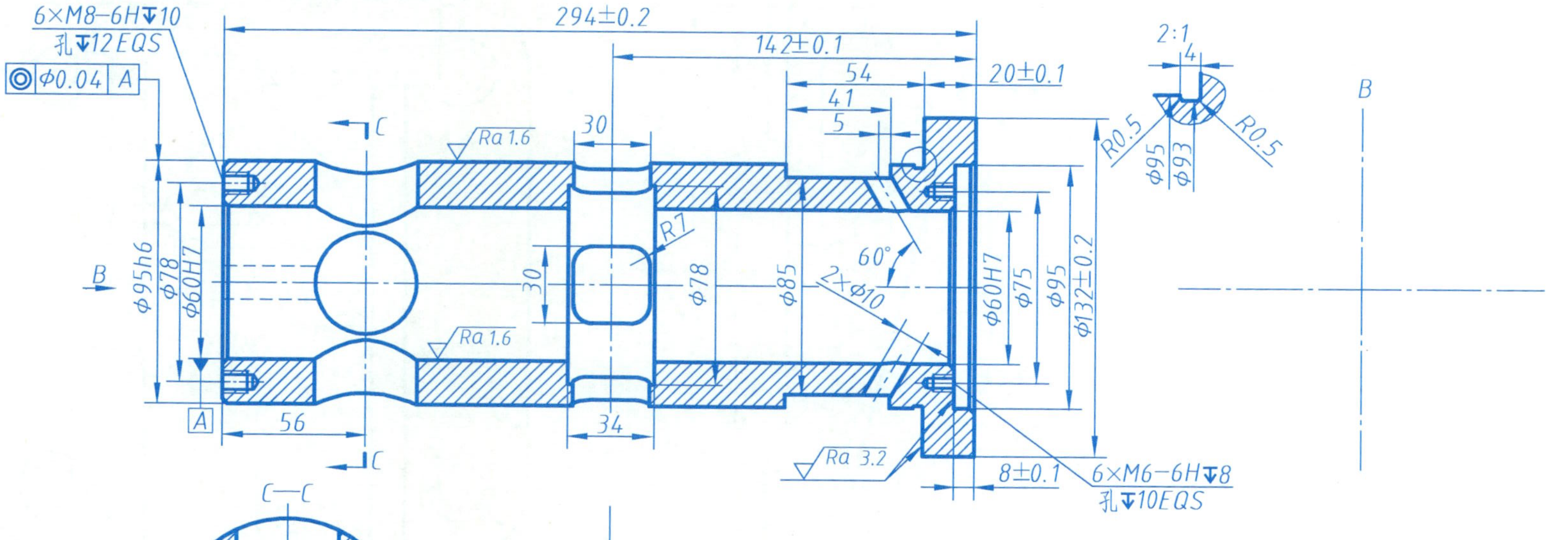

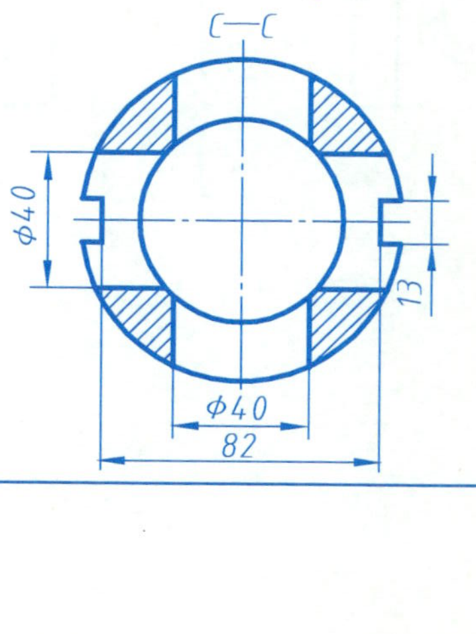

$\sqrt{} = \sqrt{Ra\ 12.5}$

$\sqrt[\infty]{} (\sqrt{})$

技术要求

1.未注圆角 R1～R5。

2.未注倒角 C2。

3.铸件不得有砂眼、缩孔、裂纹等缺陷。

	比例	1:1
	材料	HT200
制图		
审核		支架

$A—A$

$\sqrt{Ra\ 12.5}\ (\sqrt{})$

A—A

---

3. 分析看懂套筒的零件图，想象出形状，并答下列问题。

（1）$\phi 95h6$ 的含义是什么？是什么配合制？

（2）解释 6×M6-6H▽8 的含义：_____ 。

（3）说明符号 ◎ $\phi 0.04$ A 的含义：_____ 。

（4）在图中用文字和指引线标出长、宽、高三个方向的主要尺寸基准。

（5）在指定位置画出 B 向视图和移出断面图。

（6）创建该零件的三维模型。

$\sqrt{Ra\ 12.5}\ (\sqrt{})$

	比例	1:1
	材料	45
制图		
审核		套筒

技术要求

1.锐边倒钝，未注倒角 C2。

2.全部螺孔均有倒角 C1。

4. 分析看懂支架的零件图，想象出形状，并回答下列问题。

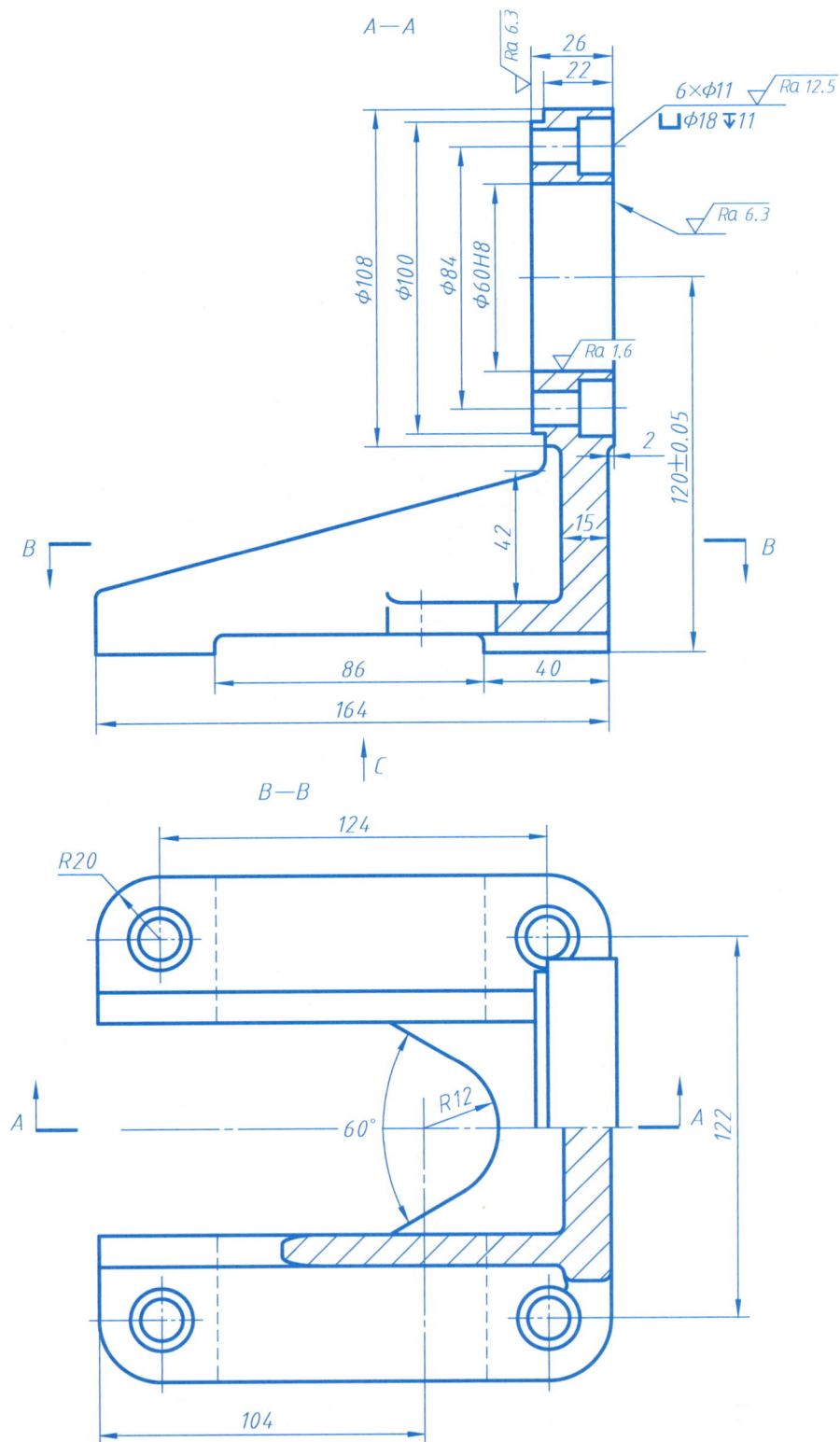

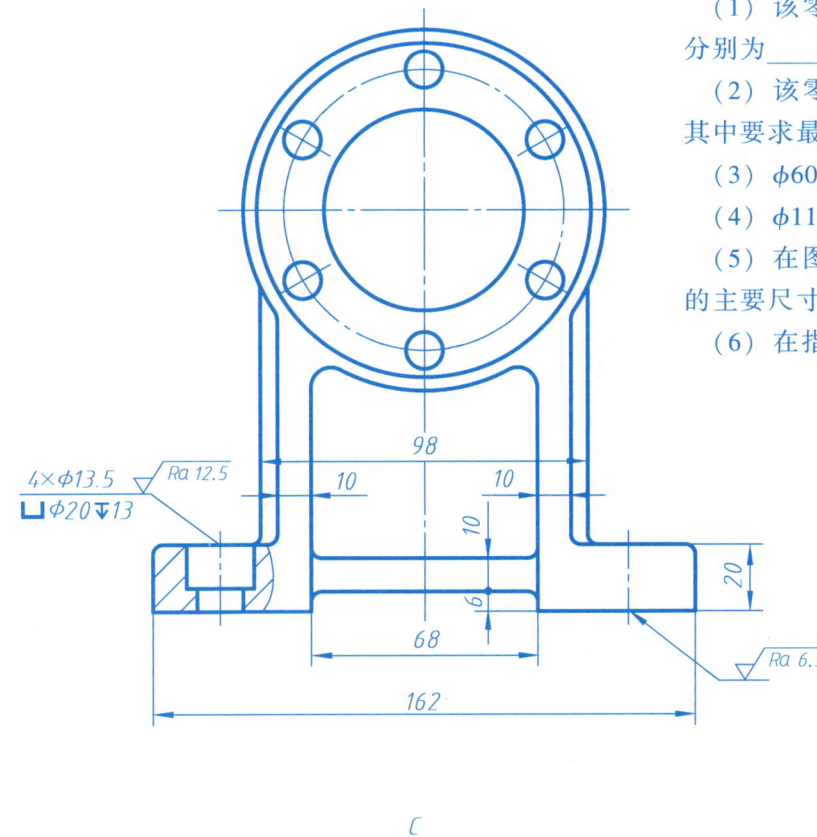

A—A

Ra 6.3

26
22

6×φ11　Ra 12.5
□φ18 ▽11

Ra 6.3

φ108
φ100
φ84
φ60H8

Ra 1.6

2

120±0.05

4.2

15

86　40

164

B
B

C

B—B

124

R20

R12

60°

A　　A

122

104

（1）该零件采用了_____个图形表达其形状结构，分别为_____、_____、_____。

（2）该零件的表面结构用了_____种不同的要求，其中要求最高的表面粗糙度 Ra 值为_____。

（3）φ60H8 孔的精度等级为_____。

（4）φ11 孔共有_____个，其定位尺寸为_____。

（5）在图中用文字和指引线标出长、宽、高三个方向的主要尺寸基准。

（6）在指定位置画出 C 向视图。

4×φ13.5　Ra 12.5
□φ20 ▽13

98
10　10

10
6

68

162

20

Ra 6.3

C

C

技术要求

1. 未注圆角R3～R5。
2. 铸件不得有气孔、裂纹等缺陷。
3. 时效处理。

▽ (▽)

	支架		比例	1:2
			材料	HT200
制图				
审核				

5. 分析看懂轴座的零件图，想象出形状，并回答下列问题。

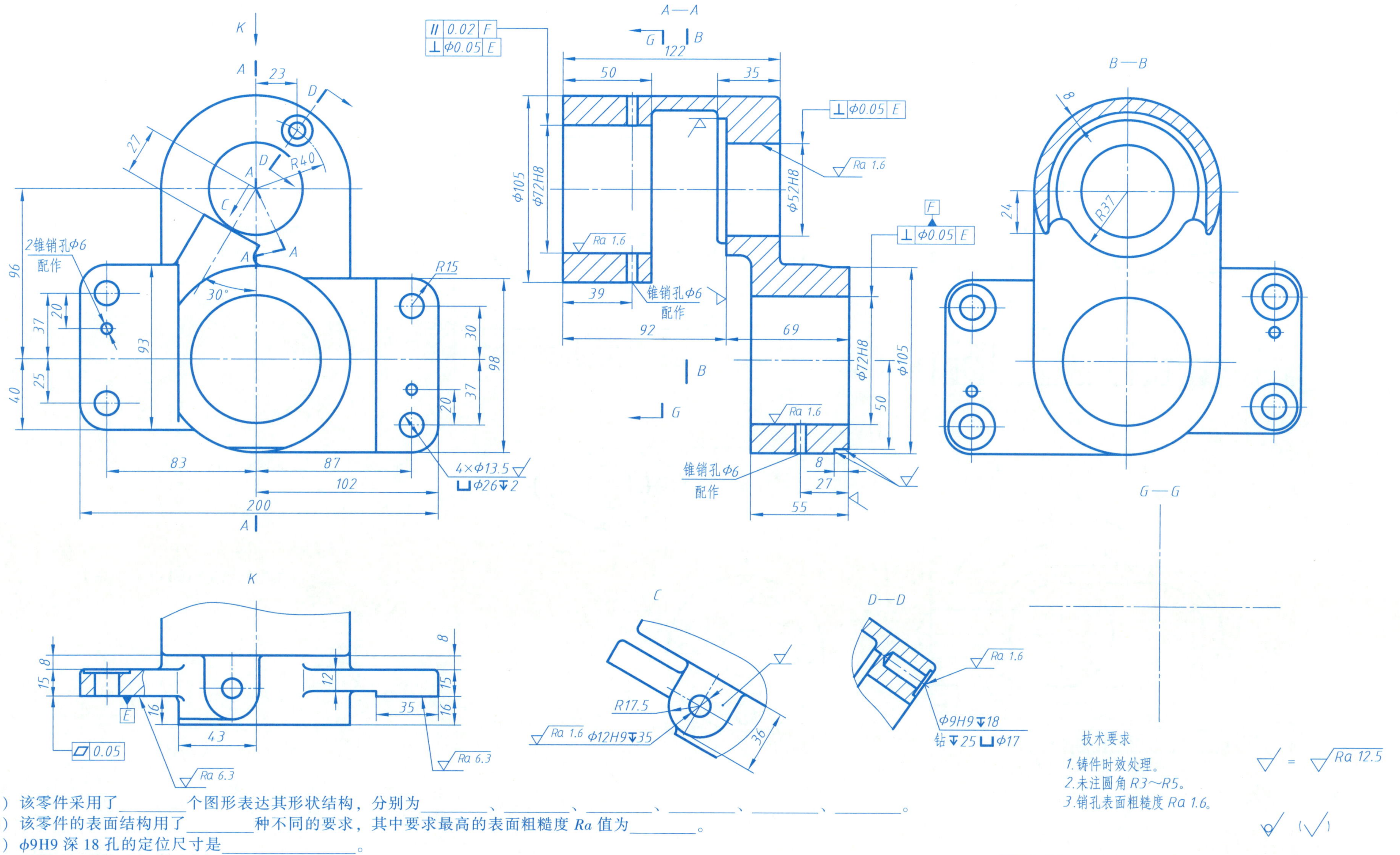

K

A ↓23 D

27

R40

A D

C

A

2锥销孔φ6
配作

30°

R15

96

37 20

93

40 25

83 87

102

200

A

∥ 0.02 F
⊥ φ0.05 E

A—A

G 122 B

50 35

⊥ φ0.05 E

φ105 φ72H8

φ52H8

Ra 1.6

Ra 1.6

F

⊥ φ0.05 E

39 锥销孔φ6
配作

92 69

B

φ72H8 φ105

B

G

Ra 1.6

锥销孔φ6
配作

8

27

55

50

B—B

8

R37

24

G—G

4×φ13.5
⊔φ26▽2

30

98

37

20

K

8

15 8

16

E

□ 0.05

43

Ra 6.3

12

35

16 15

Ra 6.3

C

R17.5

Ra 1.6 φ12H9▽35

36

D—D

Ra 1.6

φ9H9▽18
钻▽25⊔φ17

技术要求

∇ = ∇Ra 12.5

1.铸件时效处理。
2.未注圆角 R3～R5。
3.销孔表面粗糙度 Ra 1.6。

∇ (∇)

（1）该零件采用了_____个图形表达其形状结构，分别为_____、_____、_____、_____、_____。
（2）该零件的表面结构用了_____种不同的要求，其中要求最高的表面粗糙度 Ra 值为_____。
（3）φ9H9 深 18 孔的定位尺寸是_____。
（4）φ6 锥销孔共有_____个。φ6 是指大端尺寸（ ）小端尺寸（ ）。
（5）解释图中所标注的几何公差的代号及其意义。
（6）在图中用文字和指引线标出长、宽、高三个方向的主要尺寸基准。
（7）在指定位置画出 G—G 剖视图。

轴座		比例	1:2
		材料	HT200
制图			
审核			

6. 分析看懂底座的零件图，想象出形状，并回答下列问题。

（1）在指定位置画出左视图的外形。（2）分析图中长、宽、高三个方向的主要尺寸基准。（3）补全视图中所缺的尺寸。（4）该零件表面粗糙度有_____种要求，它们分别是：_____。

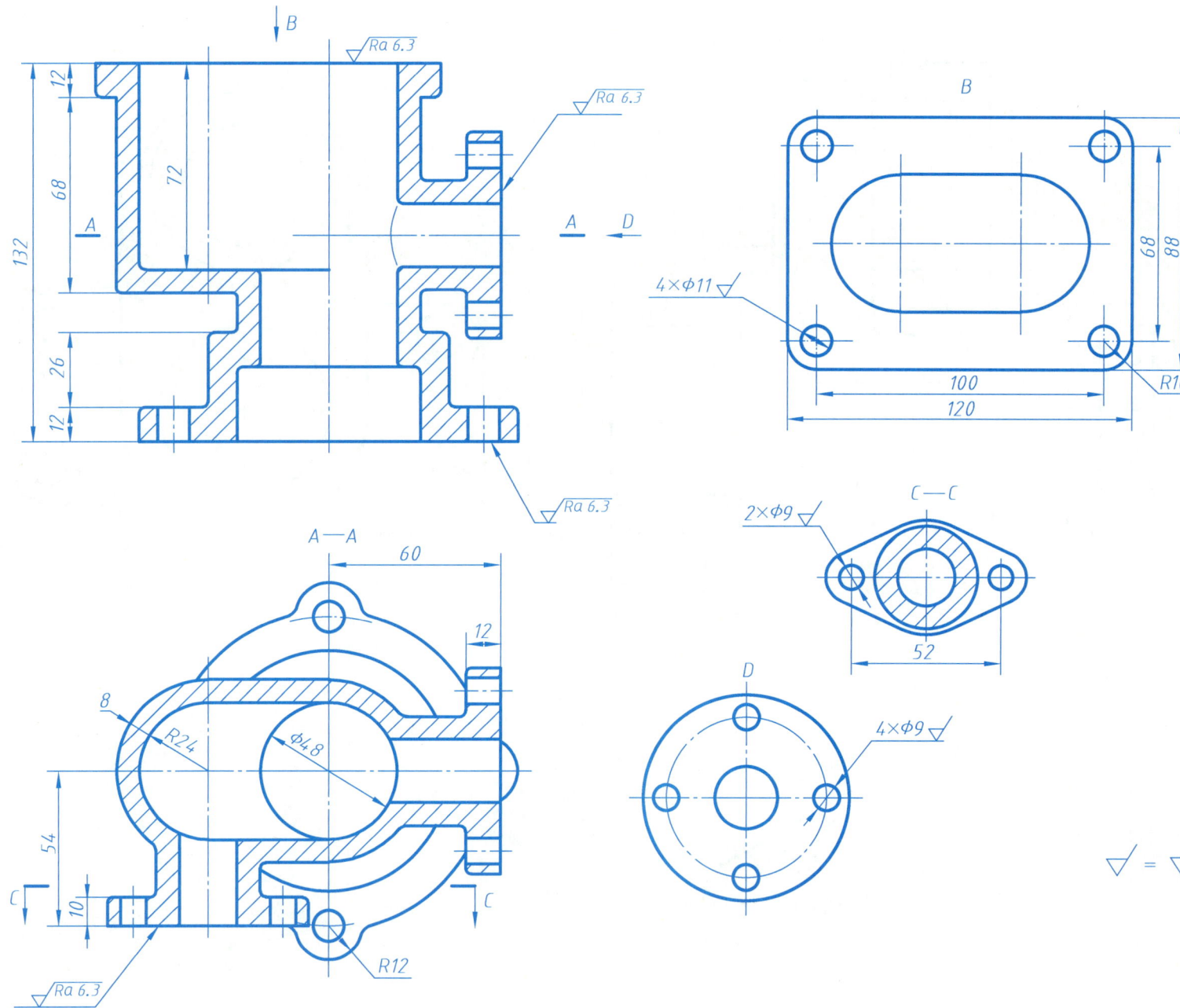

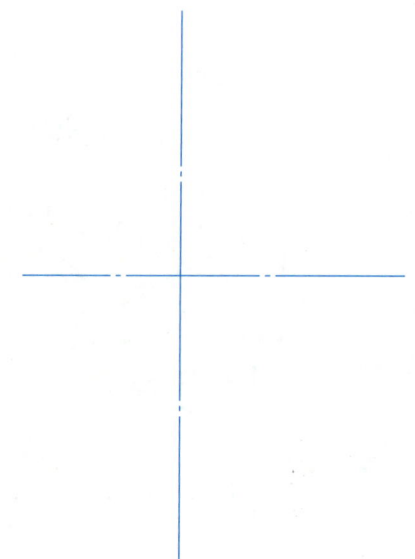

（5）创建该零件的三维模型。

技术要求

1. 未注圆角R2～R3。

2. 铸件不得有气孔、裂纹等缺陷。

$\sqrt{} = \sqrt{Ra\,12.5}$

	底座	比例	1:2
		材料	HT200
制图			
审核			

7. 分析看懂涡轮壳的零件图，想象出形状，并回答下列问题。

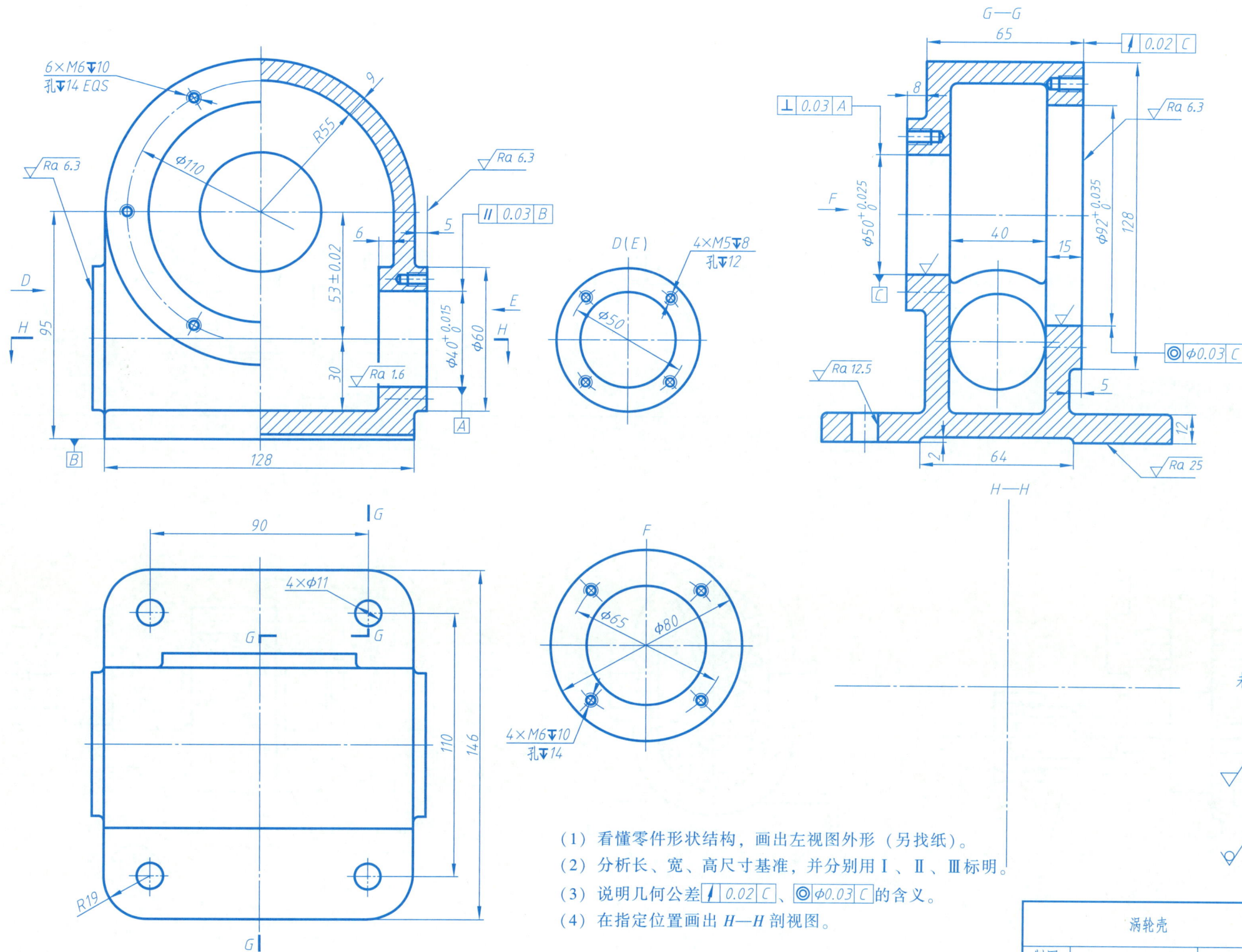

G—G
65
| 0.02 | C
8
⊥ 0.03 A
$\phi 50^{+0.025}_{0}$
40
15
$\phi 92^{+0.035}_{0}$
128
Ra 6.3
F
C
◎ $\phi 0.03$ C
Ra 12.5
2
64
12
Ra 25

6×M6▽10
孔▽14 EQS
Ra 6.3
R55
$\phi 110$
II 0.03 B
6
5
Ra 6.3
D
53±0.02
H
95
30
Ra 1.6
$\phi 40^{+0.015}_{0}$
$\phi 60$
E
H
A
B
128

D(E)
$\phi 50$
4×M5▽8
孔▽12

H—H

90
G
4×$\phi 11$
G
G
110
146

F
$\phi 65$　$\phi 80$
4×M6▽10
孔▽14

R19
G

技术要求
未注铸造圆角R2～R5。

$\triangledown = \sqrt{Ra\ 3.2}$

$\sqrt{\ }(\ \sqrt{\ }\ )$

(1) 看懂零件形状结构，画出左视图外形（另找纸）。
(2) 分析长、宽、高尺寸基准，并分别用 I 、II 、III标明。
(3) 说明几何公差 | 0.02 | C 、◎ $\phi 0.03$ C 的含义。
(4) 在指定位置画出 H—H 剖视图。

涡轮壳		比例	1:1
		材料	HT200
制图			
审核			

第 10 章　装配图

10-1　由零件图画装配图	班级	学号	姓名

1. 参考齿轮油泵示意图和说明，读给出的零件图，画出齿轮油泵的装配图（A3 图纸，自选表达方案）。

齿轮油泵依靠一对齿轮的啮合传动使油升压，并将油输送到低压出口，是液压系统中常见的一种能量转换装置。

结构说明：泵体 4 内有两个齿轮轴，动力从主动齿轮轴 7 输入，带动从动齿轮轴 3 一起旋转，旋转方向如图示。转动时齿轮啮合区的左侧形成局部真空，压力降低将油吸入泵中，齿轮继续转动，吸入的油沿泵体内壁被输送到啮合区的右侧，压力升高，从而把油压出泵体。

为了防止漏油，泵体和泵盖结合处有密封垫片 2（橡胶），主动轴齿轮外伸端有填料 6（聚四氟乙烯盘根）、填料压盖 10 和压紧螺母 5 组成的防漏装置。

齿轮油泵的技术要求如下：
（1）装配后应当转动灵活，无卡阻现象。
（2）装配后未加工表面涂绿色油漆。

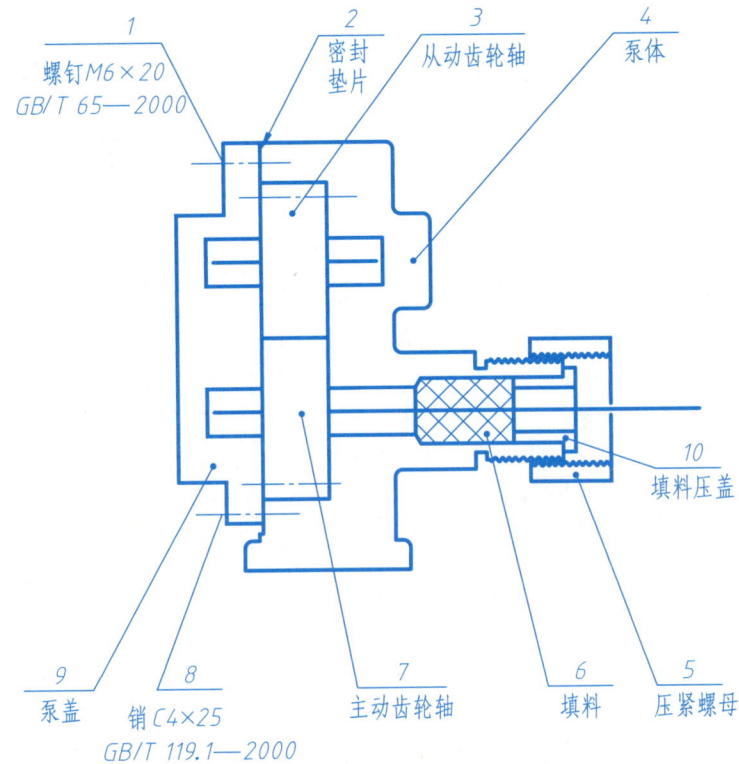

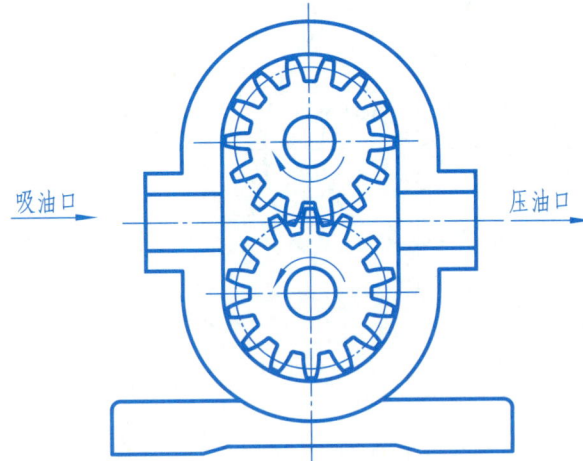

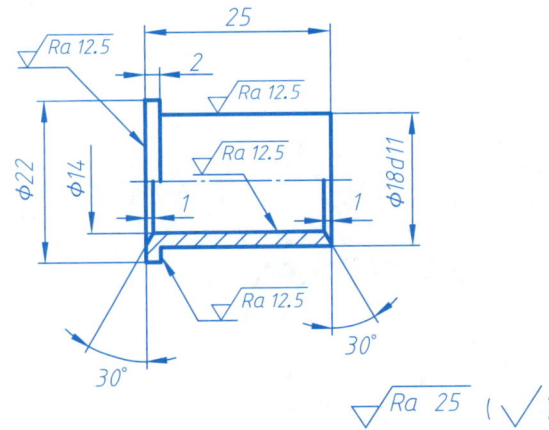

名称	填料压盖	数量	1	材料	Q235A

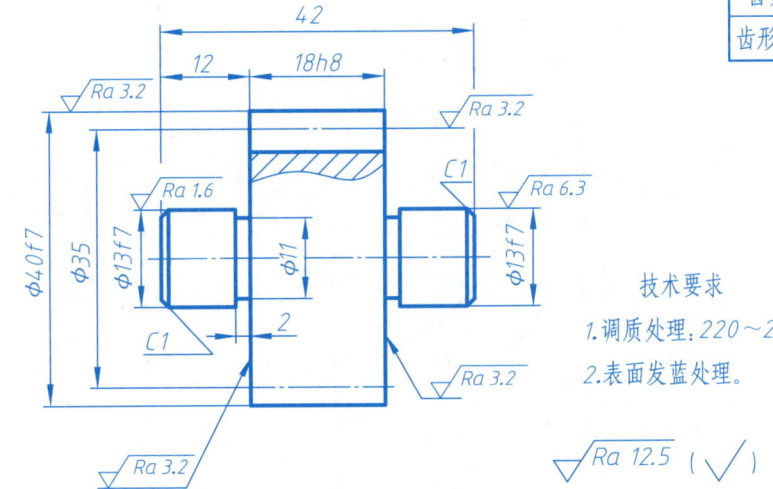

模数	2.5
齿数	14
齿形角	20°

技术要求
1.调质处理：220~250HBW。
2.表面发蓝处理。

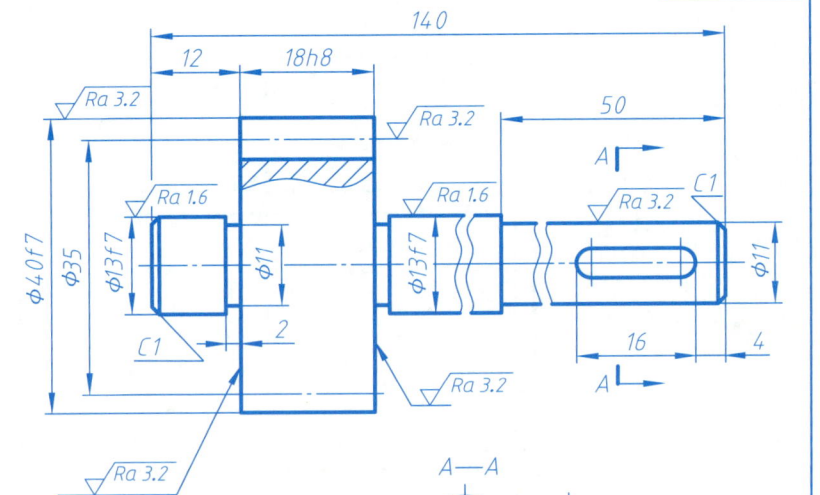

名称	从动齿轮轴	数量	1	材料	45

模数	2.5
齿数	14
压力角	20°

1 螺钉M6×20 GB/T 65—2000
2 密封垫片
3 从动齿轮轴
4 泵体
10 填料压盖
9 泵盖
8 销C4×25 GB/T 119.1—2000
7 主动齿轮轴
6 填料
5 压紧螺母

吸油口　　压油口

技术要求
1.调质处理：220~250HBW。
2.表面发蓝处理。

名称	主动齿轮轴	数量	1	材料	45

85
36
10
16
6×M6-7H
Ra 1.6
15
φ13H7
Ra 3.2
9
φ26
Ra 25
3×2
Ra 12.5
φ13H7
Ra 1.6
42
Ra 6.3
18H8
M27×1.5-7h
φ32
φ18H11
61.5
Ra 1.6
1
27
4
45

A

23
45

A

66
50
45°
R8
2×φ4▽15
配作
R29
G 1/4
G 1/4
Ra 3.2
27
φ16
12
2
35±0.02
2×φ5
2×φ40H7
R34
45°
2×φ11
Ra 25
⊔φ22▽2
29
8
44
(1/2)
34
1
68
100
Ra 25

↓A

技术要求
1.未注圆角 R2～R3。
2.未注倒角 C1，其表面粗糙度为 Ra 2.5。
3.螺纹表面粗糙度为 Ra 6.3。

∜(√)

名称	泵体	数量	1	材料	HT200

Ra 12.5
25
Ra 12.5
φ13
Ra 12.5
(34.6)
M27×1.5-7H
φ28
φ30
C2
4
30°
21
30

√Ra 25 (√)

名称	压紧螺母	数量	1	材料	Q235A

A—A
22
15
A
45°
R8
6×φ7
Ra 25
⊔φ11▽4
2×φ13H7
R29
Ra 1.6
28
35
35±0.02
15
A
50
45°
A
66

2×φ4
Ra 6.3
配作

∜(√)

技术要求
未注圆角 R2～R3。

名称	泵盖	数量	1	材料	HT200

2. 参考球阀示意图和说明，根据给定的零件图画出装配图（A3图纸，自行选定表达方案。缺的零件根据装配关系和所起作用自行设计）。

该球阀由13种零件组成，其阀芯是球形的。当扳动扳手时，将带动阀杆、阀芯一起转动，从而改变流体通道大小，以启闭球阀和调节管道系统的流体流量。

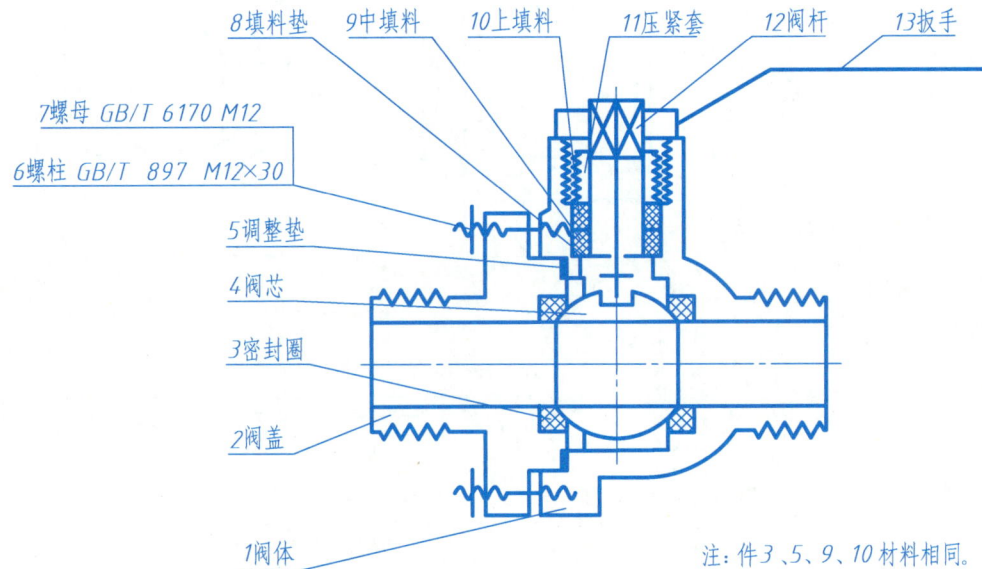

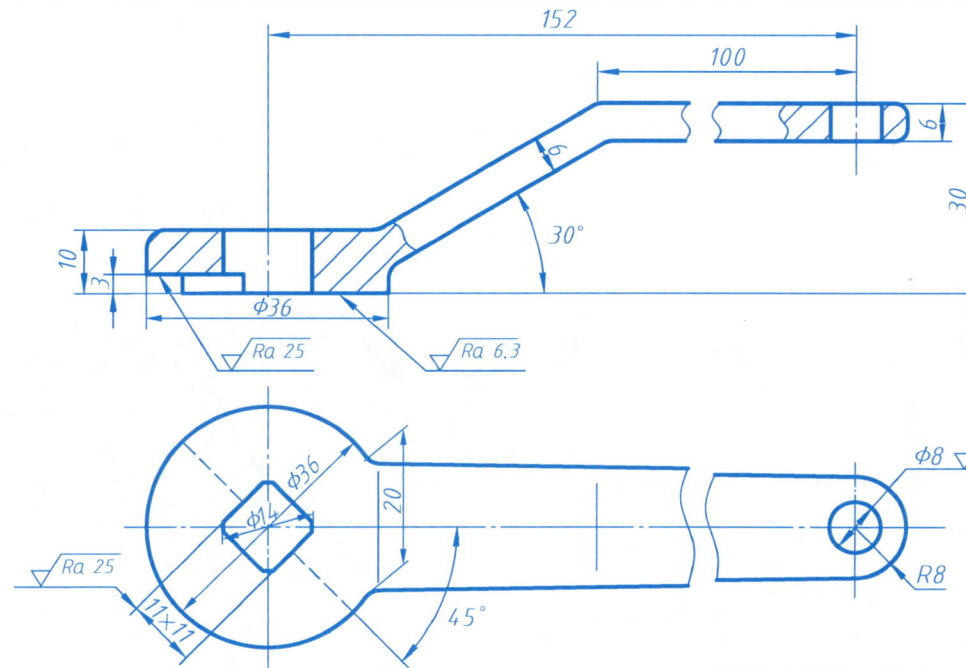

8填料垫　9中填料　10上填料　11压紧套　12阀杆　13扳手

7螺母 GB/T 6170 M12

6螺柱 GB/T 897 M12×30

5调整垫

4阀芯

3密封圈

2阀盖

1阀体

注：件3、5、9、10材料相同。

技术要求

1. 铸件时效处理，消除内应力。

2. 未注铸造圆角R1~R3。

| 名称 | 扳手 | 数量 | 1 | 材料 | ZG230-450 |

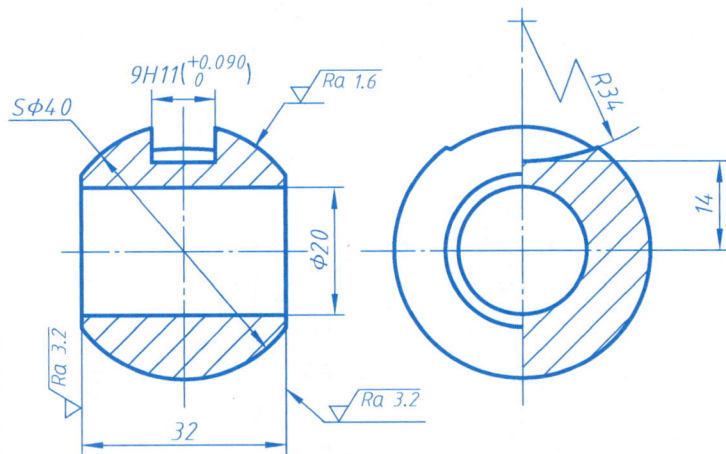

152
100
30°
10
3
φ36
Ra 25
Ra 6.3
φ8　Ra 12.5
Ra 25
11×11
φ36
20
45°
R8

技术要求

1.表面高频淬火硬度50~55HRC。

2.去毛刺、锐边。

9H11(+0.090/0)
Ra 1.6
SΦ40
R34
φ20
14
Ra 3.2
Ra 3.2
32

Ra 6.3 (√)

| 名称 | 阀芯 | 数量 | 1 | 材料 | 40Cr |

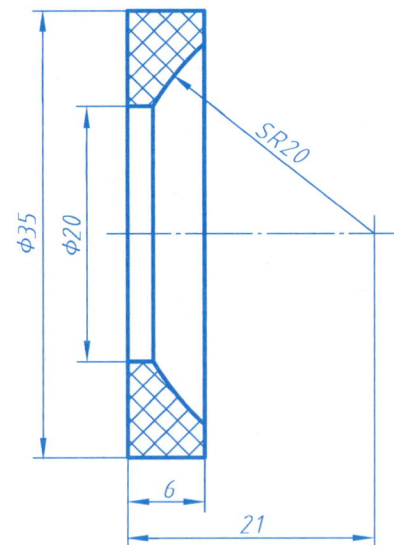

SR20
φ35
φ20
6
21

(√)

| 名称 | 密封圈 | 数量 | 2 | 材料 | 聚四氟乙烯 |

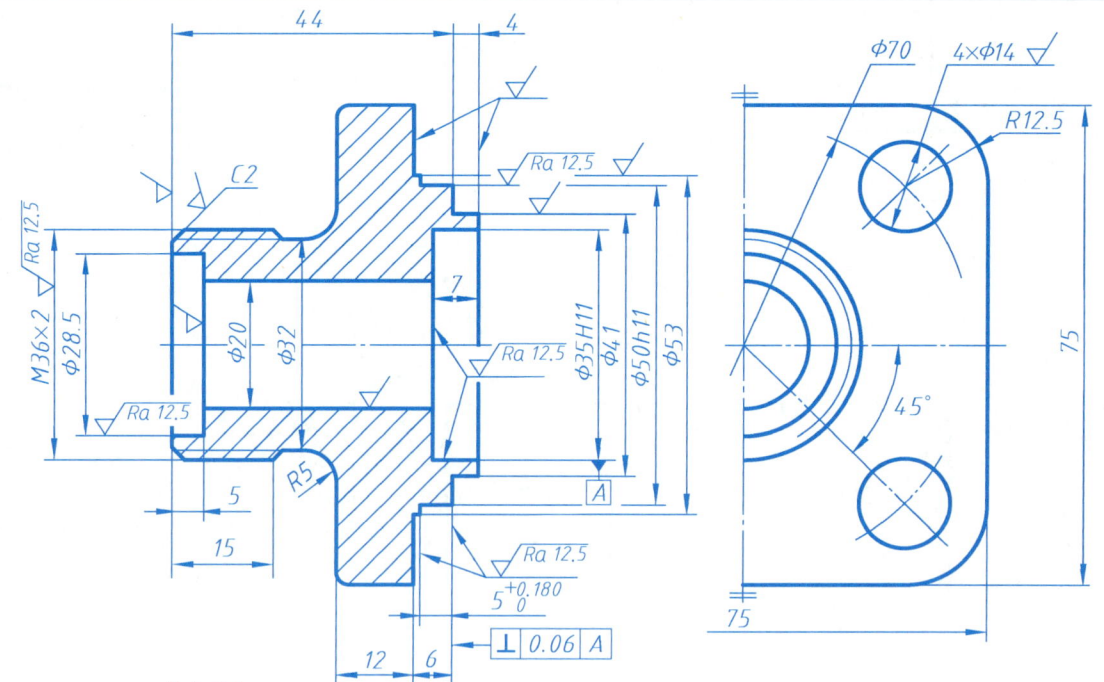

44
4
φ70
4×φ14
R12.5
Ra 12.5
C2
M36×2　Ra 12.5
φ28.5
φ20
φ32
7
Ra 12.5
φ35H11
φ41
φ50h11
φ53
75
45°
Ra 12.5
5
R5
15
R5
5 +0.180/0
⊥ 0.06 A
A
12　6
75

技术要求

1. 铸件时效处理，消除内应力。

2.未注铸造圆角R1~R3。

√ = √Ra 25

(√)

| 名称 | 阀盖 | 数量 | 1 | 材料 | ZG230-450 |

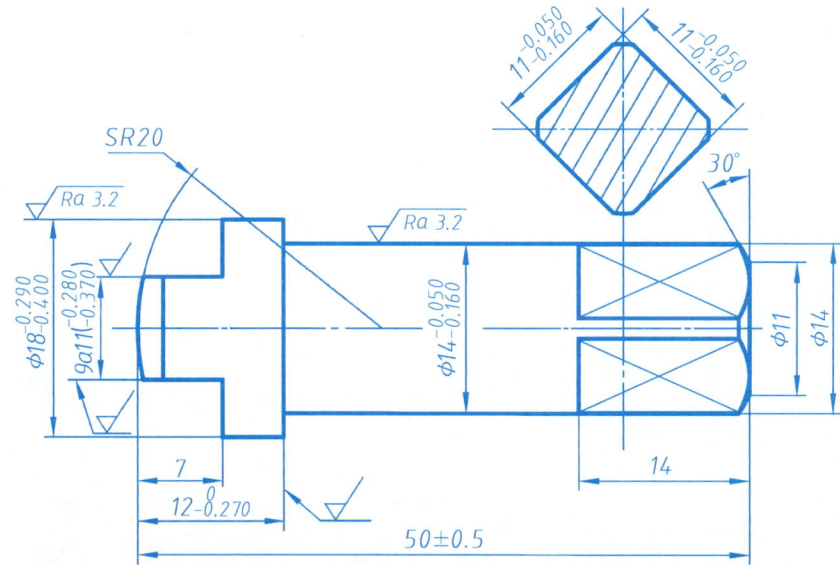

技术要求
1. 调质处理220~250HBW。
2. 去毛刺、锐边。

名称	阀杆	数量	1	材料	40Cr

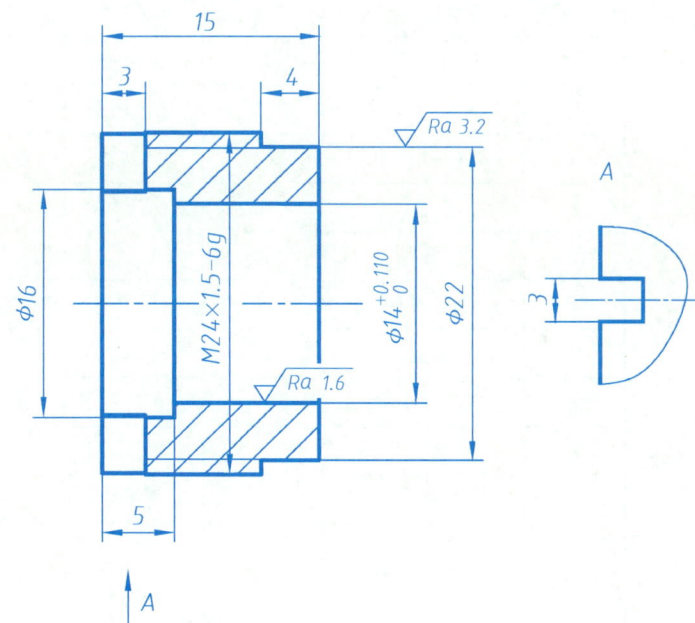

技术要求
1. 未注倒角C0.5。
2. 去毛刺、锐边。

$\sqrt{Ra\,6.3}$ （$\sqrt{}$）

名称	压紧套	数量	1	材料	ZG230-450

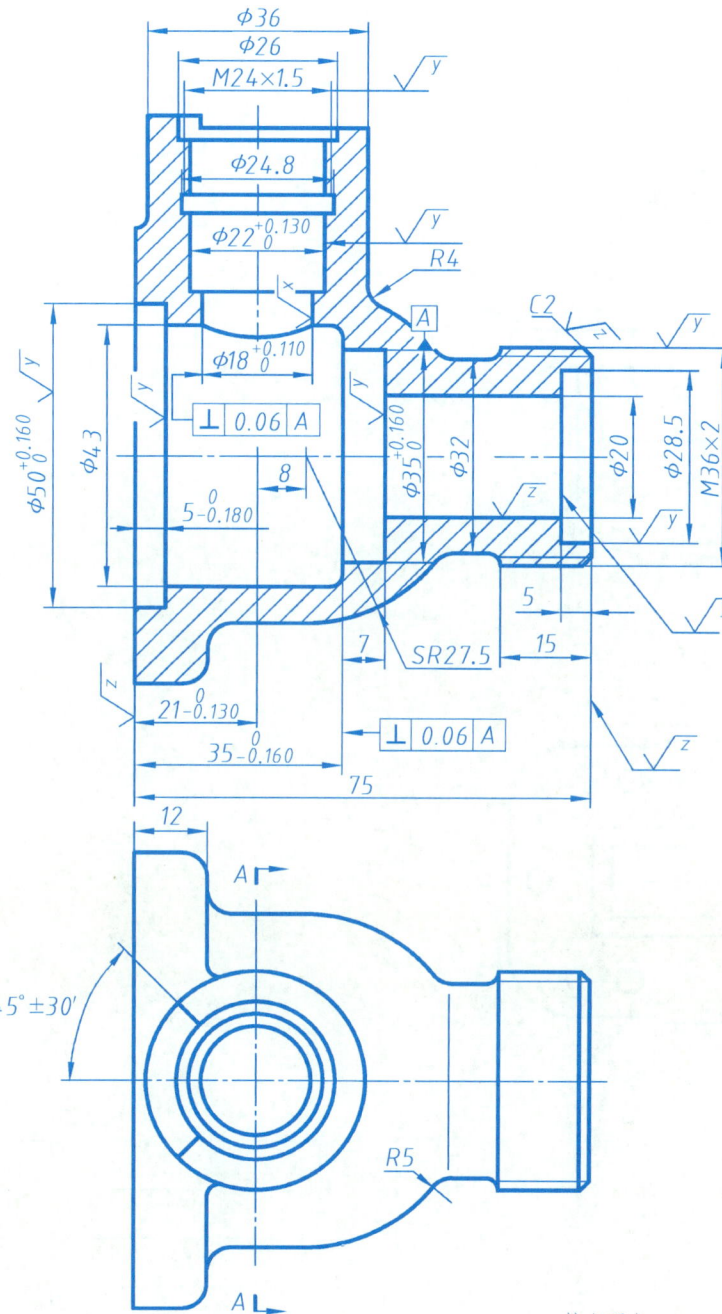

技术要求
1. 铸件时效处理，消除内应力。
2. 未注铸造圆角R2~R3。

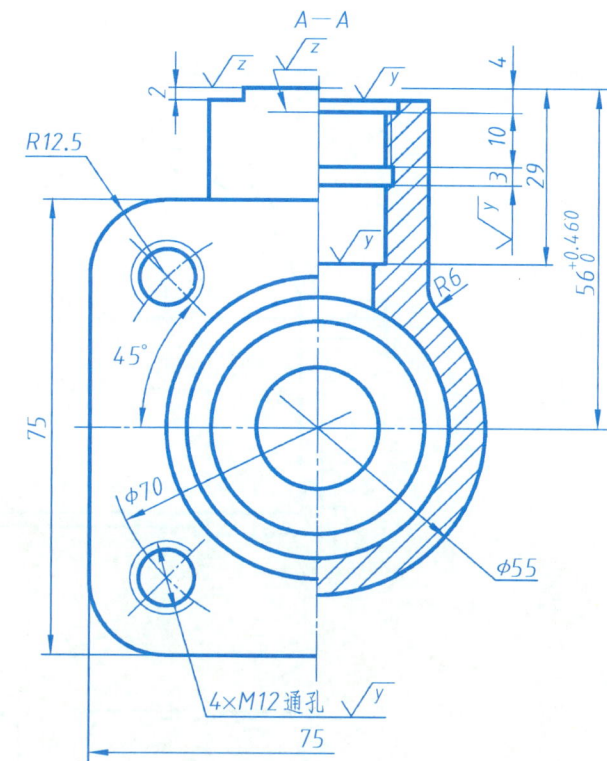

$\sqrt{z} = \sqrt{Ra\,25}$

$\sqrt{y} = \sqrt{Ra\,12.5}$

$\sqrt{x} = \sqrt{Ra\,6.3}$

$\sqrt{}$ （$\sqrt{}$）

名称	阀体	数量	1	材料	ZG230-450

3. 参考减速器示意图和说明，根据给出的零件图，画出减速器的装配图（A2 图纸，自选表达方案）。

（1）减速器装配示意图。

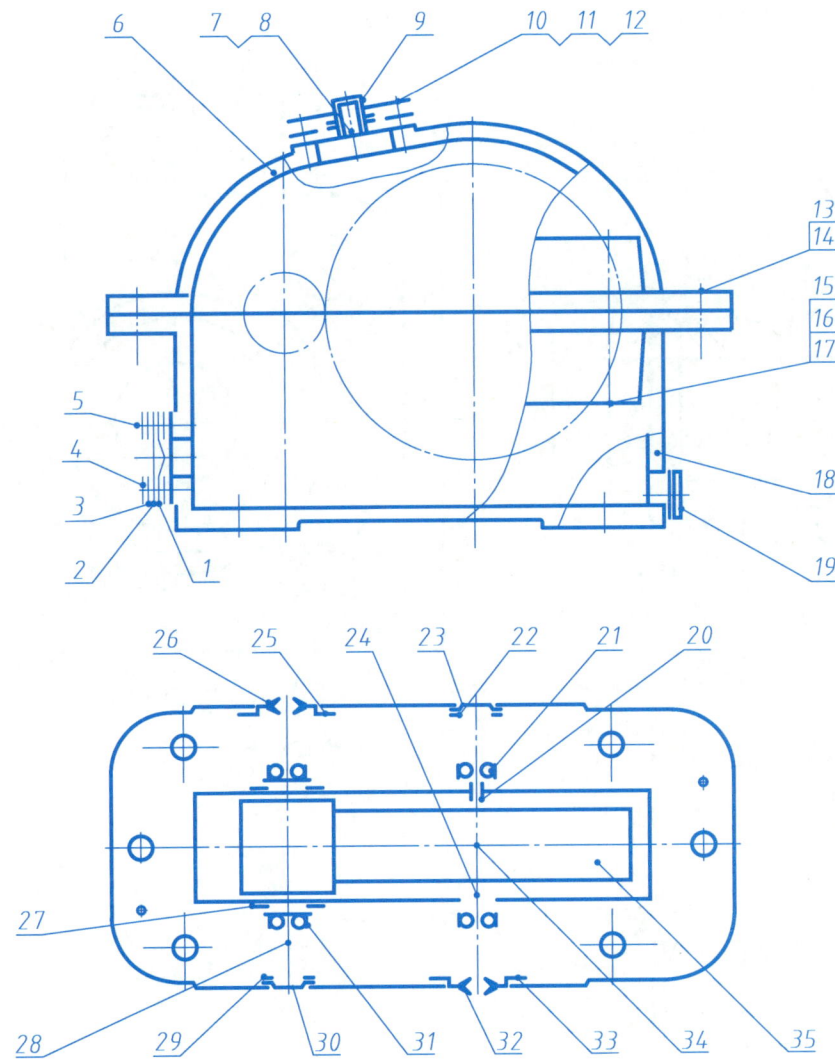

技术要求
1. 各零件装配时需要用煤油洗净并涂上一层黄油。
2. 装配好后箱内注入工业润滑油，使大齿轮的二倍齿高浸入油中。
3. 箱体接触面均匀涂薄层漆片或白油漆，禁放任何垫片。
4. 减速器外表面涂绿色油漆，伸出轴涂黄油。

技术特征
1. 功率 8kW。
2. 电动机主轴最大转速 1450r/min。
3. 减速比 55/15=3.67。

27	挡油环	2	Q235A	
26	油封	2		
25	可通端盖	1	HT150	
24	轴	1	40Cr	
23	端盖	2	HT150	
22	调整环	1	Q235A	
21	滚动轴承6206	2		GB/T 276—2013
20	套筒	1	15	
19	螺塞M10×1	1	Q235A	JB/ZQ 4450—2006
18	箱体	1	HT200	
17	垫圈8	6		GB/T 93—1987
16	螺母M8	6	Q235A	GB/T 6170—2015
15	螺栓M3×70	4	Q235A	GB/T 5782—2016
14	圆锥销A 3×18	2	45	GB/T 117—2000
13	螺栓M8×35	2	Q235A	GB/T 5782—2016
12	垫片	2	压纸板	
11	小盖	1	Q235A	
10	螺钉M3×10	4		GB/T 65—2016
9	通气塞	1	Q235A	
8	垫圈10	1		GB/T 97.3—2000
7	螺母M10	1	Q235A	GB/T 6172.1—2016
6	箱盖	1	HT200	
5	螺钉M3×16	3		GB/T 65—2016
4	压盖	1	HT150	
3	油面指示片	1	赛璐珞	
2	垫片	2	毛毡	
1	反光片	1	铝	
序号	零件名称	数量	材料	补充

35	齿轮	1	45	m=2 z=55 α=20°
34	键	1		
33	可通端盖	1	HT150	
32	油封	2		
31	滚动轴承6204	2		GB/T 276—2013
30	端盖	1	HT150	
29	调整环	2	Q235A	
28	齿轮轴	1	45	m=2 z=15 α=20°

减速器	比例	1:2
	材料	
制图		
审核		

（2）减速器零件图。

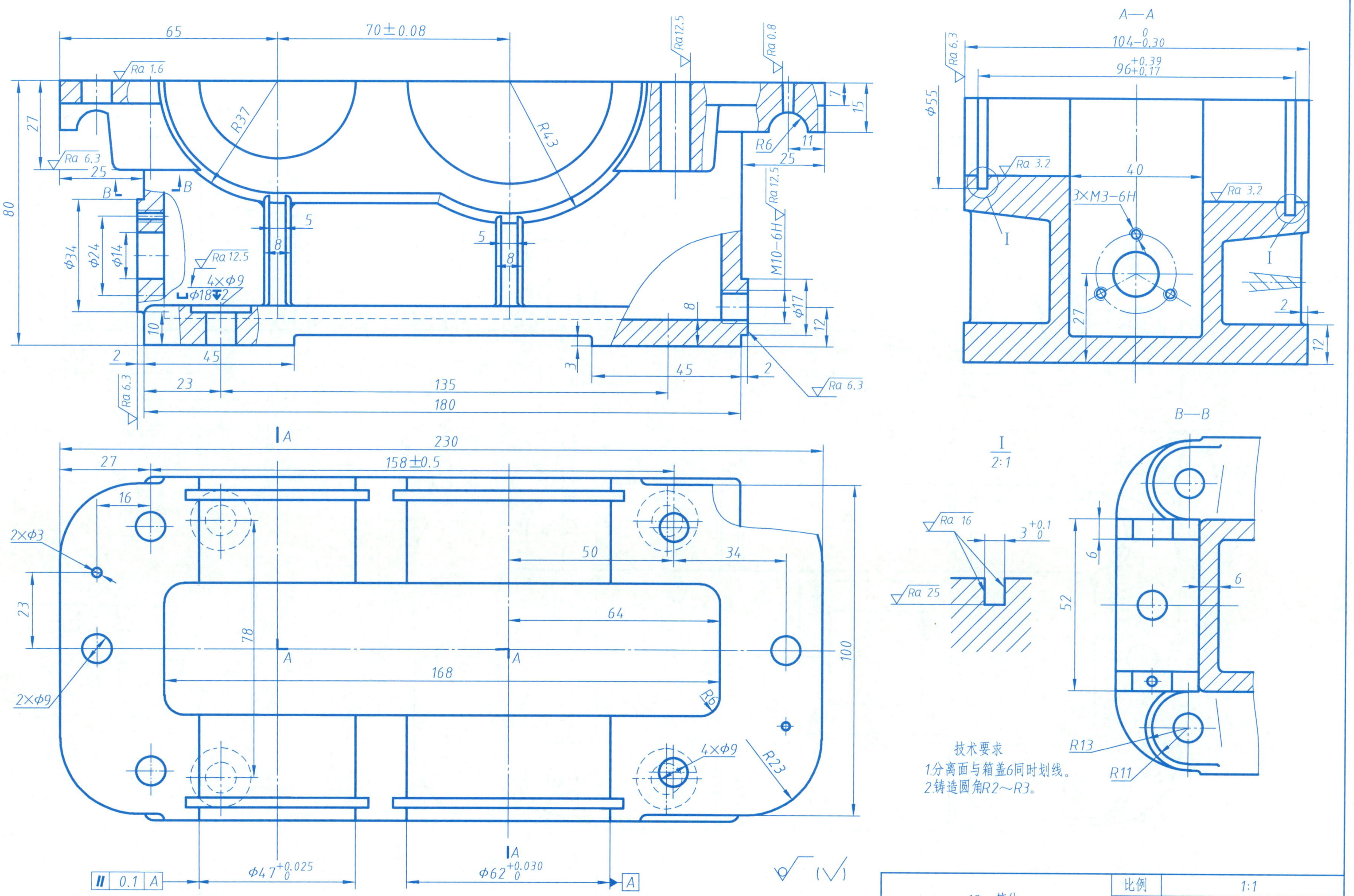

A—A

I
2:1

B—B

技术要求
1.分离面与箱盖6同时划线。
2.铸造圆角R2～R3。

	比例	1:1
18　箱体		
	材料	HT200

（2）减速器零件图（续）。

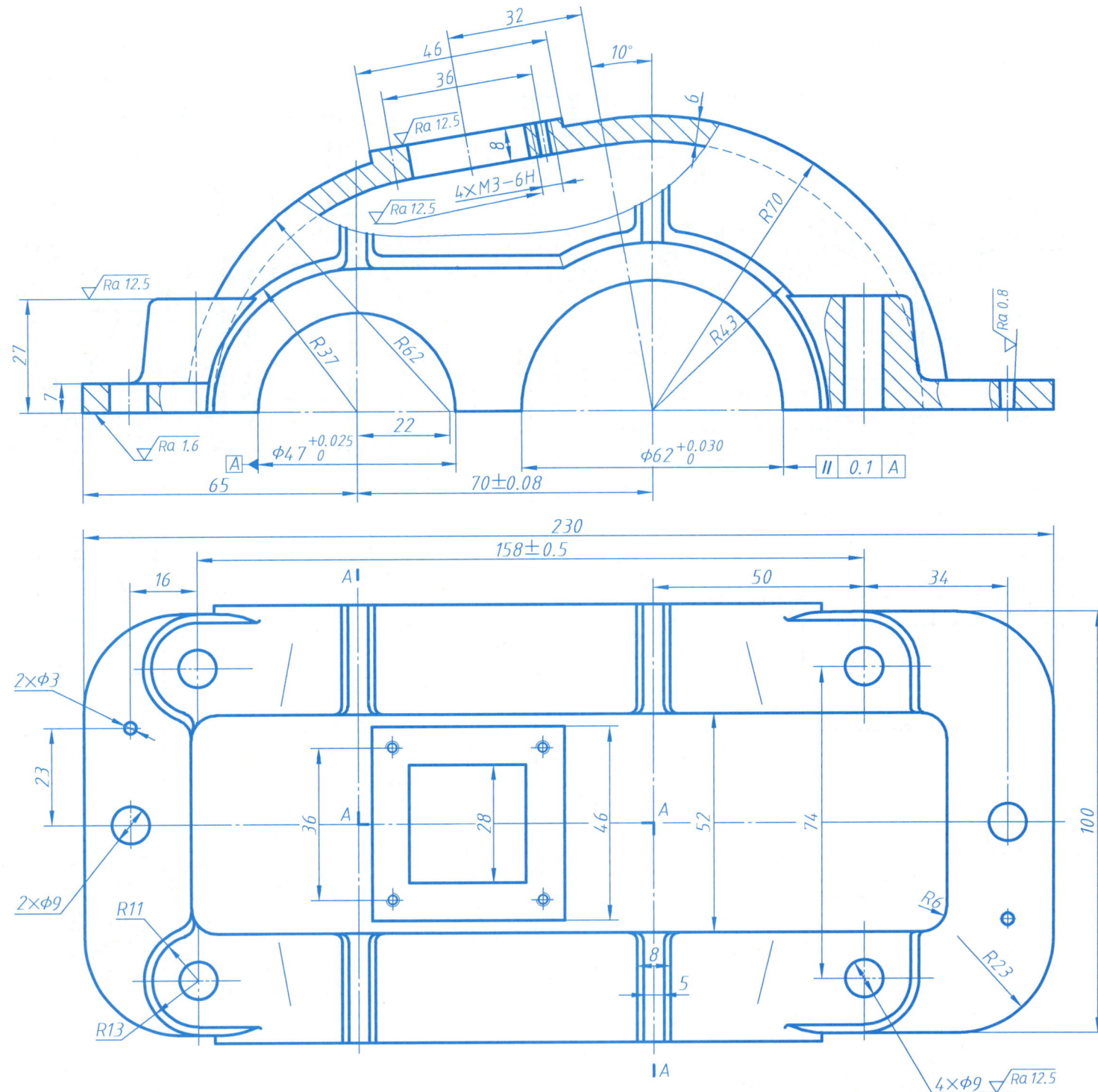

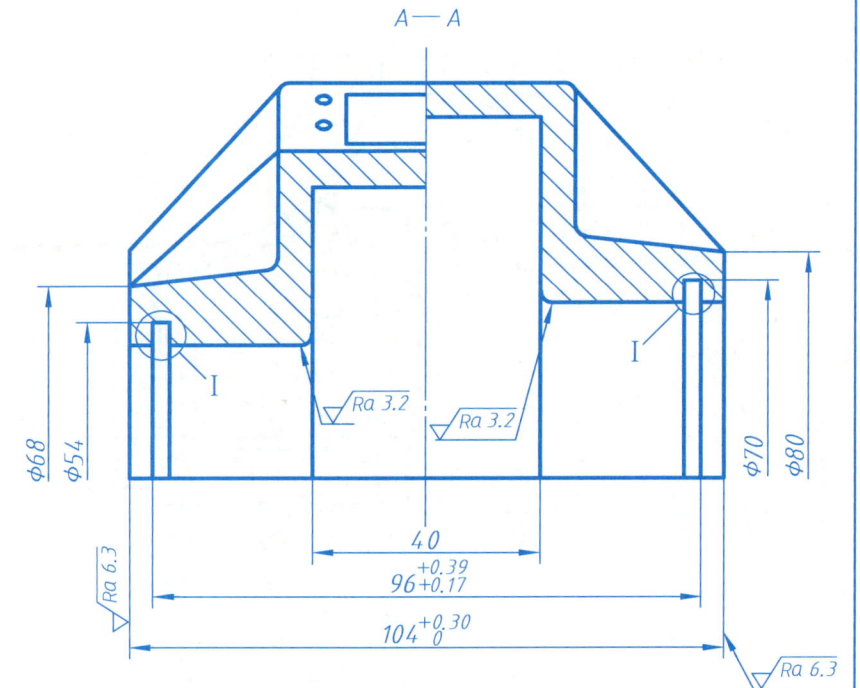

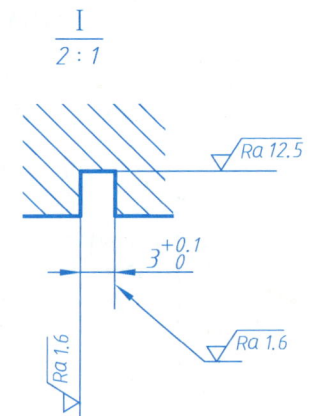

A—A

Ra 12.5

32

46

36

10°

6

Ra 12.5

8

4×M3-6H

R70

Ra 12.5

R43

Ra 0.8

Ra 12.5

27

R37

R62

7

φ47 $^{+0.025}_{0}$

Ra 1.6

A

22

φ62 $^{+0.030}_{0}$

70±0.08

65

// 0.1 A

φ68

φ54

Ra 3.2

Ra 3.2

φ70

φ80

Ra 6.3

40

96 $^{+0.39}_{+0.17}$

104 $^{+0.30}_{0}$

Ra 6.3

I

I

230

158±0.5

16

A

50

34

2×φ3

23

A

36

28

A

46

A

52

74

100

2×φ9

R11

R6

R23

R13

8

5

I
2:1

Ra 12.5

3 $^{+0.1}_{0}$

Ra 1.6

Ra 1.6

技术要求
1.分离面与箱体18同时划线。
2.铸造圆角R2～R3。

4×φ9　Ra 12.5

6　箱盖	比例	1:1
	材料	HT200

（2）减速器零件图（续）。

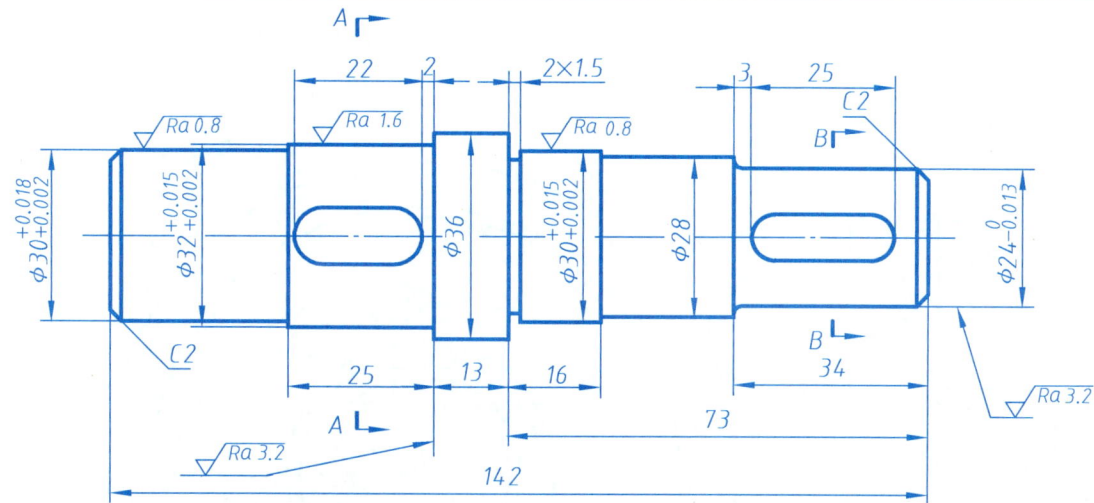

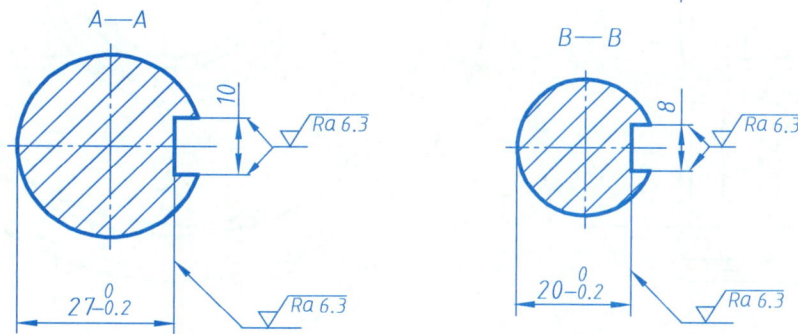

模数	m	2
齿数	z	15
齿形角	α	20°

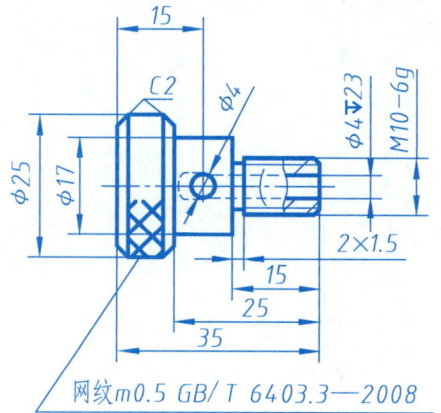

$A—A \quad \begin{smallmatrix} -0.012 \\ 6-0.042 \end{smallmatrix}$

24 轴	比例	1:1	数量	1
	材料		40Cr	

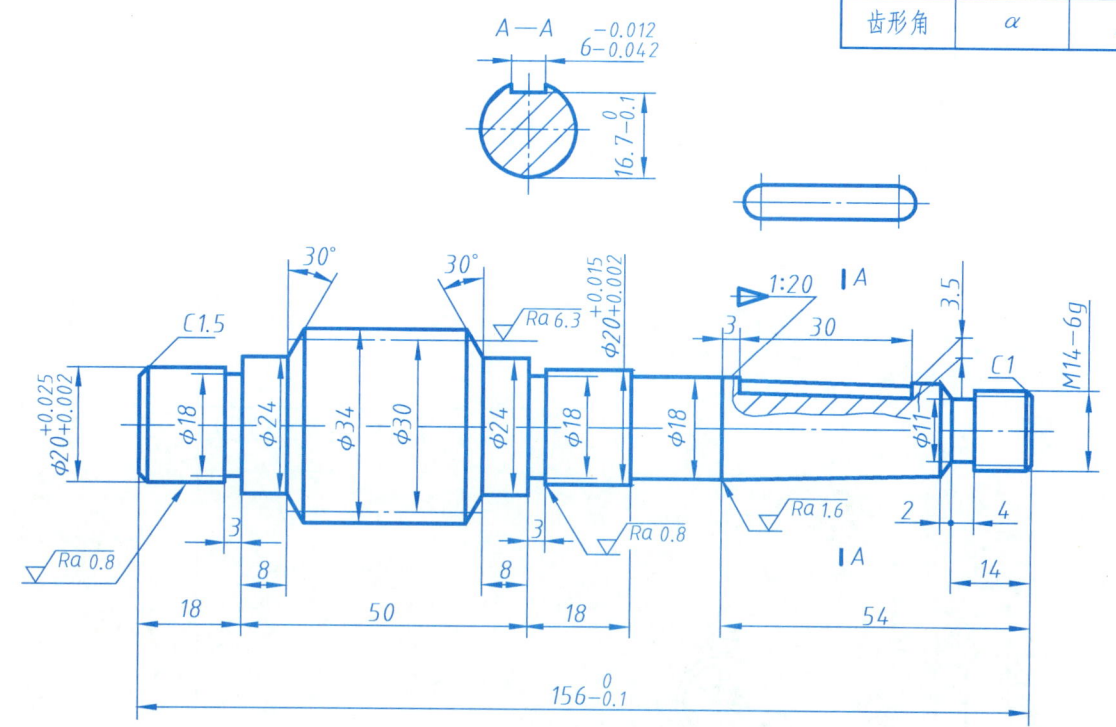

28 齿轮轴	比例	1:1	数量	1
	材料		45	

网纹m0.5 GB/T 6403.3—2008

9 通气塞	比例	1:1	数量	1
	材料		Q235A	

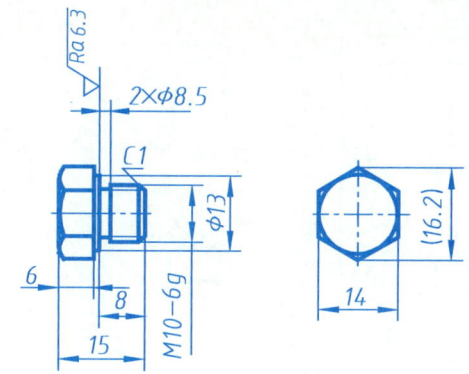

19 螺塞M10×1	比例	1:1	数量	1
	材料		Q235A	

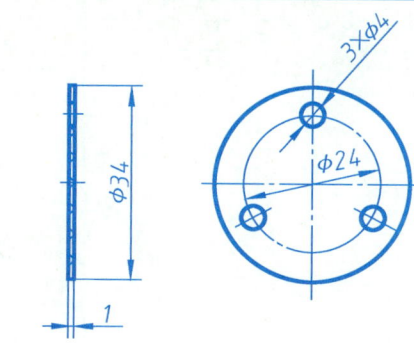

3 油面指示片	比例	1:1	数量	1
	材料		赛璐珞	

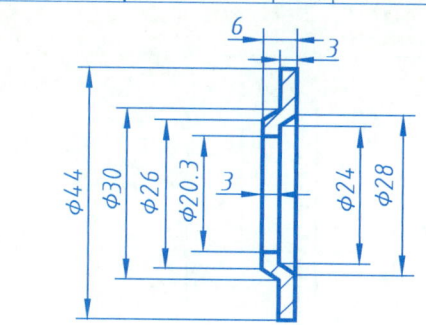

27 挡油环	比例	1:1	数量	2
	材料		Q235A	

（2）减速器零件图（续）。

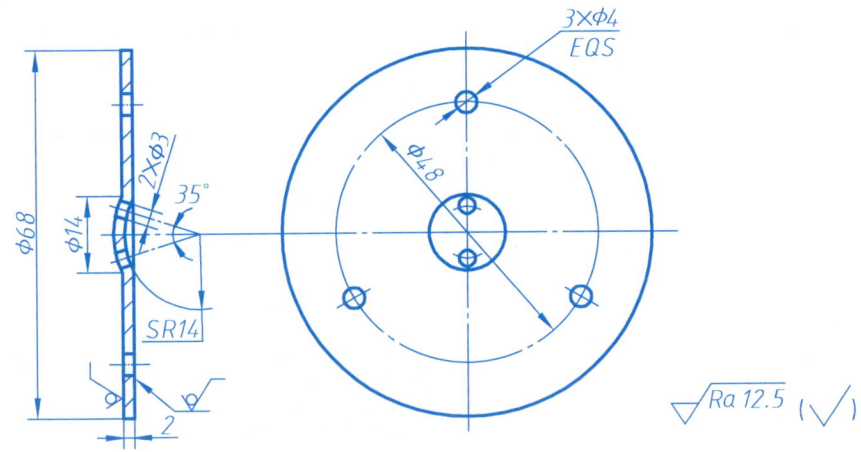

模数	m	2
齿数	z	55
齿形角	α	20°

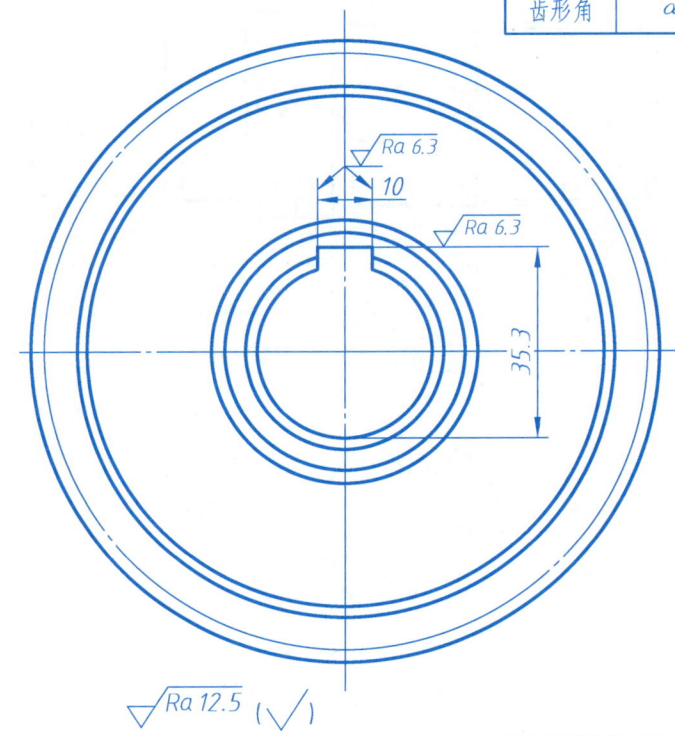

3×φ4
EQS
φ48
2×φ3
35°
φ68
φ14
SR14
2

$\sqrt{Ra\,12.5}\ (\sqrt{\ })$

1 反光片	比例	1:1	数量	1
	材料	铝		

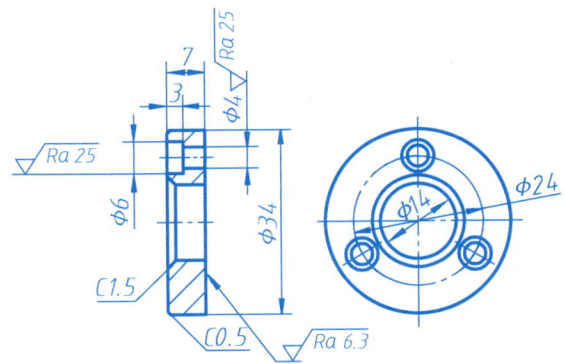

Ra 12.5
C1
Ra 3.2
Ra 3.2
C2
8　8
φ114
φ110
φ48
C2
$\phi32^{+0.025}_{0}$
Ra 1.6
C2
φ94
Ra 6.3
10
Ra 6.3
35.3
C2
Ra 6.3
C2
26
Ra 6.3
$\sqrt{Ra\,12.5}\ (\sqrt{\ })$

35 齿轮	比例	1:1	数量	1
	材料	45		

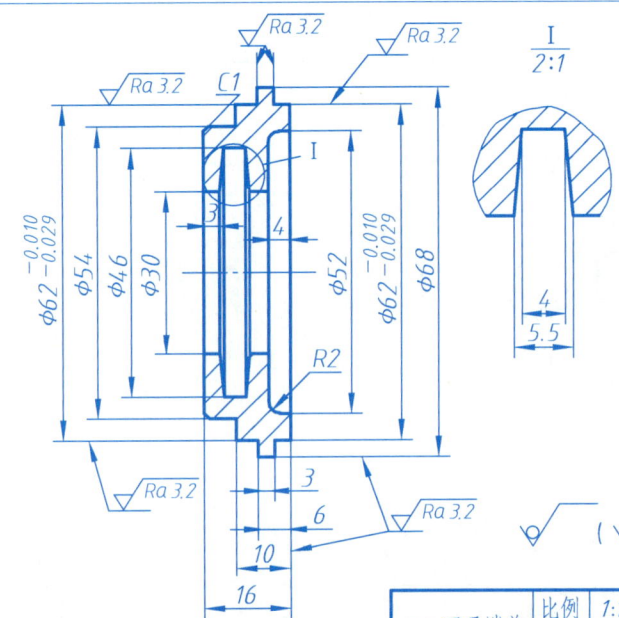

7
3
Ra 25
φ4
Ra 25
φ6
φ34
φ14
φ24
C1.5
C0.5
Ra 6.3
$\sqrt{\ }\ (\sqrt{\ })$

4 压盖	比例	1:1	数量	1
	材料	HT150		

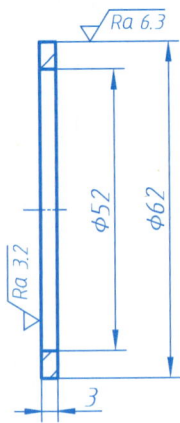

Ra 3.2
Ra 3.2
I
2:1
C1
$\phi62^{-0.010}_{-0.029}$
φ54
φ46
φ30
φ52
$\phi62^{-0.010}_{-0.029}$
φ68
R2
4
5.5
Ra 3.2
3
6
Ra 3.2
10
16
$\sqrt{\ }\ (\sqrt{\ })$

33 可通端盖	比例	1:1	数量	1
	材料	HT150		

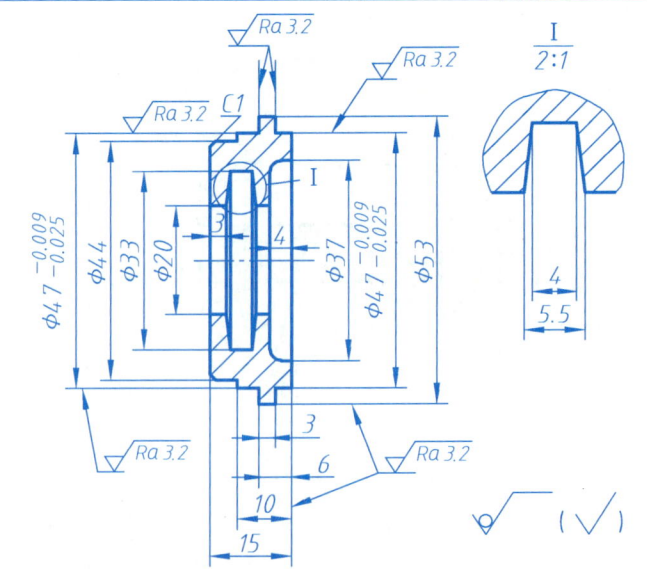

Ra 3.2
Ra 3.2
I
2:1
C1
Ra 3.2
$\phi47^{-0.009}_{-0.025}$
φ44
φ33
φ20
φ37
$\phi47^{-0.009}_{-0.025}$
φ53
4
5.5
Ra 3.2
3
6
Ra 3.2
10
15
$\sqrt{\ }\ (\sqrt{\ })$

25 可通端盖	比例	1:1	数量	1
	材料	HT150		

Ra 6.3
φ52
φ62
Ra 3.2
3
$\sqrt{Ra\,12.5}\ (\sqrt{\ })$

22 调整环	比例	1:1	数量	1
	材料	Q235A		

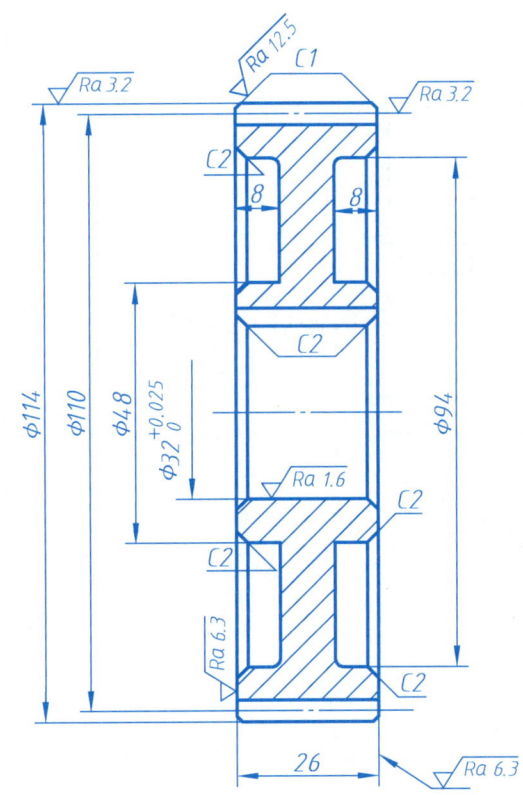

（2）减速器零件图（续）。

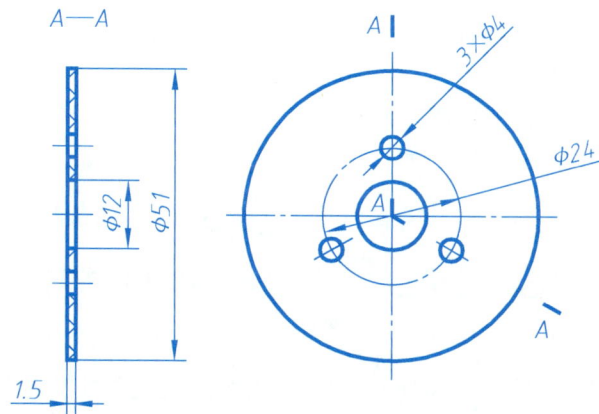

2 垫片	比例	1:1	数量	2
	材料	毛毡		

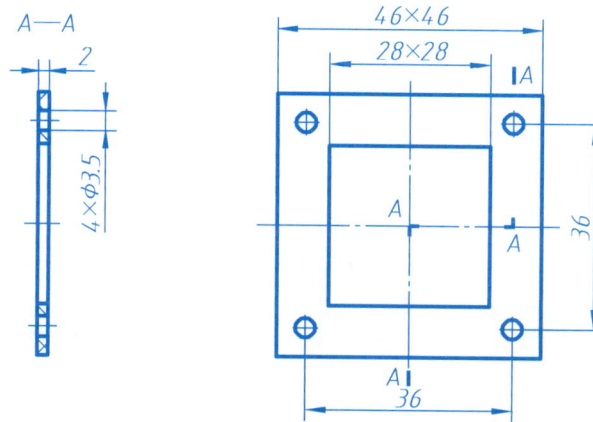

12 垫片	比例	1:1	数量	2
	材料	压纸板		

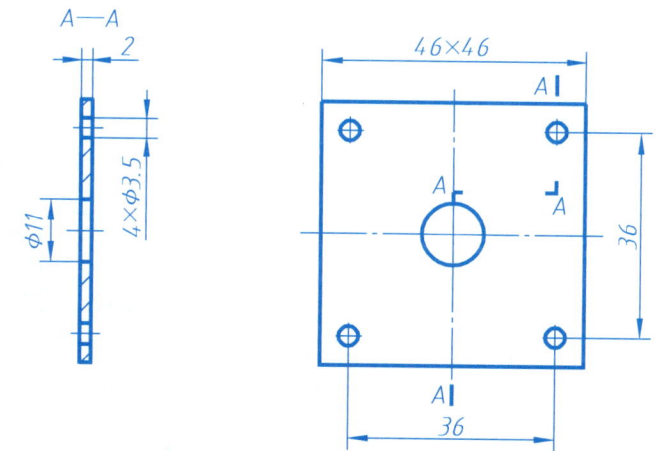

$\sqrt{Ra\,12.5}\,(\sqrt{})$

11 小盖	比例	1:1	数量	1
	材料	Q235A		

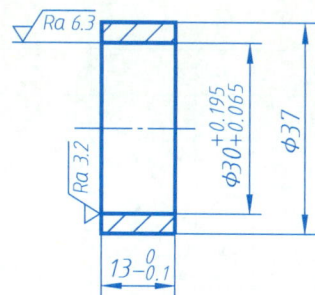

$\sqrt{Ra\,12.5}\,(\sqrt{})$

20 套筒	比例	1:1	数量	1
	材料	15		

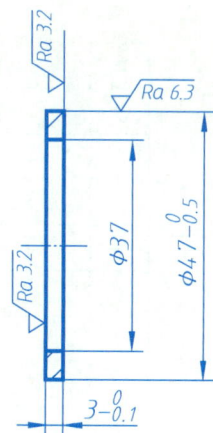

$\sqrt{Ra\,12.5}\,(\sqrt{})$

29 调整环	比例	1:1	数量	2
	材料	Q235A		

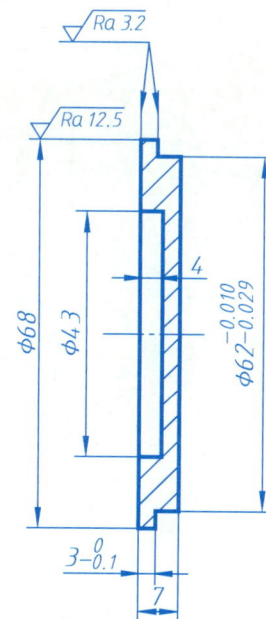

$\sqrt{}\,(\sqrt{})$

23 端盖	比例	1:1	数量	2
	材料	HT150		

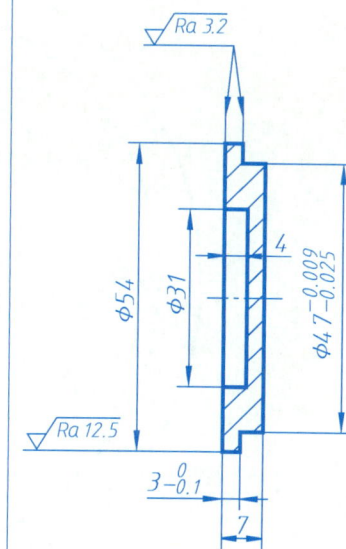

$\sqrt{}\,(\sqrt{})$

30 端盖	比例	1:1	数量	1
	材料	HT150		

10-2　读装配图

1. 试读懂钻模的装配图，理解钻孔的操作过程，并回答以下问题。

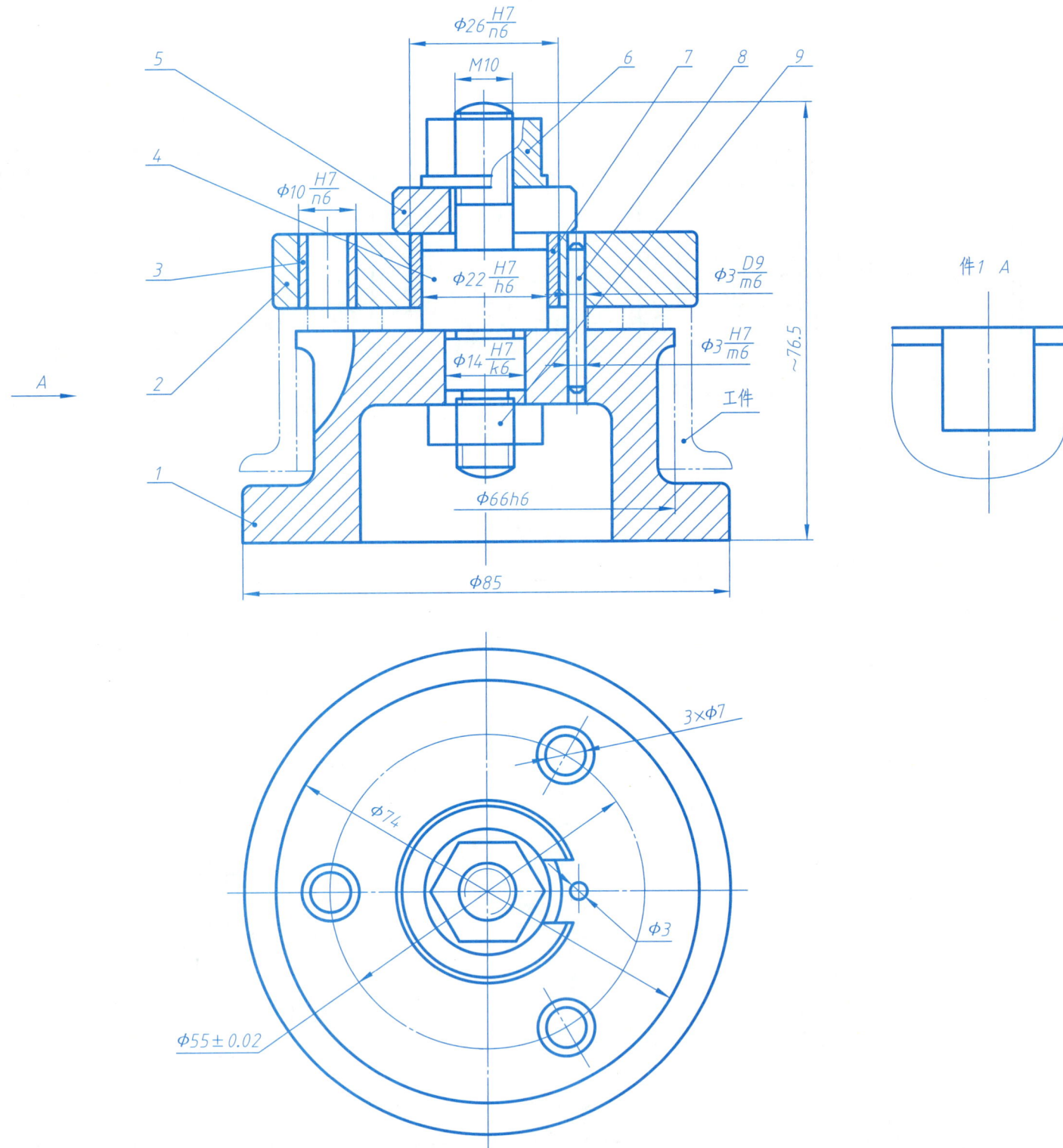

钻模是一种机床夹具，用于保证钻孔的位置精度、提高钻孔效率并降低对操作工人的技术要求。

（1）该钻模是由_____种共_____个零件组成。

（2）钻模主视图采用_____剖视和_____剖视，剖切面与机件前后方向的_____重合，故省略了标注，A向视图采用了_____表示法。

（3）钻模底座 1 的侧面有_____个弧形槽，与被钻孔工件定位的尺寸为_____。

（4）钻模板 2 上有_____个 $\phi 10\frac{H7}{n6}$ 孔，钻套 3 的主要作用是_____。钻模主视图中的双点画线表示_____，系_____画法。

（5）$\phi 26\frac{H7}{n6}$ 是件号_____和_____的配合尺寸，属于_____制的_____配合，H7 表示_____的公差代号，n 表示件号_____的_____代号，7 和 6 代表_____。

（6）3 个孔钻完后，先松开_____，再取出_____，工件便可拆下。

（7）拆画件 1 的零件图。

主视图标注：
- $\phi 26\frac{H7}{n6}$
- M10
- $\phi 10\frac{H7}{n6}$
- $\phi 22\frac{H7}{h6}$
- $\phi 14\frac{H7}{k6}$
- $\phi 66h6$
- $\phi 3\frac{D9}{m6}$
- $\phi 3\frac{H7}{m6}$
- ~76.5
- $\phi 85$
- 工件
- 件1　A
- A

俯视图标注：
- $3\times\phi 7$
- $\phi 74$
- $\phi 3$
- $\phi 55\pm 0.02$

9	GB/T 6170—2015	螺母 M16	1		
8	GB/T 119.1—2000	销 5×30	1		
7		衬套	1	45	
6		特制螺母	1	35	
5		开口垫圈	1	45	
4		轴	1	45	
3		钻套	3	T8	
2		钻模板	1	45	
1		底座	1	HT200	
序号	代号或标准号	名称	件数	材料	备注

钻 模		比例	1:1	（图号）
		重量		共 张 第 张
制图		（日期）		（校名）（学号）
审核		（日期）		

2. 读换向阀的装配图，并回答问题。

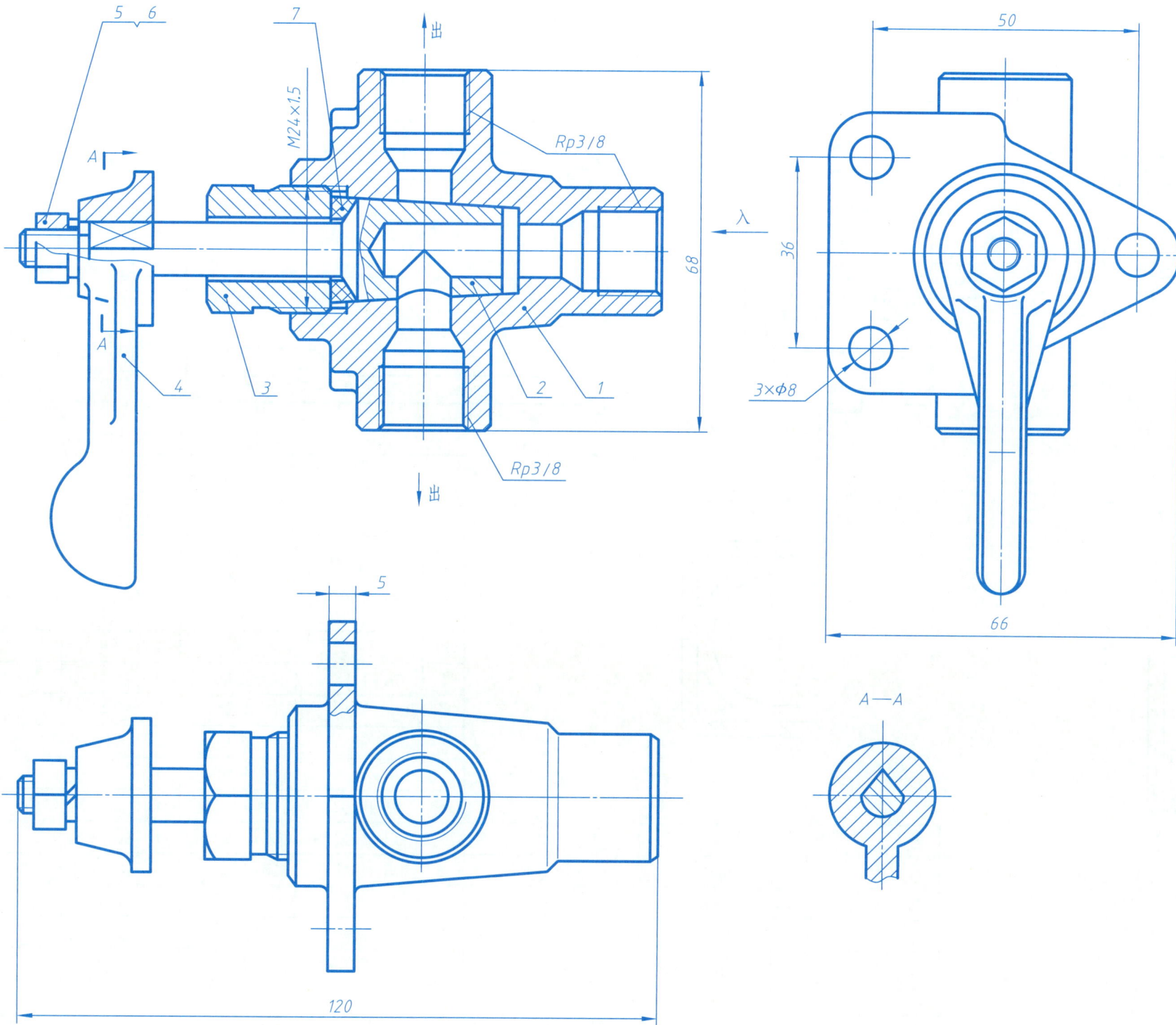

换向阀是一种在流体管路系统中控制流体流向的阀门开关。

（1）该换向阀主视图采用_____剖视的表达方法，其目的是_____。

（2）实现换向功能的核心零件是件_____，名称是_____，其工作表面是_____，其好处是_____。

（3）Rp3/8 代表_____，这是一个_____尺寸；如与外部管路连接，与其连接的接头应该是_____。

（4）3×φ8 孔的作用是_____，若采用螺栓连接，可以推断螺栓的公称尺寸应该是_____，原因是_____。

（5）件 7 填料的作用是_____，若使用中发现泄漏可调节件_____，但在调节时需注意_____。

（6）从 A—A 断面图中看到，件 2 两侧加工成平面，其目的是_____。

（7）拆画件 1 的零件图。

A—A

7		填料	1	聚四氟乙烯	
6	GB/T 6170	螺母M10	1		
5	GB/T 97.1	垫圈10	1	65Mn	
4		手柄	1	HT200	
3		锁紧螺母	1	Q235	
2		阀门	1	45	
1		阀体	1	HT200	
序号	代号或标准号	名称	件数	材料	备注

换向阀		比例	1:1	（图号）
		重量		共　张第　张
制图		（日期）		（校名）（学号）
审核		（日期）		

根据卧式柱塞泵的工作原理和读图要求（见下页），拆画指定零件的零件图。

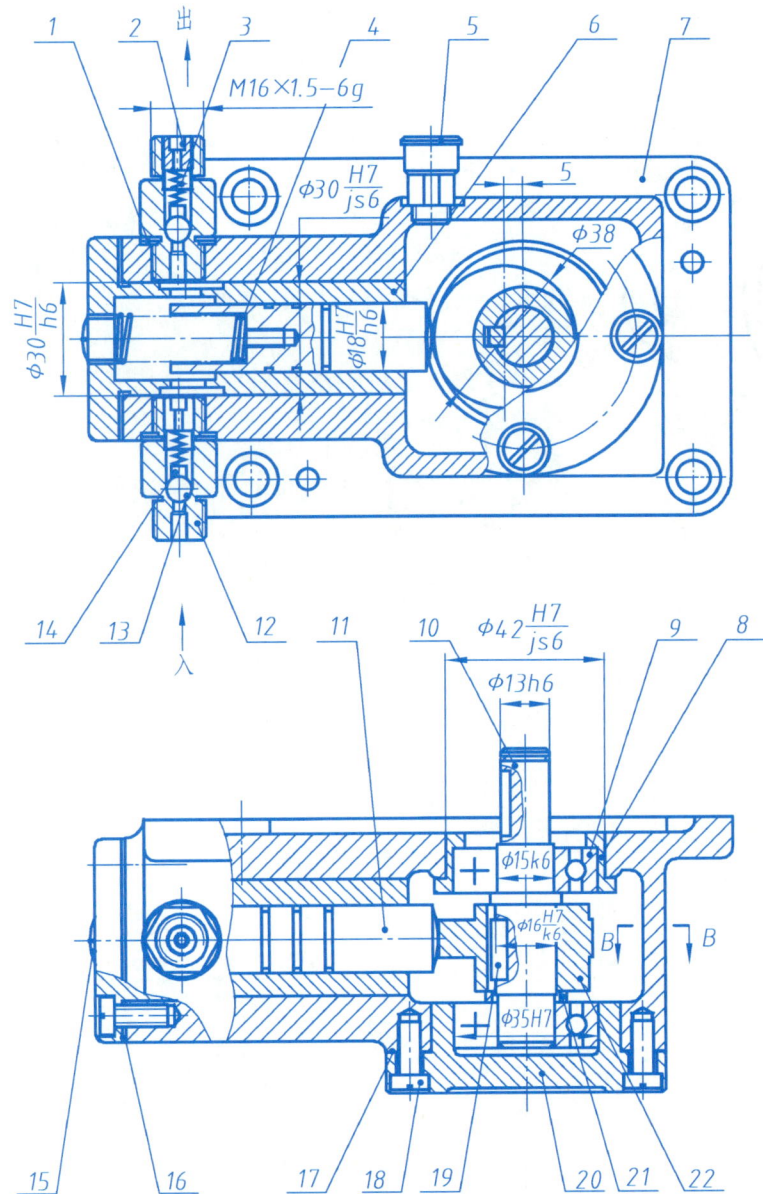

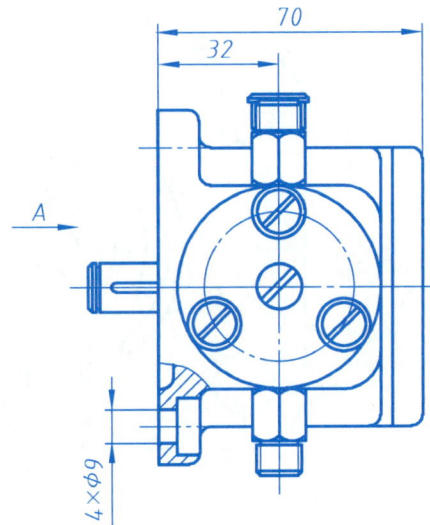

A (零件7)

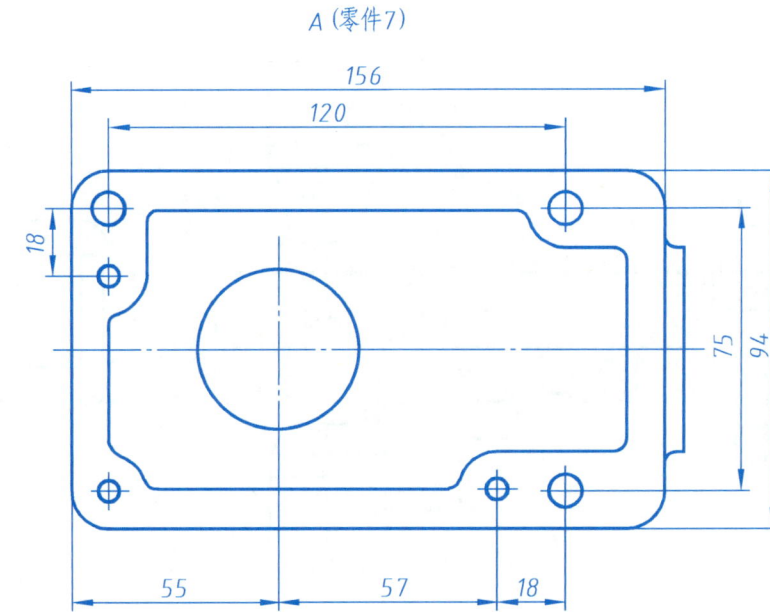

B—B (零件7)

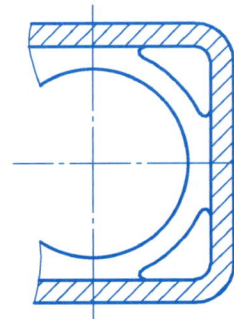

13	GB/T 308.1	球 φ5	2	15Cr	
12		单向阀体	2	45	
11		柱塞	1	15Cr	
10		轴	1	40Cr	
9	GB/T 276	滚动轴承6202	2		
8		衬套	1	45	
7		泵体	1	HT200	
6		泵套	1	45	
5	JB/T 7940.3	油杯 B—1.5	1	组合件	

22		凸轮	1	15Cr		4	GB/T 2089	弹簧YA1.6×12×60	1	60Si2MnA	
21		调整环	1	Q235A		3	GB/T 2089	弹簧YA1×4.5×20	2	60Si2MnA	
20		衬盖	1	HT200		2		调节塞	2	Q235A	
19	GB/T 1096	键5×5×16	1	45		1		密封圈	2	工业用纸	
18	GB/T 65	螺钉M6×14	7	4.8级		序号	代号或标准号	名称	件数	材料	备注
17		垫片	1	塑料纸				卧式柱塞泵		比例	1:1	(图号)
16		垫片	1	塑料纸						重量		共 张 第 张
15		螺堵头	1	Q235A		制图		(日期)				
14		球托	2	Q235A		审核		(日期)		(校名) (学号)		

技术要求

1. 泵工作时，两阀要能一吸一排，否则可调节弹簧3。

2. 球13与阀体接触应冷压一球痕，保证球定位和关启作用。

10-3　由装配图拆画零件图（续）

班级　　　　学号　　　　姓名

柱塞泵工作原理

柱塞泵是液压系统的一个重要装置，依靠柱塞在缸体中做往复运动，使密封工作腔的容积发生变化来实现吸油和压油。在图示情况下，动力通过轴 10 传递给凸轮 22，在凸轮和弹簧 4 的共同作用下，凸轮每转一周，使得柱塞 11 往复运动一次，其中向右运动时从入口吸油，向左运动时通过出口排油。入口和出口是两个单向阀，油只能向一个方向流动。

读图要求：

（1）读懂柱塞泵装配图，了解各零件用途。

（2）拆画零件泵体 7 和轴 10。

（3）表面粗糙度根据零件用途自行选择。

轴		比例		(图号)	
		重量		材料	
制图		(日期)	(校名) (学号)		
审核		(日期)			

泵 体		比例		(图号)	
		重量		材料	
制图		(日期)	(校名) (学号)		
审核		(日期)			

第 11 章　冲压件和焊接件

1. 看懂下面的焊接图及焊缝符号的标注，并回答问题。

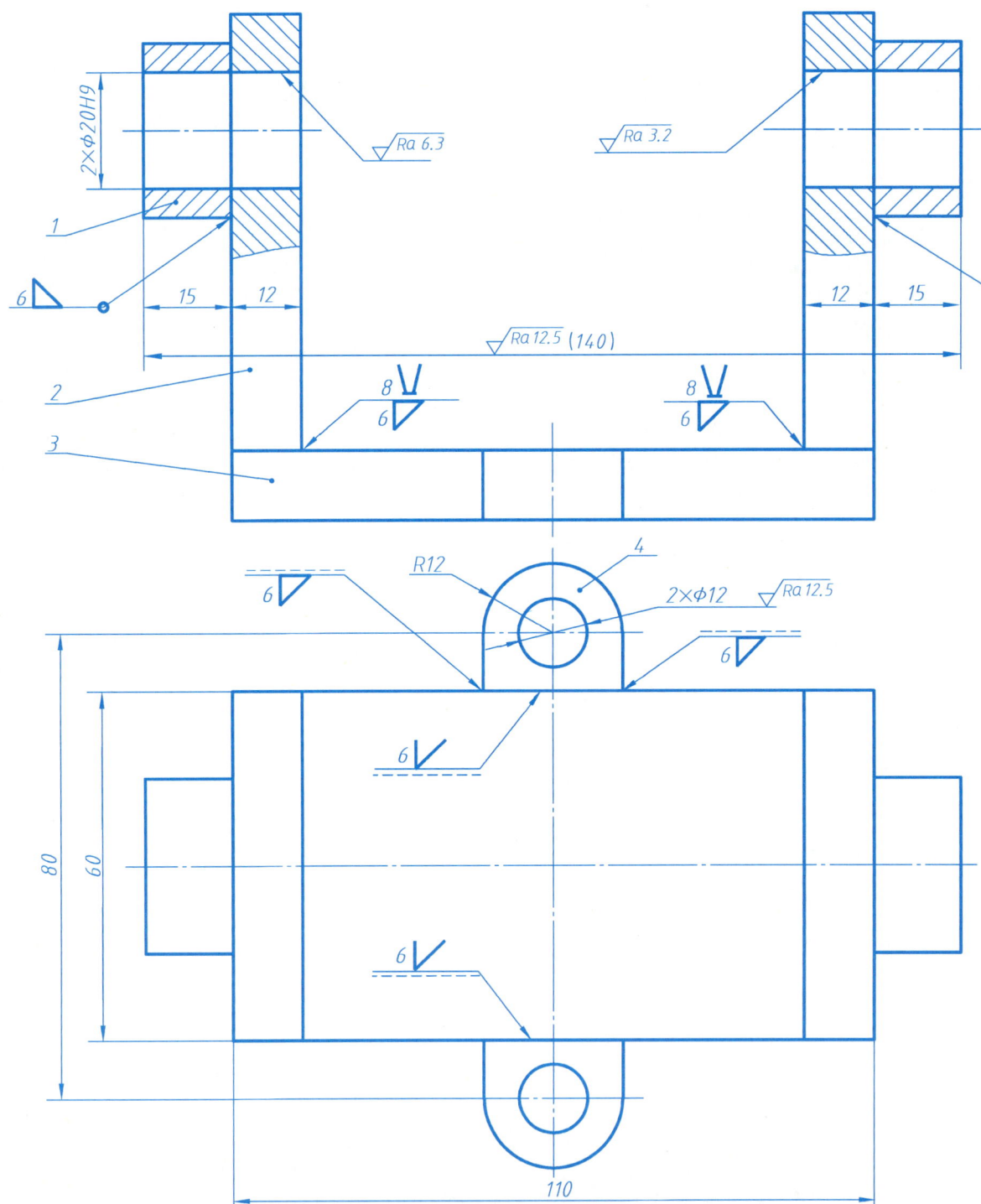

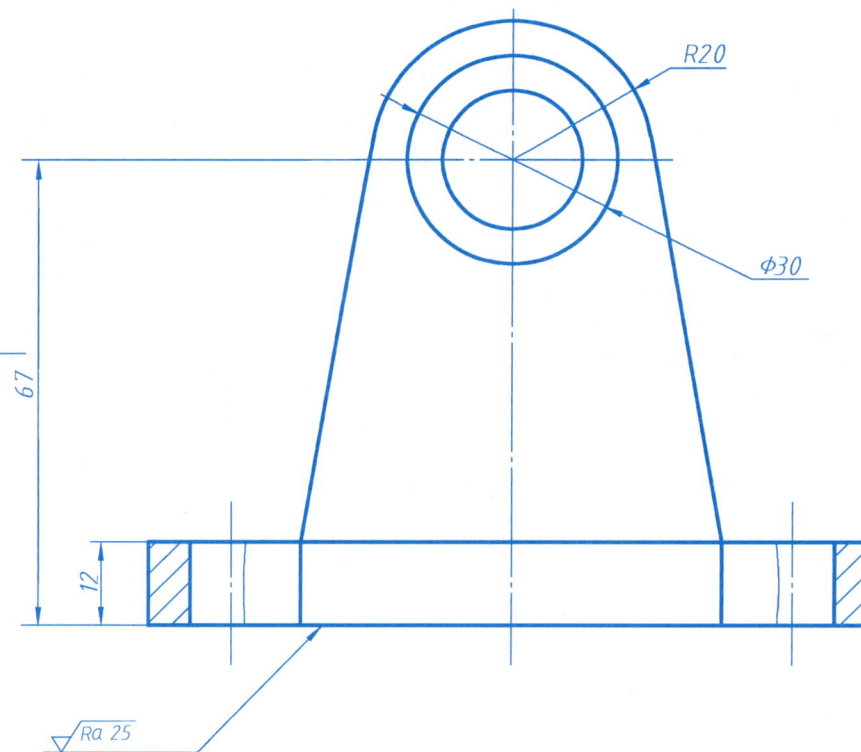

Ra 6.3

Ra 3.2

2×φ20H9

1

R20

φ30

15　12

12　15

6

6

67

Ra 12.5 (140)

2

8　6

8　6

3

12

Ra 25

R12

2×φ12　Ra 12.5

4

6

6

6

6

80　60

6

6

110

（1）焊缝符号 6 中，6 表示什么？ 表示什么？ 表示什么？

（2）焊缝符号 8 6 中，8 表示什么？ 表示什么？ 表示什么？

（3）焊缝符号 6 中，6 表示什么？ 表示什么？ ▽(▽)

4	凸耳	2	Q235A	
3	底板	1	Q235A	
2	侧立板	2	Q235A	
1	套筒	2	Q235A	
序号	名称	数量	材料	备注

技术要求

1. 全部焊缝均采用焊条电弧焊。

2. 焊件应经时效处理以消除内应力。

支架		比例	1:1
		共 张	第 张
制图	（签名）	（日期）	
校核	（签名）	（日期）	

2. 在支架上标注焊缝符号，所有焊缝均为焊条电弧焊，其中：上立板 1 与底板 2 之间为双面对称角焊缝，焊脚尺寸 K 为 6；底板 2 与下立板 3 之间也采用双面对称角焊缝，焊脚尺寸 K 为 8；下立板 3 与套筒 4 之间为环绕 4 的围焊缝，焊脚尺寸为 5。

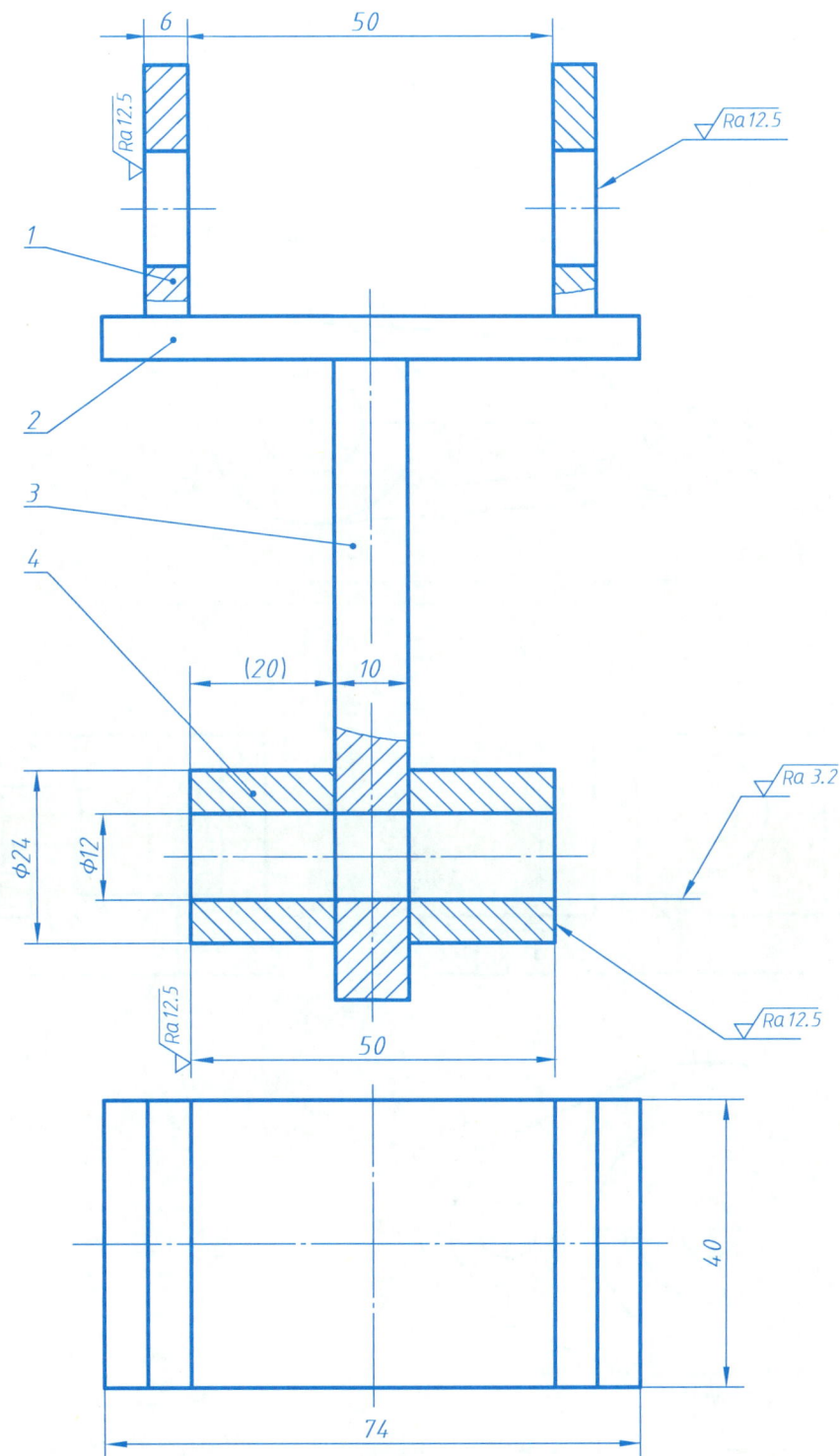

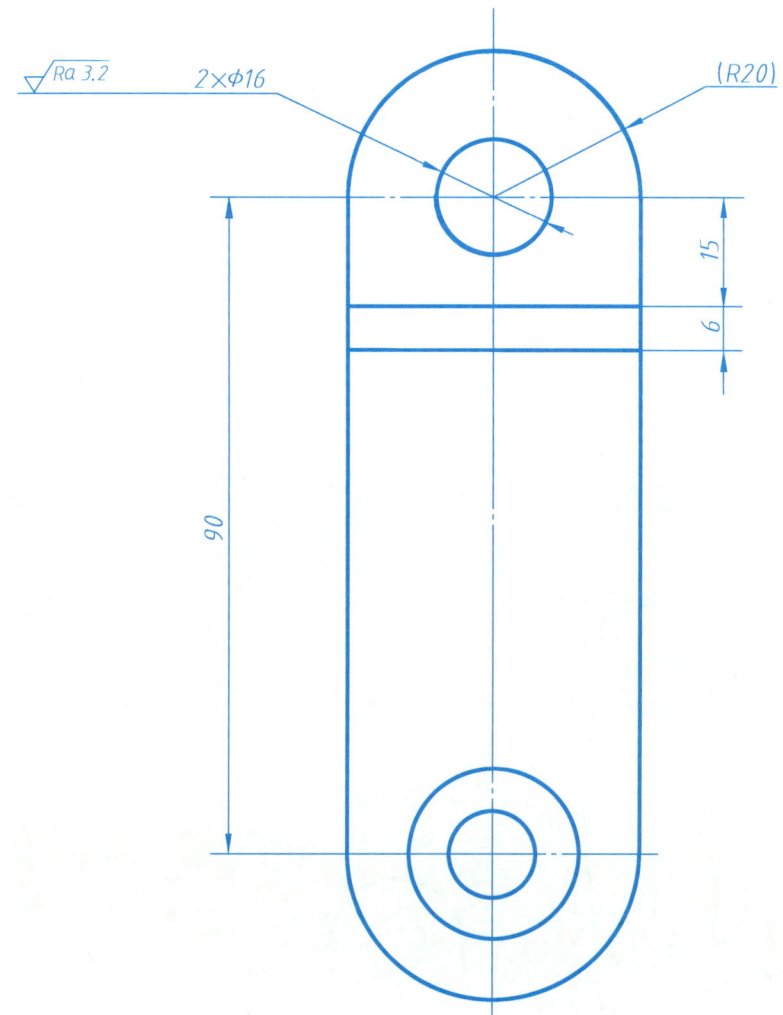

技术要求

1. 全部焊缝均采用焊条电弧焊。

2. 焊件应经时效处理以消除内应力。

4	套筒	2	Q235A	
3	下立板	1	Q235A	
2	底板	1	Q235A	
1	上立板	2	Q235A	
序号	名称	数量	材料	备注

支 架		比例	1:1	
		共 张	第 张	
制图	（签名）	（日期）		
校核	（签名）	（日期）		

第 12 章　计算机绘图

1. 绘制下列平面图形。

（1）

$\phi24$

提示：圆内圆弧是由半径为 12 的六个圆组成的圆周阵列修剪后得到的。

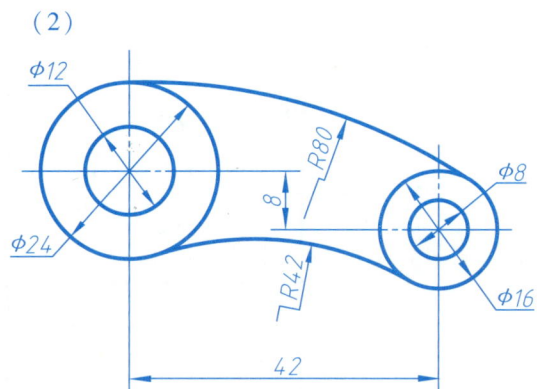

（2）

$\phi12$
$\phi24$
$R80$
8
$R42$
$\phi8$
$\phi16$
42

（3）

$R11$
$10°$
$\phi70$
$R9$
$3×\phi8$
$R26$
$R7$　$R3$
$60°$

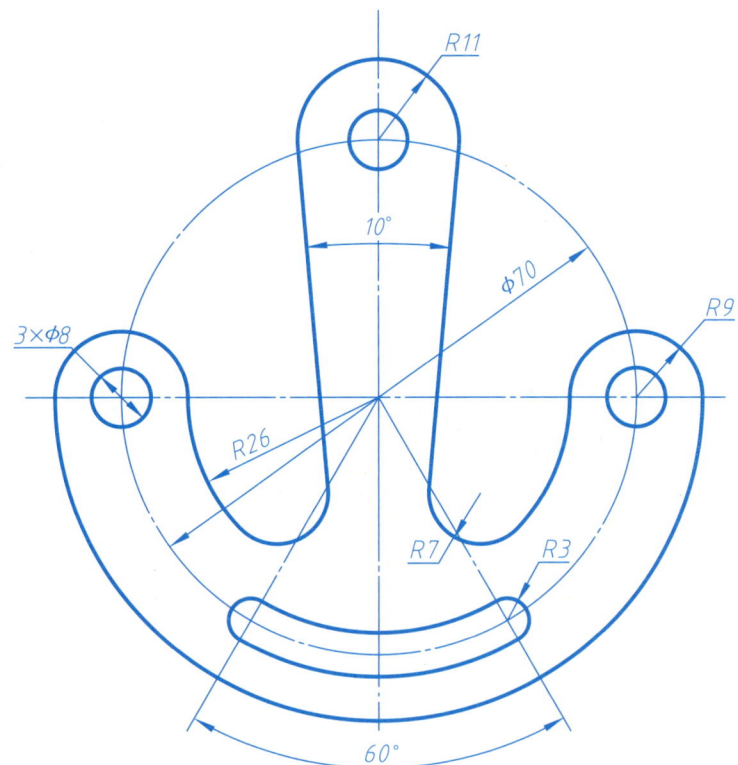

2. 绘制视图并标注尺寸。

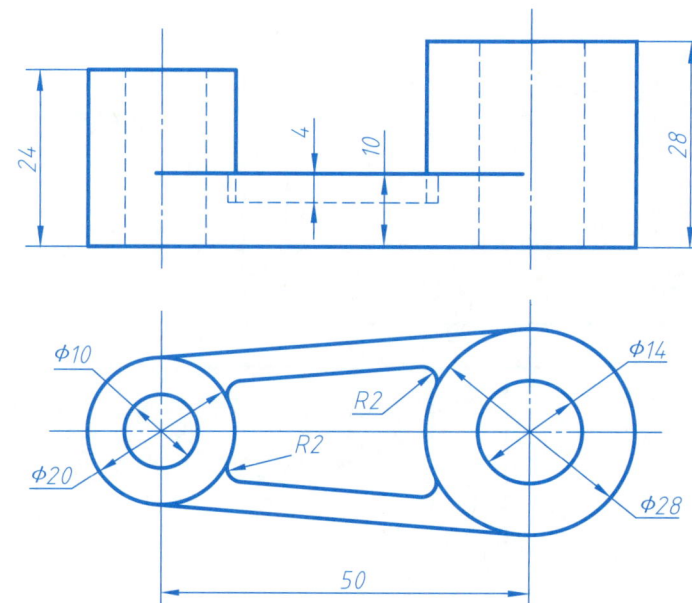

24
4
10
28

$\phi10$
$\phi20$
$R2$
$R2$
$\phi14$
$\phi28$
50

3. 绘制视图，并标注。

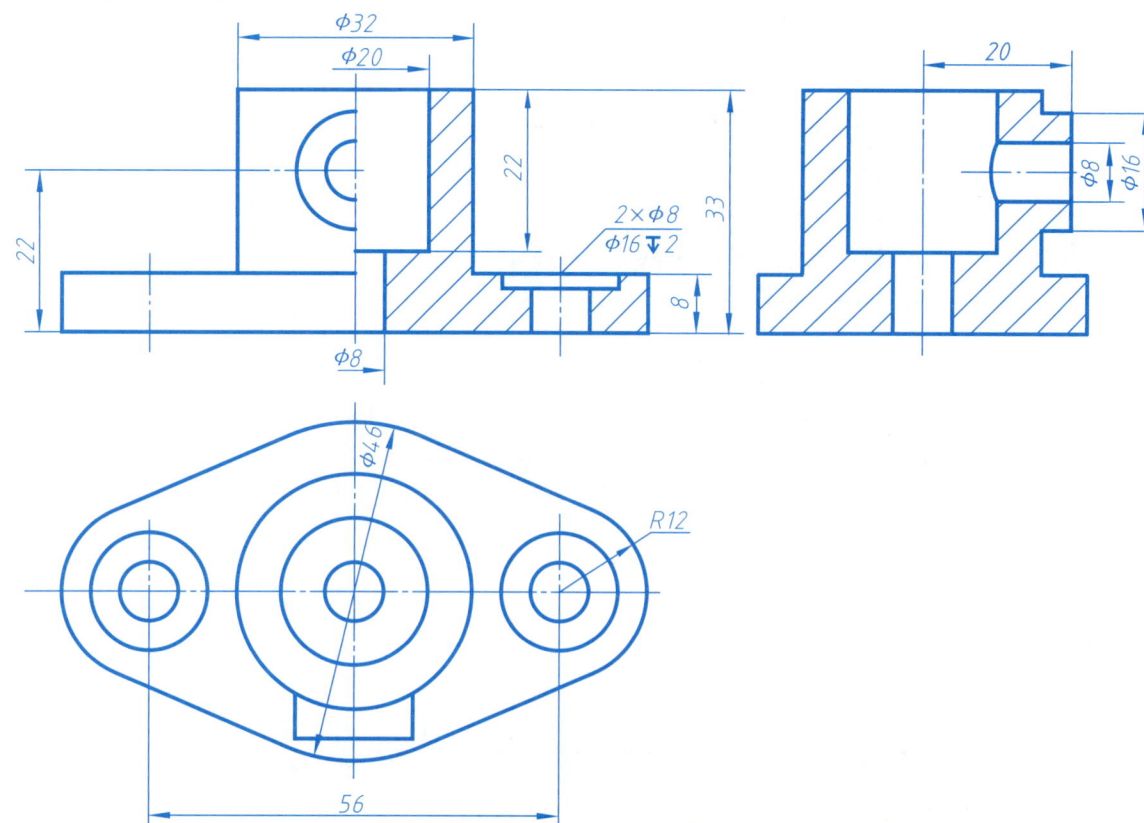

$\phi32$
$\phi20$
22
22
$2×\phi8$
$\phi16\overline{2}$
$\phi8$
8
33
20
$\phi8$
$\phi16$

$\phi46$
$R12$
56